W. David Marx

Ｗ・大衛・馬克思

吳緯疆——譯

洋風和魂

美式流行✕日本改造，戰後日本的時尚文化史

Ametora:

How Japan Saved American Style

謹獻給我的父母──莫里斯與莎莉

目次

前言

一九六四年夏天，東京正準備迎接成千上萬名為奧運而來的外國賓客。這個主辦國希望呈現出一座從二次大戰廢墟中重生的未來城市，當中有四通八達的公路、現代主義風格的體育場館區，以及高雅的西式餐廳。此時街上已不復見老式電車，取而代之的是流線型的單軌列車，將旅客從羽田機場快速送進市區。

東京市政府尤其在意這座城市的耀眼明珠——銀座，因為他們知道觀光客會湧向銀座的高級百貨公司和時髦餐廳。銀座的社區領袖已將所有可能會透露出戰後貧窮景象的蛛絲馬跡全數抹盡，甚至還將木質垃圾桶改換成具有現代感的塑膠材質。

這些更新東京市容的行動原本穩定進行著，直到築地警察局總機在當年八月突然湧入大量來電。銀座的商家指出，當地的主要幹道御幸通有大批怪人出沒，需要執法單位立即協助處理：現場有數百個身穿奇裝異服的青少年正在遊蕩！

警方派出偵查隊來到銀座，發現一些年輕男子穿著以皺皺的厚布製成的襯衫，領尖有奇特的鈕釦扣住，西裝外套胸口處還多出多餘的第三顆鈕釦，衣料上的格紋圖案張揚顯眼，卡其長褲或短褲比平常緊身，後頭還有奇怪的帶子，配上長長的及膝黑襪，以及雕花複雜的皮鞋。這些年輕人將頭髮旁分，比例正好是七比三——這種髮型得用吹風機才做得出來。警方很快就得知，這種風格叫作「アイビー」（aibii），源自英文的「Ivy」——常春藤。

小報雜誌整個夏天都在批評這些在銀座遊蕩的狂放青年，稱之為「御幸族」。他們不好好待在家裡讀書，反而成天在商店前閒晃，跟女生打情罵俏，在銀座的男裝店裡揮霍父親辛苦賺來的

錢。可憐的父母對孩子這樣的身分可能毫無所知：他們出家門時會穿著規矩的學校制服，之後再溜進咖啡廳廁所換上整套的禁忌服裝。御幸通這個街名原是為紀念天皇駕臨而取，但媒體此時卻將它冠上「親不孝通」之名。

媒體之所以譴責御幸族，主因除了認為青少年行為不檢，還認定他們簡直像是拿刀一把插進全日本奧運計畫的心臟。一九六四年的夏季奧運將是日本自二戰戰敗後首度有機會成為全球矚目的焦點，象徵日本重返國際社會。日本希望外國訪客看到的是他們在重建上的驚人進展，而非群聚街頭的叛逆少年。成年人擔心，漫步到帝國飯店喝杯茶的美國商人和歐洲外交官，會撞見不良少年身穿輕佻的釦領襯衫的不堪景象。

銀座商家的不滿更是直接，因為每逢週末都會有近兩千多名青少年擋在櫥窗前，妨礙商家營業。若是在戰前的專制時期，日本警察能以任何雞毛蒜皮的理由逮捕這群在銀座遊蕩的年輕人。但在民主化的新日本，法律上沒有任何可以拘捕御幸族的正當理由。畢竟，他們也只是站在那裡聊天而已。然而，警方跟商家一樣，擔心若不干涉，銀座很快就會淪為「邪惡溫床」。

於是，一九六四年九月十二日週六夜裡，距離奧運開幕不到一個月，十名便衣刑警展開了聯合掃蕩銀座街頭的行動。只要有人穿著釦領襯衫、梳著約翰・甘迺迪式的髮型，就會被警方攔下。這一夜共有兩百名青少年遭逮，其中八十五人由巴士迅速送進築地監獄，歷經整晚的起訴和訓誡，憂心忡忡的父母也連忙趕來探視。

隔天，刑警向報紙揭露御幸族的邪惡伎倆，例如將菸藏在厚厚的英文書裡。警方也承認，不是所有御幸族都幹了什麼壞事，但這場突襲還是有其必要，如此「才能保護這些年輕人，免得他們『變成』罪犯」。這場逮捕行動也證實了警方的憂慮，他們擔心日本的男性氣概岌岌可危其實與青少年對時尚的高度興趣有關。刑警對於御幸族男孩以「女性化」的用字遣詞說話相當反感。

一九六四年九月，日本警方在街頭掃蕩打扮時尚的年輕御幸族。（© 每日新聞）

警方決心驅趕這些顛覆了傳統的年輕人，在隔週週六夜裡再度掃蕩銀座，逮捕漏網之魚。警方的強硬手段相當成功，直到年底，銀座再也不見御幸族的蹤跡，當年的東京奧運也進行得十分順利。外國訪客返鄉後不會心有餘悸地說他們在東京看過身穿緊身長褲的不良少年。

● ● ●

　　儘管成年人擊潰了御幸族，但日本年輕人卻在一場規模更大的戰爭中得勝。從一九六〇年代起，青少年開始起身對抗父母與權威，企圖掙脫狹隘的學生身分，創造自己特有的文化。他們最重要的第一步，就是將一致的學校制服換成帶有個人風格的服裝。雖然這股對流行時尚的興趣始於出身菁英家庭的年輕人，但隨著日本經濟奇蹟和大眾媒體爆炸性地成長，很快就擴及至大眾階層。自從常春藤風格席捲銀座後，日本經歷了五十年的發展軌跡，成為世上對流行時尚最為著迷的國家。

　　日本年輕人在追求流行服飾上所費的時間、金錢與力氣相當驚人，相較於全球各地的同齡者更是如此。男性時尚刊物在人口數為日本二點五倍的美國還不到十本，但日本卻有高達五十餘本之多。小說家威廉 吉布森（William Gibson）曾寫道，PARCO 這間以年輕人為主要客群的日本連鎖百貨，讓「洛杉磯梅爾羅斯大街（Melrose）上的佛瑞德西格百貨（Fred Segal）相形之下活像是蒙大拿州的暢貨中心」。東京有好幾個區域都是以販售服裝給三十歲以下的年輕人為主要經濟活動，例如原宿、澀谷、青山和代官山。這還只是首都的景象。從寒冷的北海道到亞熱帶的沖繩，你隨處都能在各地小店輕鬆買到頂尖的日本與外國品牌衣飾。

　　日本人多年來都是著迷程度首屈一指的全球時尚消費者，但在近三十年間，貿易平衡已有變化，日籍設計師與品牌已逐漸擄獲海外消費者的眼光，日本服裝如今已出口世界各地。歐洲時尚

界率先愛上異國風味強烈的日本設計師服裝——最早是山本寬齋與高田賢三風格強烈的東方樣式，繼而是川久保玲的 Comme des Garçons、山本耀司與三宅一生的前衛設計。從一九九〇年代起，歐美創意產業也開始頌揚各種以日本風格詮釋的基本單品，像是 T 恤、牛仔褲，以及牛津襯衫。到了二十一世紀的第一個十年，嘻哈音樂的歌詞已將 A BATHING APE 和 EVISU 視為奢華生活風格的必備服裝。而且，紐約蘇活區或倫敦西區深諳時尚的消費者對於 UNIQLO 的喜好也多過 Gap。

接著，時尚專家開始宣稱日本品牌製造的美式風格服裝甚至好過美國品牌，這一點可說非比尋常。與此同時，美國年輕人也開始參考網路上未經授權掃描下來的日本雜誌圖片，模仿當中的傳統美式風格造型。二〇一〇年，世界各地的讀者紛紛搶購復刻版的《Take Ivy》，這本原於一九六五年出版的日本攝影集，記錄了美國常春藤聯盟（Ivy League）校園內的學生衣著造型，首刷此時已是罕見珍本。《Take Ivy》一書的大受歡迎讓大眾普遍認為，就在美國花費數十年、讓週五便服日演變成一整週天天都是便服日的同時，日本人卻守護了美國的服裝歷史，一如阿拉伯人在歐洲黑暗時期護衛了亞里斯多德的物理學。日本的消費者與品牌挽救了美國時尚風格，而「挽救」一詞在此其實包含了兩種意涵——既作為權威保存了美式服裝風格的知識，也保護這些風格不至於滅絕。

如今日本在時尚、尤其是美式時尚的領域表現出色，已是舉世公認，但這當中依然啟人疑竇，那就是日本文化如此尊崇美式風格，它的演進過程與原因是什麼？

本書企圖提供詳盡的解答，呈現經典美式服裝如何進入日本，以及日本人如何改造這個影響全球時尚風格的過程。常春藤聯盟學生造型、牛仔服飾、嬉皮打扮、西岸運動服、五〇年代復古造型、紐約街頭服飾，以及舊式工作服，這些服裝在數十年間陸續傳入日本，翻轉了日本社會的樣貌，繼而反向影響全球時尚。

不過，本書並非探討錯綜複雜的服裝樣式或設計概念，而是要追溯那些將美式服裝引進日本的人物，以及將這些美式概念融入日本人身分認同的年輕人。推動這些改變的人往往不是受過專業訓練的服裝設計師，而是企業家、進口商、雜誌編輯、插畫家、造型師，以及音樂工作者。不過，儘管青少年對美式文化需求若渴，這些開路先驅依然面臨到艱鉅的挑戰，包括尋找貨源、如何取得技術知識，以及說服態度遲疑的零售商等等。他們總是得搶先一步，抵擋來自家長、警方，以及服裝產業龐大且根深柢固的傳統反對力量。不過，拜精明的解決方法和運氣之賜，他們還是能將產品交到年輕人手中，獲取驚人利潤。

　　儘管美式時尚影響了日本的男女裝風格，但在男裝方面的影響其實更為深遠。自從戰後擺脫和服之後，日本女裝就一直追循著歐洲設計師的腳步。相較之下，日本男性只將時尚視為一種追求校園菁英打扮、粗獷的戶外風格、文化與次文化認同，以及模仿好萊塢明星的概念，這些都導致日本男性接受了以生活方式為基礎、較為休閒的美式服裝風格。倫敦的薩維爾街（Savile Row）雖然賦予日本在大戰前對基本男裝典範的認知，但在一九四五年後，新世界的服飾則提供了一個更誘人的憧憬。

　　美國在二戰後擔起重建日本的責任，日本時尚「美國化」的趨勢自然相當明顯。長久以來，美國人都認為自己的流行文化位居世界中心。我們都聽說過這種說法，東歐人因為實在太想要搖滾樂和牛仔褲，於是推倒了鐵幕。日本人極度喜愛釦領襯衫、丹寧服飾以及皮夾克，只是更進一步證明全球都落入了「可口可樂殖民化」的境地。

　　不過，美國時尚在日本發展的真實歷史則讓這個說法更形複雜。在日本，「美國化」未必都是直接將美國偶像化。同盟國不再占領日本後，罕有年輕人能遇見真正的美國人，而電視、雜誌與商人之所以塑造美式理想生活，目的無非是為了行銷。大致說來，日本年輕人接納美式時尚，其實是為了模仿其他日本人。舉

個例子，一九七〇年代，東京出現大批留著鴨尾式油頭的年輕人，這股髮型風潮模仿的對象其實不是貓王，而是日本歌手矢澤永吉。儘管美國讓日本的時尚熱潮有了參考雛形，但那些服裝單品很快就脫離了原本的根源。我們會看到，「脈絡重建」是日本在吸收美國文化的過程中不可或缺的一環。

因此，日本接納、重新挪用，最後反向輸出美式風格的故事，充分體現了文化全球化的過程。戰後最初十年間，日本地理與語言上的孤立，限制了西方資訊在境內的自由流動。這也讓我們非常容易去檢視美國習俗究竟是如何進入日本，又依賴什麼條件才融入日本的社會結構。全球化是一個混亂且複雜的過程，隨著時間演進，文化的線路只會益發相互糾結。日本時尚的故事正是完美的案例，讓我們瞭解最初的細線如何團繫成圈，繼而成為糾纏的結。

更重要的是，日本人在美式時尚風格之上構築了嶄新且深刻的意義層次——同時在這個過程中，為各方的利益，保護、強化了其根源。我們將看到，日本時尚不再只是複製美式服裝，它本身已經成為一種經過細微變化、帶有豐富文化的傳統。原本從美國輸入的日本時尚風格，如今已擁有自己專屬的類型，我姑且以日式複合英語稱之為「Ametora」（American traditional，日文寫作「アメトラ」，即「美式傳統風格」的縮寫）。本書追尋這個風格根源的過程，不僅僅是一趟深入探索歷史紀錄的旅程，也是一個機會，去瞭解日本時尚為何能走上這條路，以及高度地域性的經歷突然轉變，能如何形塑出世界其他地方的文化。

01 | 時尚沙漠之國

A Nation Without Style

美式時尚風格花費了數十年才在日本廣受接納，不過，它最初的源頭可回溯到一個人身上，那就是石津謙介。石津謙介生於一九一一年十月二十日，是日本西南部岡山市一位富裕紙商的次子。那年正是明治時期的最末年，那是象徵日本從封建社會過渡到現代民族國家的時代。

明治時期始於一八六八年，在這之前的兩百六十五年，統治日本的德川幕府實行鎖國政策，讓日本自絕於外。這個鎖國狀態在一八五四年告終，當時的美國海軍准將培里（Matthew Perry）率領黑船前來，要求日本開放國界進行貿易。四年後，德川幕府與西方列強簽署了一連串的不平等條約，這些喪權辱國的投降協定導致日本國內陷入混亂。明治天皇即位後，決心讓國家重回正軌的改革派武士繼而在一八六八年掌控政府。

在明治維新期間，領導者努力吸納西方科技與生活方式，深信日本唯有更現代化，才能抵禦歐美國家的殖民野心。明治政府在隨後四十年，從經濟、法律、軍事、商業實務、教育體系，以及飲食習慣等面向，徹底改造、提升了日本的生活。在這些作為帶動下，日本不但抵擋了外來的帝國侵略者，自身更在短短數十年後成為帝國強權。

這些劇烈的社會轉型也將目標直指男性衣著。明治時期之前，上層的武士階級會將長髮紮成頂髻，身穿長袍，腰間則會佩插兩把劍，以展現其地位。到了二十世紀頭十年，日本領導人在參加官方會議、宴席和節慶舞會時，已經開始改穿三件式西裝和拿破崙式的軍服。來自國外的服裝風格已成為一種可靠的名望來源。

早在西方時尚進入日本之前,日本社會已將衣著視為身分地位的重要象徵。為了維持社會秩序,一六〇三至一八六八年掌權的德川幕府鉅細靡遺地管控服裝,嚴格限制某些階級可穿的衣料與款式。比方說,僅占總人口百分之十的貴族和武士才可穿著絲質服裝。不過,並非人人都會恪遵規定。當農民與商賈擁有的財富開始多過在社會階級上高過他們一等的武士,他們便在規定的棉袍上加縫絲邊,刻意炫耀。

明治政府在一八六八年之後制定出一套政策,讓男性改穿實用的西式服裝,以做為現代化計畫的一部分。一八七〇年,明治天皇將頭髮剪成西式短髮,並穿上歐洲風格的軍裝。一年後,斷髮令要求所有前武士剪掉頂髻。此外,軍方也改穿西式制服,海軍軍服款式模仿英國,陸軍款式則仿效法國。再之後十年,公務員、警察、郵差和火車調度員等政府官員無不追隨軍方腳步,改穿起西式服裝。一八八五年,東京帝國大學讓學生穿上黑色的「學蘭」(學ラン),或稱「詰襟」(詰め襟),也就是方形立領外套搭配長褲,這種造型自此成為典型的日本男學生制服。

不久後,西方文化開始從政府單位往下滲透,進入日本上層社會的生活。鹿鳴館是明治早期的不朽象徵,它是一座法式文藝復興風格的會堂;日本菁英階級會盛裝打扮,在鹿鳴館內跳華爾滋,與富有的外國人往來交際。從一八九〇年代起,城市的白領階級也開始穿起英式西裝。

石津謙介的童年正值大正時期,日益增多的中產階級此時也加入菁英階級的行列,開始採納西方習俗。大眾對肉類與乳品的消耗量越來越高,激進派系要求擁有更大的民主代表權。石津謙介正是這個時代下的產物,會玩棒球這類外來運動,對漢堡排的喜愛更勝過魚類。石津很早就表現出對西方服裝的興趣。因為實在太想穿上帶有金色鈕釦的黑色學蘭外套,他甚至要求父母讓他轉學到離家較遠的學校。中學時,石津就和他的裁縫師設法在不違反學校服裝規定的前提下,增添制服的花樣變化,像是褲子後

明治維新之前，明治天皇身穿絲質傳統服
裝；後則因應日本現代化，留西式短髮、
著歐式軍裝。

石津謙介在中學與大學時期穿著由他改造過
的學蘭，有著特別的金色鈕釦。
◎照片提供：石津家

口袋上的方形口袋蓋，還有較寬的摺邊。

日本的社會風俗在一九二○年代開始出現急速變化，而惡名昭彰的「摩登男孩」（モボ）和「摩登女孩」（モガ）正是先鋒部隊。在一九二三年經歷慘重的關東大地震後，許多日本婦女紛紛改穿實用的西式洋裝，以便在災難突發時能快速應變。相形之下，摩登女孩則將西方文化融入造型，穿上絲質洋裝，搭配鮑伯頭短髮。她們的摩登男孩男友則把油亮長髮往後梳，穿上寬大的喇叭褲。每逢週末，摩登男孩與女孩群聚在東京繁華的銀座區，在燈火通明的鋪磚街道上漫步。這些年輕人將日本的西方文化從鹿鳴館模式當中解放出來，從上層階級手中奪下時尚的領導權，將它帶往未經權威核准的方向。

一九二九年，在答應父親日後會返鄉接掌家族事業後，石津謙介搬到東京就讀明治大學。由於生活費豐厚，他成了一個想做什麼就做什麼的「行動派」。他日後年老時回想：「我的學生生活精采無比，從沒無聊過。」他擔任拳擊教練，成立校內第一個摩托車社團，還和朋友經營一家無照計程車行。短短幾個月，石津謙介就成了道地的摩登男孩。

出於骨子裡的摩登男孩精神，石津謙介拒穿務實的學蘭校服，而是去訂做一套三件式的棕綠色粗花呢西裝，價格相當於大學教授的半個月薪水。他會以白棕相間的鞍背鞋搭配這身西裝。石津謙介隨時都穿著這套時髦的西服，就算在東京悶熱的夏季也不例外。

不過，摩登男孩與摩登女孩的活躍期並不長。由於日本政府擔心左翼激進分子崛起，於是在三○年代初改變了原本的自由解放政策。東京都警視廳開始進行掃蕩青少年犯罪的行動，誓言要讓東京各家舞廳關門大吉。執法人員在銀座街頭鎖定造型太過時髦的年輕人，逮捕正在進行任何有「摩登」之嫌活動的人——不論是看電影、喝咖啡，甚至只是在街上吃著烤地瓜。

有驚無險地躲過警察的逮捕行動後，石津謙介在一九三二年

三月返回岡山老家，迎娶年輕的新娘昌子。當家人大多都還穿著日式傳統禮服，石津謙介卻抗拒不了能一展服裝才華的大好機會——他在大喜之日穿上高領晨禮服，搭配訂製的領巾。小倆口婚後回到東京度蜜月，一整週都在舞廳和電影院流連，享受摩登男孩與摩登女孩生活的最後片刻。在稚嫩的二十一歲與二十歲年紀，石津謙介與太太在故鄉安頓下來，接手經營已有數十年歷史的紙行。

. . .

　　生活局限在岡山的石津謙介，想盡辦法想逃離「無聊得要命」的紙張批發世界。他在夜裡光顧藝伎院，週末上滑翔機課程，平時則蒐集各式訂製西裝，夢想能靠做衣服謀生。

　　若非日本在一九三〇年代突然轉向軍事獨裁，他恐怕會繼續過著這種頹廢生活。在一九三一年侵略滿洲，右翼勢力壓制政黨之後，軍事領導的政府開始鎮壓各種異議與異端。狂熱的右翼「愛國」團體暗殺民主派政治人物，企圖發動政變。中國境內的戰爭很快就影響到日本本土，政府開始加強控管工業以掌握物資分配，這也使得石津謙介的公司業務開始限縮。

　　所幸日本在亞洲其他區域的殖民地情況比較穩定。日本帝國在三〇年代初控制了台灣、韓國、滿洲，以及中國東部的部分區域。一九三九年中，石津謙介的家鄉老友大川照雄收到兄長寄自中國的信，要他們前往天津這個港口城，幫忙管理家族在當地經營的百貨公司大川洋行。由於自家紙行沒有業務可做，石津謙介的父親便叫他去嘗試新領域。石津謙介對於能離開家裡欣喜若狂：「那年代的年輕男性頗為自由。我特別需要生活中能有新鮮刺激，也越來越渴望前往無拘無束的天津。」此外，對他而言，離開老家還有更急迫的動機：他聽說自己最喜愛的藝伎懷孕了。雖然傳言最後證明並非事實，但石津謙介可不想留在岡山等待真相水落

一九三二年三月，石津謙介（後排右一）選擇在大喜之日上
穿著西式禮服，而非傳統和服。
◎照片提供：石津家

石出。一九三九年八月，石津謙介和家人登船，遷居天津。

　　位於東海畔的天津以其濃烈的國際色彩聞名，英國、法國、義大利的自治租界融合了各國獨特風格的建築。此地除了中國人和五萬名日本人，還有不同的歐洲族群駐居，從身著燕尾服的英國鄉村俱樂部菁英，到蓬頭垢面的白俄流亡者都有。

　　二十八歲的石津謙介在中國展開新生活，擔任大川洋行的業務總監。他是天生的業務員，也樂於為洋行規劃新的宣傳活動。不久後，他便負責接手店內服飾的設計及生產。一九四一年，二次世界大戰爆發阻礙了商品從日本運至天津的配送路線，石津謙介於是從岡山請來自己的裁縫師，開始在中國製作西服。

　　石津謙介在工作之餘不與其他日本人往來，而是刻意融入更廣大的國際社群。他學會了基本的英語和俄語，也向當地一名藝伎學習漢語。他常去向英國裁縫師請教經商訣竅，也在天津的猶太俱樂部聽戰爭新聞，到義大利租界賭迴力球。

　　住在天津讓石津謙介得以躲過日本境內的艱困時局。一九四一年十二月，太平洋戰爭在珍珠港事件爆發後，便從區域衝突演變成日本與美國之間的大規模軍事對峙。日本為了全面戰爭而動員。就在石津謙介人在天津享受歐洲文化與舒適生活的同時，日本國內正系統性地減低西方對日本文化造成的各種影響。日本民眾每天會聽到關於「邪惡英美人」殘暴罪行的宣傳。新法規要求企業刪除品牌名中的英文字，甚至建議文字不要橫寫。為了避免困擾，甚至將棒球裡的「strike」（好球）和「home-run」（全壘打）等外來術語改成日文。石津謙介穿著三件式高級西裝的同時，岡山的日本男性平常則穿實用的卡其制服，也就是類似中山裝的「國民服」。

　　戰爭為日本帶來諸多苦難，首先是糧食短缺，接著美國從一九四二年四月起開始對日進行轟炸。石津謙介因為兼差擔任軍方滑翔機教官，不必上前線。雖然日本帝國陸軍大肆蹂躪中國內陸，但天津卻罕見衝突。

在充滿國際色彩的天津，石津謙介獲得學習英語、
俄語乃至請教經商秘訣等大好機會。圖為石津與俄國友人的合影。
◎照片提供：石津家

到了一九四三年，眼看日本戰勝的希望渺茫，大川洋行的經營團隊擔心從事奢侈品買賣會顯得不愛國。大川照雄的哥哥決定賣掉大川洋行，將錢分給員工。由於這筆錢極有可能在返回日本時遭到沒收，石津謙介於是選擇留在中國。

　　他剃光頭髮，入伍當兵，擔任較輕鬆的海軍武官。他訂做了一套標準軍服的帥氣瀟灑版，用的是上等的英國嗶嘰毛料。石津謙介奉命監督一座甘油工廠，但他卻更新廠內的機械設備，用來生產添加法國香料的甘油透明皂。日後，他對自己逃避義務懊悔不已：「我很慚愧自己從沒對日本做過什麼有貢獻的事。我們之所以戰敗，大概就是因為有我這種日本人。」

　　一九四五年八月，石津謙介在那座臨時香皂工廠內聽到天皇宣布日本向同盟國部隊投降的「玉音放送」。國民黨軍隊雖未向日本占領者進行殘酷報復，但他們蔑視石津謙介，搶走工廠內一桶桶的甘油。一九四五年九月，石津謙介大多數時間都被囚禁在前日本海軍圖書館內。

　　隨著美國海軍陸戰隊第一師在十月抵達，情況有所改善。美軍上岸時，迎接他們的是一場臨時起意的勝利遊行，成千上萬名中國人與歐洲僑民湧上街頭迎接這些解放者。年輕的美國海軍中尉歐布萊恩（O'Brien）需要一個通曉英語的日本男子，於是便將石津謙介帶離圖書館。接下來幾個星期，石津和歐布萊恩成為好友。歐布萊恩告訴石津他在普林斯頓大學的生活種種──那是石津謙介首次聽到「常春藤聯盟」這個名詞。

　　因為好運再加上機靈，三十四歲的石津謙介成功避開日本專制法西斯社會與戰時暴力最惡劣的時期。甚至在祖國屈辱戰敗後，他還充分利用與美軍合作的機會，得到相對舒適的物質享受。直到一九四六年三月十五日，他才初嚐戰爭的痛苦滋味。美國將他和家人送上貨輪，遣返日本。石津把所有背包裝不下的東西全留下，包括現值相當於兩千七百萬美元的現金。石津一家人和其他數百人在搖搖晃晃的貨輪上待了一星期，船上只有簡陋的行軍床

和兩個原始的馬桶。不幸的是,惡劣的海上生活不僅是石津謙介一家人暫時的苦難,也成了當時日本人民的常態。石津謙介愜意的奢華生活就此結束。

• • •

一九四六年三月底,石津謙介回到老家時,發現岡山已成一片焦土。美國的轟炸行動夷平了日本絕大多數的工業區,徒留無數瓦礫,偶有混凝土建築的空殼矗立其間。石津謙介旅居中國七年,得以不必親身體驗那場戰爭的夢魘,但在一九四六年,他再也沒有喘息的機會。

戰後生活自是淒苦。約有三百萬日本人因為境內的空襲和海外戰役而喪命──這相當於全國人口的百分之四。美國的轟炸摧毀了不少基礎建設,日本在一九四六年又飽受糧食與物資短缺之苦。國家財富驟降至一九三五年的水準。戰後的前幾年,日本民眾無不努力對抗饑餓、斑疹傷寒,以及失溫症。日本在精神層面上同樣傷痕累累,帝國前途黯淡,大多數民眾對傳統體制已不再懷抱幻想。

與此同時,一支美國陸軍部隊出現在戰敗民眾面前,高高在上──這是日本漫長歷史上首度遭外國占領。由於受戰時宣傳影響,日本人已有心理建設,準備面臨一場無情的報復掠劫。在美軍到來之前,諾貝爾文學獎得主大江健三郎甚至認為美國人會「強暴、殺害、用噴火器燒死所有人」。儘管占領部隊並不完美,但和日本人預期的可怕形象也不相符。美軍與當地人建立起愉快融洽的關係,最有名的就是發送口香糖和巧克力給兒童。

然而,美日雙方明顯的權力不平衡狀態還是造成大眾的憤恨感。健康、營養充足且身形高大的美國部隊在街頭漫步,而挨餓、骯髒的日本男性卻在黑市裡尋找食物。占領部隊迫使許多日本最著名的飯店、豪宅和百貨公司禁止本地人進入。

石津謙介在戰後第一年賣掉了家族事業，他在深思過後加入大川兄弟的新創事業，為日本最大的內衣製造商 Renown 工作。由於在天津有銷售服裝的經驗，石津謙介成為 Renown 大阪高級服裝門市的男裝設計師。

對生產高價男裝來說，四〇年代末是一個尷尬的時期。絕大多數日本人此時都在捨棄衣物，而非添購新衣。由於城市裡糧食不足，都市人被迫到鄉下用衣物換取蔬菜──外衣一層層脫去，「活得像竹筍」。一九四〇年代末，日本人的食物與服裝支出比例是四十比一。婦女此時還穿著戰時的「モンペ」，一種寬鬆的高腰工作褲，男性則會穿拆去徽章的破爛陸軍軍服。在戰爭將盡時待命執行自殺任務的神風特攻隊員，這時也穿著棕色飛行裝四處遊蕩。

即使已不再有嚴格的服裝規範，日本政府戰後仍繼續推動儉樸與節約。從美國停止所有商業織品與服飾出口日本，到一九四七年建立配給制度之前，日本在這段期間鮮少有人買得起新衣，甚至連訂做都沒辦法。唯一的新衣褲來源是美國慈善募捐活動蒐集而來的一箱箱二手衣，而且其中大部分最後都進了黑市。

在這種衣物短缺與採取配給的時尚真空中，日本第一個採納西方風格造型的族群是為美國大兵服務的街頭流鶯「潘潘女」（Pan Pan Girls）。作家馬渕公介曾寫道：「潘潘女可說是戰後初期的時尚領導者。」她們穿著鮮豔的美式洋裝和厚底高跟鞋，頸上還繫著她們特有的領巾。她們會燙髮、化濃妝，塗上紅色唇膏與紅色指甲油。潘潘女的短外套上有誇大的墊肩，模仿軍官夫人的打扮。在戰前，西方時尚與習慣是透過男性菁英階層進入日本社會，而後慢慢向下蔓延。結果這時出現社會大翻轉，戰後日本率先穿上美式風格服裝的是女性，而且是妓女。

隨著美軍持續占領日本，風塵女子之外的日本人也開始對美國文化產生興趣。僅有三十三頁、戰後不到一個月就出版的《日米會話手帳》狂賣四百萬冊。熱門的英語廣播節目《來來英語》

的收聽戶數高達五百七十萬。日本年輕人會轉到美軍電台收聽爵士樂和美國流行音樂，以日語翻唱的流行歌曲，例如〈情霧迷濛你的眼〉（*Smoke Gets in Your Eyes*），也成了暢銷金曲。報紙刊登漫畫《白朗黛》（*Blondie*），讓日本讀者得以從中窺見美國中產階級郊區生活中物質享受的那一面。

就連飽受被占領之苦的日本人也羨慕美國的富裕生活。歷史學家約翰・道爾（John Dower）寫道：「在飢餓與物資匱乏的那些年，美國豐富的物質享受就是令人讚嘆。」麥克阿瑟將軍以駐日盟軍總司令部接收了高級的銀座區，作為行動總部，隨著數千名美國大兵和他們的妻子湧上街頭，該區成了所謂的「小美國」。美軍福利社裡囤放大量的進口商品和糧食，數量之多，讓總是吃不飽的日本民眾難以想像。軍眷太太們每天抱著碩大的火腿和袋袋裝滿的白米離開福利社，讓挨餓的日本人看得目瞪口呆。

如此懸殊的差異讓所有與美國沾上邊的事物無不罩上一層美好名聲，不論實際物品或文化習俗皆然。追求美式生活看似就像一張能擺脫絕望境地的門票。日本戰前對西方文化的興趣是一種美學選擇與地位象徵，此時卻成了一種自保的方法。石津謙介在這個眾人渴望仿效美式生活風格的新日本，擁有明顯的商業優勢。由於從小著迷於西方文化，又有海外生活經驗，石津瞭解西方——更重要的是，他知道如何生產、銷售西方服飾。

為 Renown 工作期間，石津謙介在大阪建立了一個頂尖裁縫人才的網絡。他透過一個擁有哈佛大學學歷、名叫漢彌爾頓（Hamilton）的美軍替他到美軍福利社採購布料與拉鍊，自己再積存這些料件。石津謙介生產的頂級服裝不但引起同行業者注意，也引來執法單位關切。由於他的產品品質實在太好，警方甚至懷疑他是從國外走私商品，因而將他羈押了一段時間。

一九四九年底，石津謙介辭去 Renown 的工作，自行創業，成立石津商店。儘管此時日本人大多買不起新衣，石津依然相信市場會回溫。如果有人要在日本做出優質的西式服裝，那絕對是他。

盟軍占領在一九五〇年代初期進入尾聲。麥克阿瑟在一九五一年四月前往機場準備離開日本時，共有二十萬人夾道歡送。美、日這兩個過去的敵對國家在當年九月簽署《舊金山和約》，協議在一九五二年四月將主權歸還日本。於是，美軍部隊也逐漸從日本消失。

　　早在和約簽署之前，日本的經濟焦慮就已隨著一九五〇年韓戰爆發開始消退。由於地理位置靠近朝鮮半島，日本順理成章成為美國的軍事生產基地，出口品有百分之七十五都是韓戰所需的補給品，讓日本收入大增，點燃了長期復甦的第一把火。韓戰帶來的繁榮經濟也創造出日本戰後的首批百萬富翁，進而讓奢侈品市場起死回生。

　　這些經濟起飛的時期激勵了都市中產階級拋棄戰時的服裝，翻新衣櫃內的衣飾。到了五〇年代初期的東京，已不見有人穿著老式的農作褲，年輕女性大多都脫下和服，改穿洋裝。不過，日本大眾的服裝依然面臨一些嚴格的挑戰。政府的經濟復甦計畫當中雖有一部分是積極重建紡織產業，但重點卻是在製造織品以供出口。紡織工廠大量生產棉布，卻幾乎沒有任何產品在日本境內銷售。另一方面，充滿保護主義色彩的法規又阻止外國服裝進口。

　　由於缺乏原料，有意大量生產成衣在日本市場銷售的公司少之又少。布料短缺迫使許多婦女製作「更正服」，利用老舊和服布料和廢棄的降落傘尼龍布裁製美式風格的衣物。雖然官方在一九四九年解除了進口布料的限制，讓市場窘境得以趨緩，但即使在一九五〇年代，女性仍仰賴鄰里間的裁縫師、姊妹、朋友或自己，把任何可得的碎布縫製成可穿的衣服。

　　隨著經濟改善，裁縫店內又開始有白領勞工造訪，訂製新西裝。石津謙介這時開始嘗試另一種商業模式：成衣製造。訂製服裝既昂貴又耗時，一套西裝往往需耗費受薪階級一個月薪水，石津謙介的成衣能將更大量的服裝賣給求衣若渴的大眾。在其他公司仍費力破解歐美時尚風格的祕訣之際，石津謙介手上已經握有

一九五〇年，石津謙介自行創業，並開始往成衣製造發展。照片攝於一九五四年的大阪。

◎照片提供：石津家

幾項熱銷商品。他成立看似來自美國的品牌「Kentucky」，陸續推出鞍背鞋、法蘭絨襯衫，以及靛藍色工作褲。

　　然而，石津商店發現它獲利最豐的利基市場，是在以富裕菁英階層為客群的高級運動外套——目標鎖定的客戶是從韓戰經濟熱潮中大賺一筆的企業老闆。人數日益增多的新富階級，穿上新衣慶祝自己事業經營有成，石津謙介與整體服飾業也因經濟成長的漣漪效應而受惠。大阪的阪急百貨給了石津商店一個位在角落的專屬店面，石津謙介就在那裡建立起一個忠實顧客的基地，為蘆屋郊區的富裕家庭服務。隨著業績蒸蒸日上，石津謙介想要一個讓人更容易記住的品牌名稱，於是將公司更名為「VAN Jacket」，「VAN」一詞則取自一本戰後漫畫雜誌的名稱。

　　石津謙介的事業若要進一步成長，需要的就不只是金字塔頂層的顧客，也得吸引日本持續擴大的「新中產階級」。不過，一個主要障礙依舊存在——那就是男性對時尚感興趣在日本仍是一大禁忌。當白領勞工在二十世紀初穿起西裝，這種服裝其實是作為一種現代的嚴肅制服，而非表現自我的媒介。改變任何基本公式或量身訂製，都意味穿著者的輕浮與虛榮。時尚學者托比‧史雷德（Toby Slade）寫道：「主流男性氣概概念認為，男性不該過度在意穿著，或是花時間思考自己的穿著。如此針對男性氣概嚴肅性的現代指令，所要的答案就是西裝；西裝是每天都能穿的制服，也允許男人在外表好看之餘無須在服裝上費心思，以免變得女性化。」

　　穿著打扮對日本男性而言很簡單。學生上學穿方形立領的學蘭制服，畢業後改穿西裝，此後再也不必為自己的服裝傷腦筋。如果西裝的羊毛面料粗糙，裁縫師會把布料內外反翻，再行縫合。男性基本服裝搭配出現極度的一致性——深灰色或藏青色西裝、深色領帶、白襯衫，以及深色皮鞋。白襯衫的銷量比其他顏色的襯衫高出許多，比例達到二十比一。光是穿上條紋襯衫就足以讓上班族惹上麻煩。資深廣告創意總監松本洋一有回穿上一件紅色

背心到辦公室，他的上司就問他：「你是來上班，還是準備要去哪裡？」

　　若要銷售設計師外套，石津謙介就需要日本男性願意擺脫單調乏味的功能性制服，透過各種服裝來讚頌日本的繁榮新時代。女性會穿上符合最新國際流行趨勢的鮮豔印花洋裝上街，但男性可無意追隨老婆的腳步。事實上，女裝在戰後年代百花齊放，不過是讓「時尚」乃「女性」專屬的觀念在日本更形強化。

　　就算日本男人有興趣透過打扮表現自我，石津謙介還是面臨到另一個阻礙——注重時尚的男人認為，只有量身裁製的衣物才堪稱上品。男人將非訂製的服裝稱為「吊し」或「吊しんぼ」（意即「掛起來的東西」），充滿輕蔑意味。男裝就是西裝，而西裝就是要訂製才行。

　　要將日本關西的小規模事業擴展到全國，石津謙介就得改變日本男性的觀念，讓他們以全新眼光看待時尚。他大力向顧客灌輸相關概念，但還得設法讓每次影響的人數不只一人。

• • •

　　在一九五〇年代初，日本婦女雖然有幾本時尚雜誌可看，但大多都走實用路線，當中滿滿都是黑白的裁縫版樣，而不是宛如夢幻目錄的美麗圖片。男性相形之下只有一項時尚資源——西裝款式指南《男子專科》。此時的年輕人若要尋找穿著靈感，仰賴的都是電影，而不是平面刊物。一九五三年，根據NHK廣播劇《請問芳名》（君の名は）改編的電影引發了一股時尚潮流，女生紛紛模仿片中女主角真知子，在頭上、頸上裹起披巾。隔年，《羅馬假期》上映，又讓奧黛麗・赫本男孩般的俏麗短髮蔚為風潮。

　　不過，電影主要影響的是女裝，因為日本社會的觀念已接受女性應該追隨全球潮流。電影並未說服年長男性打扮自己。男人缺乏時尚相關知識，他們不只需要視覺上的靈感，還要詳細的說

明，告訴他們如何備齊基本的服裝組合。

　　《婦人畫報》的編輯群在一九五四年初也提出相同的結論。著迷於最新巴黎時尚的女性讀者紛紛抱怨，丈夫陪她們出席宴會和婚禮時，都穿著乏味無趣的商務西裝。編輯們認為，男人需要一本時尚刊物教導他們如何適度打扮，至少針對特殊場合應該如此。但這本雜誌若要令人信服，就要找一位充滿魅力的人物做為男性時尚的代表。編輯在詢問業界人士時，有一個名字不斷被提及，那就是石津謙介。

　　石津謙介加入編輯陣容後，《男の服飾》季刊便在一九五四年底推出。這本雜誌包含時尚照片與文章，但編輯方向完全走指南路線，如同教科書般向讀者介紹半正式服裝、商務服裝、運動服，以及高爾夫球裝。石津謙介和其他寫作者在刊物中為時尚新手提供穿搭建議，並介紹來自英、美、法的最新趨勢。

　　石津謙介不只幫忙撰文，還將這本刊物變成自家品牌 VAN 的宣傳媒體，在整本雜誌內穿插置入該品牌的廣告與服飾樣品。在每期發行的三萬五千本當中，石津謙介會買下大部分數量，再轉賣給 VAN 的零售商。因為他在最初幾年寫的文章實在太多，因此不得不用一些好玩的筆名掩飾，像是「江須快也」（Esu Kaiya，取自 Esquire 一詞的諧音），以免身分太過明顯。

　　《男の服飾》就像一種手段溫和的宣傳，讓男人瞭解為何、以及如何打扮自己。這本刊物也發揮了產業通訊的功能，成衣零售商能藉此獲知該進哪些商品。石津謙介對這本刊物的鼎力協助，也在個人事業上產生神奇的效果。由於 VAN 徹底融入刊物內容，消費者和零售商對該品牌服裝的購買量也隨之增加。

　　打進媒體圈之後，石津謙介期望拓展他在東京的分量。一九五五年，VAN 在東京成立辦公室，由企畫部進駐，石津在岡山和天津的夥伴大川照雄也加入團隊，掌管業務工作。這支優秀的團隊在東京的辦公室裡仔細規劃時尚趨勢，同時向主要的零售商推廣 VAN 的服裝。

昭和二十九年四月二十五日印刷 昭和二十九年五月一日發行 昭和二十四年三月二十八日第三種郵便物認可 複刊號通卷第五七號

★FUJIN GAHO MEN'S FASHION★

最もスマートな男の服飾の第一歩から
世界の流行をマスターする専門雑誌！

一九五四年底，《男の服飾》在石津謙介的推動下創刊，成為日本男性的首本時尚教科書。
◎圖片提供：ハースト婦人画報社

一九五六年，日本政府的經濟白皮書以一個令人欣喜的句子開頭──「戰後已結束。」日本在戰後的十一年間走過戰敗創傷，邁向繁榮的新路線。此時日本人尚未富裕，但生活水準已超越戰前時期。主要城市已不復見斷垣殘壁，營養不良的人少之又少。

在糧食、工作與住所都不成問題之後，大眾開始更加認真地思考該穿什麼。一九五六年，日本的人均服飾消費量達到十二點三磅重，首度超越一九三七年十一點六八磅的高點。此時，各服裝公司的收益紛紛成長，VAN 也不例外，銷售強勁的業績讓石津謙介的資本在創業頭四年就擴增了五倍，一度僅在大阪擁有三十名員工的規模，也成長為橫跨兩座城市的三百人大企業。

不過，即使有《男の服飾》作為穩定的公關宣傳管道，石津謙介還是面臨到同樣的阻礙──日本中年男性對成衣沒有好感。讀者在《男の服飾》上看到喜歡的服飾，會去找裁縫如法炮製。石津謙介開始接受自己這一代的男人永遠都不會考慮接受成衣的事實。但他還是有機會影響一整個消費新族群，那就是年輕人。

雖然《男の服飾》每期已有幾頁會特別以大學生為訴求對象，石津謙介還是說服編輯強化內容的年輕導向。從第五期開始，這本雜誌在封面加上了一個引人注目的英文刊名「Men's Club」。然而，VAN 並沒有生產適合學生的服裝。石津家族的友人長古川元（又名長谷川保羅）還記得：「VAN 帶有一種時尚的高雅感，但它非常小眾，大部分年輕人還是買不起。身為年輕人，你也不是真的那麼不想鶴立雞群。」

石津謙介想為年輕男性推出一條新的成衣產品線，但日本當時的流行趨勢似乎不太適合。此時，《男の服飾》開始推廣一種大膽的 V 形輪廓──外套肩線十分寬大，往下逐漸縮窄，到腰部變得很纖細。當時還在藝術學校就讀的時尚插畫家小林泰彥回想：「我們那時看到的只有好萊塢電影中和幫派分子身上粗魯的『勇猛造型』。」這本雜誌也積極介紹「太陽族」電影中時髦的夏日主題造型──鮮豔的夏威夷襯衫，搭配花花綠綠的「海灘風格服

一九五六年，《男の服飾》開始推廣一種
大膽卻相較低調的 V 領外套，希望成功召喚年輕消費者的目光。
◎圖片提供：ハースト婦人画報社

裝」。但石津謙介需要更新、更低調，比較不會和流氓沾上邊的風格。

　　為了尋找靈感，石津謙介在一九五九年十二月展開了長達一個月的環球之旅，但旅程在他首度造訪美國時就達到高潮。成長過程中常穿歐式西裝的石津謙介經常抱怨：「根本沒有時髦的美國人。」但他在紐約卻刻意尋找一種在《男の服飾》裡常出現的「常春藤聯盟」美式風格造型。石津謙介在天津時，從美國朋友歐布萊恩中尉那裡認識這個名詞，到了五〇年代晚期，這種造型已經跨出校園，進入美國服飾主流。不過，石津謙介對常春藤造型有所疑慮，他在一九五六年告訴《Men's Club》：「我懷疑日本男人是不是穿得出常春藤聯盟的風味，何況除了外型問題，這畢竟也是一個唯歐洲馬首是瞻的年代。」

　　儘管有這些偏見，石津謙介還是南下前往普林斯頓，造訪歐布萊恩的母校。普林斯頓大學裡美麗的哥德式建築讓他看見在美國難得一見、不獨尊現代化的一面。學生的衣著風格甚至比建築更令他印象深刻。日本的菁英校園裡滿是身穿黑色毛料制服、造型如出一轍的男生，但常春藤聯盟的學生卻以充滿個性的獨特方式打扮自己。他用小型相機隨手拍下幾張普林斯頓大學生的照片，這些照片後來就成為他在《Men's Club》上為這趟旅程所做報導的配圖。有一各迷人的學生穿著獵裝外套、鬆開的深色領帶、白色釦領襯衫、灰色法蘭絨長褲，肩上掛著一件外套，結果他無意中成了該期雜誌的封面人物。石津謙介在報導中寫道，在普林斯頓，「完全見不到我們預期中那種特別、浮誇的美式風格」。

　　在這趟短短的普林斯頓之旅中，石津謙介發現了他希望日本年輕人仿效的風格：常春藤聯盟時尚。這些活力十足的頂尖學生證明了年輕男性即使穿的是成衣，也能時髦有型。相較於陽剛勇猛的造型，這些衣服看起來更顯俐落貼身。石津謙介尤其喜歡這種風格的服裝多以棉與羊毛等天然材質製成，經久耐穿也容易清洗。五〇年代晚期的日本學生零用錢不多，但常春藤服裝會是一

項不錯的投資——耐穿、實穿，而且以簡樸的傳統風格為基底。

　　而且，常春藤學生將衣服穿到破損，還帶出一種瀟灑感——鞋上有破洞、襯衫上的領子磨損、外套手肘部位有補丁。許多日本新富階級十分訝異於如此的節儉程度，不過從小家境富裕的石津謙介卻看到常春藤聯盟時尚與時髦粗獷的「弊衣破帽」造型有直接的相關之處；後者是二十世紀初的菁英學生透過破爛制服來炫耀其優越感的現象。常春藤服裝透過隱隱約約的低調，彰顯穿著者的地位，這是富家子出身的石津能感同身受的。

　　石津謙介此時懷抱著他事業生涯中最別出心裁的構想，他要運用常春藤聯盟風格的服裝，開拓出日本第一個年輕時尚市場。一九五九年，VAN 踏出第一步，推出一套「常春藤樣式」西服——它仔細複製 Brooks Brothers 經典一號輕便西裝，搭配的是寬鬆的無褶外套。

　　然而，此時已年屆五十的石津謙介對年輕人的文化再也沒有當年那種天生的敏銳度，也不解此時的日本年輕人真正要的是什麼。為了讓常春藤聯盟服飾在市場上能成功，他需要年輕員工來製作他們想穿的衣服。常春藤可以是石津謙介的一大突破，他只需要對的人來協助他把握時機。

O2 | 常春藤狂熱
The Ivy Cult

　　黑須敏之要的只是一套西裝。一九五〇年代中期，十九歲的他和名校慶應大學的同班同學每天穿著相同的黑色羊毛學蘭制服上學，無論春夏秋冬、日曬雨淋都一樣。這種每天重複的穿法會有問題。黑須敏之回想：「穿了一整個冬天，到夏天才會把學蘭送洗。接著秋天再穿上之前才會再洗一次。衣服變得很髒，大家身上都有股酸臭味。」

　　穿上真正的西裝讓黑須敏之得以從這種乏味的桎梏中得到解放。他在下課後會躲在書店裡研究《男子專科》這本裁縫雜誌。有一回，在他存夠錢能去訂製西裝時，他請父親帶他去找裁縫師。父親當著他的面大笑：「大學生穿西裝？你一定是在開玩笑。」

　　父親的回答反映出日本對於西方服裝的傳統思維——只有白領商人才穿西裝，學生穿制服。日本社會期望年輕男生畢業前都穿學蘭制服，甚至穿去參加正式場合和工作面試。嗶嘰羊毛外套、相配的毛料長褲和白色的正式鈕領襯衫，是他們一年四季從頭穿到尾的服裝。只有天氣變熱時，學生可以不穿外套。

　　既然年輕人到哪裡都穿著制服，因此根本沒有所謂的「年輕時尚」存在。黑須敏之回憶道：「百貨公司會有童裝部和紳士男裝部，但絕對沒有適合中間年齡層消費者的部門。店家從沒想過能銷售什麼商品給年輕人，所以連試都沒試過。」

　　少數為了時尚而拒穿制服的年輕人立刻受到排斥，被視為行為不檢。除了日本社會對社會偏差的根本偏見之外，戰後年代的父母也對孩子穿著現代服裝特別焦慮。二次大戰後，日本帝國時代嚴格的道德規範已隨戰時政權潰散而瓦解，父母認為孩子會在這

學生時期的黑須敏之穿著學蘭，但很早就對西裝產生興趣，
並於大學時期製作了人生第一件西裝外套。
◎圖片提供：黑須敏之

「道德淪喪」的環境裡變得任性、叛逆。此外,盟軍在占領時期推廣民主、自由、平等的觀念,刺激了許多年輕人藐視傳統倫理規範。這時的成年人會用「アプレ」(源自法文「après guerre」,意即戰後」)這個貶義詞,形容在和平時期的混亂中喪失規範的青少年。

接下來,父母對アプレ產生道德上的恐慌感,將服裝視為是孩子叛逆的徵兆。黑色制服象徵遵從傳統日本價值,夏威夷襯衫或麥克阿瑟式的飛行員墨鏡等美式服飾則代表輕視社會規範。成年人相信,流行服飾不僅預示了孩子日後的不孝,也表示潛藏的犯罪念頭。

一九五〇年轟動一時的「噢,錯誤」(オーミステーク)事件,更強化了大眾對年輕時尚與道德淪喪彼此關連的認知。山際啟之是日本大學的校車司機,某天,年方十九的他持刀闖入同事車上,砍傷駕駛,隨後駕車逃逸,連同車上薪水袋中的一百九十萬日圓一起帶走。山際啟之隨後載著女友展開三天的兜風之旅。警方很快就逮捕到這對亡命駕鴦,但這樁小案件之所以登上媒體頭條,是因為山際啟之在被捕時用日式英語大喊:「オーミステーク(Oh, mistake!)」。山際啟之在接受警方偵訊時不斷隨性在日語中夾雜英語,也露出身上刻著 George 字樣的刺青。在媒體大幅報導下,「噢,錯誤」成為社會各界廣泛使用的流行語──這個偽英文口號充分象徵了戰後日本年輕人過度熱切接受美式文化,而且顯然已到耽溺的地步。

這對小情侶在等待受審之際,新聞報導卻將重點放在他們的穿著上。在逃亡的短短三天內,山際啟之和女友在銀座的高級精品店內豪擲十萬日圓購物,這個金額當時相當於大學畢業生起薪的十倍。出庭時,山際啟之穿著金色燈芯絨外套、胸前放著紅色口袋巾,搭配深棕色錐形長褲、領尖極長的淺棕色鈕領襯衫、菱紋襪、巧克力褐色鞋,以及美國總統杜魯門風格的軟呢帽,走在媒體鎂光燈前。他的女友身穿優雅的淺棕色寬領兩件式羊毛西裝,

「噢，錯誤」事件中被捕的情侶，因衣著相當有型而更加為人關注。（⊚ 朝日新聞社）

搭配黃色毛衣和黑色高跟鞋。這對情侶看起來更像是要參加電影首映會的年輕名人，而不是身繫囹圄的少年罪犯。對全日本無法認同他們的成年人來說，美國時尚與道德淪喪之間的關聯可說是再明顯不過。

當黑須敏之的父親聽到兒子要求訂製西裝，理所當然地想起「噢，錯誤」事件。一如所有的好家長，他拒絕資助這種可能引人墮落的行為。所幸，黑須敏之可以透過另一個管道買到新衣——他的爵士樂團。跟同世代的許多人一樣，他最初是在美軍電台聽到爵士樂，並在少年時期開始學打鼓。黑須敏之解釋，一九五〇年代是當業餘樂手的絕佳時期：「韓戰期間，東京周遭有不少軍營，夜裡一直都有樂團表演，就連學生或業餘樂手也有演出機會。」黑須敏之和友人利用演出賺得的錢訂製當時流行的「好萊塢」風格團服——寬肩單釦外套搭配貼身細管長褲。

這種好萊塢風格的外套滿足了黑須敏之對時尚的渴望，但他在美軍基地的黑人軍人身上發現一種獨特的西裝款式。「他們會穿四釦西裝、戴圓頂硬禮帽和白手套，帶著非常細長的雨傘。我認為這實在酷得不得了。」他在東京的爵士樂咖啡館的進口唱片封面上又看到類似的造型。黑須敏之喜歡美國軍人和爵士樂手的時髦風格，卻又不知道該如何稱呼它。

一九五四年夏天，由於對西裝充滿興趣，黑須敏之翻開石津謙介參與編撰的《男の服飾》創刊號。看到「男の服飾用語事典」單元時，第一個名詞「常春藤聯盟樣式」就讓他興奮不已：

又稱「Brooks Brothers 樣式」，是美國最主要的時尚風格之一。有時又稱「大學樣式」，因為許多愛好者都是大學生或大學畢業生。輪廓合身筆直。肩部狹窄自然，沒有墊肩或墊肩不明顯。外套上有三或四顆鈕釦，沒有雙釦版本。長褲相當合身，略成錐形，通常不打褶。看似前衛，但用意十分保守，與同樣受歡迎的「好萊塢樣式」正好相反。這兩種樣式構成了當今美式時尚的兩個極

端。在美國，常春藤聯盟款式屬於都會風，往往被形容是「在麥迪遜大道上穿的衣服」。

這段沒有搭配插圖或照片的短文，改變了黑須敏之日後的人生方向。他在美軍基地所見的西裝風格，其第一顆鈕釦位置高於腰線，正是這種「常春藤聯盟樣式」，一種為大學生設計的西裝風格。美國人顯然會穿這些所謂的常春藤西裝去上課，而那竟被視為「保守」！黑須敏之想像，在太平洋彼端有一個文明世界，驕傲的父親會陪就讀常春藤聯盟名校的兒子到裁縫師那裡訂做西裝。他決定，之後若有機會訂做第一套西裝，一定會是「常春藤聯盟樣式」。

• • •

日本家長對於美國文化的恐懼或許也不是那麼不理性：爵士樂團干擾了黑須敏之的課業，他被留級重讀大一。父親逼他賣掉鼓組，但黑須敏之不肯當一個只穿黑色學蘭制服的書呆子。在尋找新嗜好時，他報名了藝術家長澤節每週開課一次的時尚插畫班。在週六夜裡的課堂上，他和班上另外兩個男生的其中一位成為朋友，對方是年紀較長的教師兼學生——穗積和夫。身為受過專業訓練的建築師，穗積和夫在長澤節的學生當中堪稱傳奇人物，因為他辭去正職，成為自由接案的插畫家，與《男の服飾》合作。

穗積和夫立刻就和「來自慶應大學的摩登男孩」黑須敏夫相當投緣，每個星期都會互聊爵士樂和男性時尚。《男の服飾》是兩人的聖經，在該雜誌於一九五六年秋天推出美國大學時尚風格的深度報導後，兩人都改變興趣，迷上了「常春藤」。穗積和夫回想起那種服裝：「我第一次看到常春藤風格時，心想，就是它了！那是一套西裝，但看起來又和日本長輩穿的截然不同。日本沒有人穿那種三釦的合身西裝。」

除了偶爾見到美軍穿著亮眼的「新常春藤」風格服裝，他們在日本罕有機會看到有人穿著如此風格的服裝，因此，唯一的資訊來源就是穗積和夫從婦人畫報社辦公室偷拿的美國雜誌。黑須敏之與穗積和夫在那些雜誌裡不斷發現常春藤風格的新面向。外套線條垂直，沒有縫褶。長褲後面有扣帶。最後，他們在《GQ》上找到一篇談 Brooks Brothers 的四頁文章，終於見到了完整的常春藤風格單品組合。

　　認真研究一年後，黑須敏之與穗積和夫迫不及待地想穿上真正的常春藤風格服裝。但因為沒有管道購買美國進口服飾，他們唯一的辦法就是找到願意複製這種風格的日本裁縫師。穗積和夫很有把握，最典型的常春藤聯盟元素是正式襯衫上的「鈕領」，於是黑須敏之便帶著幾碼黑白格紋布料去找一名裁縫，要求「幫我做一件鈕領襯衫」。結果是，裁縫師做出了一件夏威夷風格的長袖襯衫，沒有開前襟，長長的領尖上縫了鈕釦。這種混合風格看起來完全不像常春藤聯盟的鈕領襯衫，但黑須敏之根本不明白，還是開心地穿著它到處跑。

　　黑須敏之此時已準備訂做一套西裝。裁縫師看著這個年輕人理想中常春藤聯盟樣式外套的草圖，嘆息道：「這真的很怪。」結果，成品再次失敗。「當時的日本裁縫完全不認識常春藤風格為何。」黑須敏之解釋，「他們做不出自然的肩型，所以最後還是出現超大墊肩。我想要一套三鈕式常春藤西裝，於是他們就在普通的雙鈕之外再加上第三顆。但那個輪廓根本不是常春藤風格……反正就是很怪。」雖然美國人馬上能看出瑕疵，但從未見過正統常春藤服裝的黑須敏之，還是認為自己就是驕傲的「常春藤」西裝擁有者。

　　穗積和夫在同一家店訂做了類似的「常春藤」西裝之後，兩人和另外五個朋友聯合組成「傳統常春藤聯盟生社」。他們每週舉辦常春藤風格研討會，用一本發黃的戰前英文服裝百科全書查譯美國雜誌上的名詞。他們還邀請一位年邁的裁縫教他們美式風

格的相關細節，例如鉤形衩（hooked vent，獵裝外套的後開岔部分）和搭接縫（overlapped seam）。

黑須敏之與穗積和夫試圖在日本重現常春藤聯盟風格時，把所有東西分成「本物」或「贋物」，也就是「真品」和「冒牌貨」兩大類。可惜他們越深入瞭解，就越發現自己初期創造的都是可悲的假東西。黑須敏之回想：「那件黑白格紋襯衫我還洋洋得意地穿了一年，可是一發現不妙，我就羞愧到把衣服扔了。」大體上來看，想如實複製的欲望激勵了黑須敏之與穗積和夫去掌握常春藤聯盟風格的各項細節，也促使他們進一步鑽研更多服裝設計的細微面向。他們或許永遠做不出完美的「本物」，但藉由複製原版品的細節，他們努力朝逼近真實的方向前進。

黑須敏之與穗積和夫之所以喜歡常春藤風格，部分是因為它來自美國，一個被貧困日本視為文明與繁榮指標的國家。但常春藤聯盟風格在日本也是一個讓人看起來既出色、又不至於像流氓般囂張的穿著方式：「常春藤就是與日本當時的時尚截然不同。我根本不瞭解那種造型叫時尚——它實在太特別了。我開始穿常春藤風格的服裝時，大家會說你看起來好像鄉下地方的鎮長。但就是這樣才好玩。我不是因為那是新風格而喜歡，而是因為它有點奇特。」於是，日本有了自己的首批「常春藤聯盟生」。

• • •

一九五九年，穗積和夫說服《男の服飾》（此時剛更名為《Men's Club》）的編輯，以一篇四頁報導介紹傳統常春藤聯盟生。團體照上的七個人全都穿著深色西裝，拿著金髮美女海報，展示他們對美國文化的專精。該報導的文字是穗積和夫偷偷撰寫，他宣稱這個團體為「常春藤七武士」。

這張照片裡的服裝如今可不會被認為是常春藤聯盟風格——黑須敏之的捲邊平頂帽、袖釦、銀色正式領帶，以及珍珠領帶別

黑須敏之與穗積和夫和五位友人組成傳統常春藤聯盟生社，並於一九五九年登上《Men's Club》雜誌。戴著帽子與眼鏡的黑須坐在梯子上，而穗積則戴著眼鏡望向鏡頭。（© 佐藤明）

針絕對不是。儘管《Men's Club》是將常春藤風格引進日本的開路先驅,但相關參與者卻都無法精確複製出這種美國東岸的大學生造型。由於缺乏與常春藤學生接觸的第一手經驗,這種時尚風格在日本的基礎,實際上不過是少數的片面資訊和《Men's Club》雜誌編輯的模擬猜想。

一九五九年三月,黑須敏之剛從慶應大學畢業,卻恰好面臨疲弱的經濟局勢,求職困難。在進不了大企業的情況下,他利用自己的時尚插畫技能在一家和服店找到工作,後來又到銀座擔任裁縫師。他的父親怒不可抑:「我們供你去上慶應大學,可不是為了讓你到服裝公司上班!」那些工作很無趣,但黑須敏之找到一份喜歡的兼職,就是為《Men's Club》撰寫爵士與時尚的相關文章。

黑須敏之在雜誌社內與年輕的編輯祥介結為好友。某天晚餐時,祥介透露:「我得離職去替我父親工作。」黑須敏之原以為這位朋友是被迫得回某個偏鄉僻壤的小公司做些單調無趣的工作,但祥介隨後澄清:「我爸是 VAN 的石津謙介。」原來祥介全名為石津祥介,日本最時髦服裝品牌老闆的長子。

一九六一年,石津謙介任命兒子祥介擔任 VAN 企畫部主任,並交付一項重責大任,生產以年輕人為訴求客群的常春藤系列商品。在此之前,品牌大多數的常春藤商品靈感都是靠五十歲的石津謙介想像而來,而非源自美國東岸校園的流行風格。石津謙介將有一條直長條紋的襯衫稱為「常春藤襯衫」,背後有鞋扣的沙漠靴稱為「常春藤靴」,後面有帶扣的褲子稱為有「常春藤帶」的「常春藤褲」。祥介的任務是生產更貼近真品的常春藤聯盟服飾,但他缺乏正確資訊,不知從何著手。

顯而易見的解套辦法,就是找日本首屈一指的常春藤專家——黑須敏之。一九六一年五月二日,石津謙介與祥介父子歡迎黑須敏之來到 VAN 企畫部任職。這兩個年輕員工接下來全心投入工作,設法大量生產日本第一批真正完全複製、原汁原味的常春

藤服飾。

　　剛開始，這兩個年輕員工就連要生產核心單品——釦領襯衫、無褶斜紋棉質長褲，以及圓領毛衣——都遇上重重阻礙。由於沒有常春藤聯盟大學或大學商店的人脈，黑須敏之與石津祥介對於最新校園時尚的確切細節沒有多少掌握。他們在《GQ》、《Esquire》、《Men's Wear》、《Sports Illustrated》、法文雜誌《Adam》、百貨公司 JC Penney 與 Sears Roebuck 的目錄，以及《紐約客》的廣告中尋找蛛絲馬跡。這些刊物雖然能提供設計構想，但 VAN 的工廠需要服裝原型和實際樣衣才能做出真正的複製品。石津謙介到美國出差時，雖然在 Brooks Brothers 店內買了幾件衣服作為參考，但這些無法擴大成一整條服裝商品線。黑須敏之前往阿美橫町的黑市，在一堆被丟棄的美國軍服之間搜尋，希望找到常春藤風格的服飾。

　　石津祥介在面對日本工廠時也遇上挑戰：「沒有人會做釦領襯衫，也沒有打版師做過無褶褲。」最後，他在遙遠的富山找到一家創新的工廠，他們已有製作釦領襯衫出口至美國的經驗。其他產品則是經歷不斷的嘗試與錯誤，襯衫與長褲一再重做，直到最後接近美國標準為止。石津祥介在這過程中發現一種奇異的喜悅感：「我不像黑須敏之對常春藤聯盟服裝那麼著迷。對我來說，這就像組裝模型飛機。它像是一個挑戰，我們來看看能否在市場上真正創造出所謂的『常春藤時尚』。」

　　隨著完整的常春藤系列產品——卡其褲、休閒西裝外套、泡泡紗西裝外套、菱紋領帶——在一九六二年推出，VAN 也更新了商標，希望更進一步吸引年輕族群。石津謙介在原有的紅黑字樣的圓圈商標上增加標語：「獻給年輕人與內心年輕的人」。加上這最後一筆之後，VAN 的品牌形象和商品蓄勢待發，準備實踐石津生產日本年輕人會喜歡的成衣時尚願景。先前十年，黑須敏之在自家臥室和裁縫小店裡試圖複製出日本的常春藤風格，如今，他掌控著日本最熱門的服裝品牌，和 VAN 的同事正準備將常春藤

一九六一年五月，黑須敏之（左）加入石津祥介（中）帶領的企畫部，在VAN的日本橋辦公室前留影。

◎照片提供：石津家

風格產品推向全日本。

「把這些金色鈕釦全拿掉，我們也許會有點興趣。」黑須敏之從日本各地的百貨公司採購口中都聽到這相同的抱怨。這些人每季都積極採購 VAN 高品質的運動外套，但對新推出的常春藤系列卻有所質疑。採購人員認為，那些他們辛苦複製出來的常春藤風格細節全是設計錯誤：「這襯衫的樣式很好，但領片上的鈕釦很礙眼。」當黑須敏之指出美國大學生都穿有金色鈕釦的休閒西裝外套時，採購對他大吼：「這裡是日本，可不是美國！」

雖然廣大的服飾業者不支持常春藤潮流，但石津謙介依然自信滿滿，相信只要有機會，日本年輕人就會愛上這種造型，只是中間商擋住了年輕人與常春藤風格接觸的可能。與其等待難搞的採購改變他們對鈕領襯衫的看法，石津謙介決定，不如由 VAN 直接向年輕人傳達常春藤風格的資訊。

《Men's Club》是理所當然的起點，因為關心時尚的年輕男子尋找打扮靈感時，大多會參考雜誌，而不是百貨公司。從一九六三年起，VAN 就運用其非正式的編輯掌控權，讓該雜誌完全以常春藤風格為重點。每期雜誌內都有大量現代大學生活的點點滴滴，探討衣服手肘處的補丁，「聯盟生的 V 字地帶細節」，同時刊登石津謙介的文章，談論「瞭解常春藤與不瞭解常春藤的女生」等主題。由於急於刊登常春藤風格實際穿在真人身上的圖片，《Men's Club》翻印了所有能取得的美國大學生照片，從《LIFE》等美國刊物，到造型帶有常春藤風格的好萊塢明星劇照，例如安東尼・柏金斯（Anthony Perkins）與保羅・紐曼（Paul Newman）。

儘管這種種努力，常春藤造型在日本主要還是只見於《Men's Club》雜誌的內頁裡。年輕人實際上幾乎都還是穿著學蘭制服或同樣單調的服裝。這本雜誌在讀者心目中的形象，就像是一個令人愉悅的幻想──一個人人身邊都圍繞著常春藤西裝、可樂瓶和爵士樂黑膠唱片的世界。要是在現實生活中打扮得如同《Men's Club》內頁的模特兒，肯定會招來同學和鄰人訕笑。因此，VAN

VAN Jacket 在一九六二年更新商標，
加入了新標語「獻給年輕人與內心年輕的人」，
進一步確立品牌形象。
（©VAN Jacket Inc.）

得向讀者證明，日本城市裡確實有打扮得宜的年輕人遊走其間。

一九六三年春天，黑須敏之在《Men's Club》上開闢了一個「街頭的常春藤聯盟生」新專欄，由他和攝影師在銀座街頭拍攝穿著近似美國東岸大學生的年輕路人。黑須敏之挑出最好的照片，再撰寫圖說。這個簡稱「街頭之眼」（街アイ）的照片專頁很快就成為雜誌內最受讀者歡迎的單元，黑須敏之可能也因此發明了「街拍」——這種風格獨特的時尚紀實攝影，如今在每一本日本時尚雜誌上都能看到。

事實上，這個專欄本末倒置；當時，東京的時尚男子數量根本不足以填滿每期內容。黑須敏之回憶：「我第一次跟攝影師去到銀座時，情況相當糟糕。我們之所以繼續出門去拍，純粹是因為讀者反應熱烈。」最熱烈的迴響來自東京之外，因為這個專欄讓外地讀者能即時掌握最新的都會風格。一旦注重時尚的青少年開始在銀座閒晃，希望能吸引黑須敏之的目光，他們的拍攝工作就會容易得多。這個專欄的常春藤聯盟風味後來開始變得比較濃，年輕人開始互相較勁，企圖勝過上一期專欄內的被拍者，於是這股風潮也開始如滾雪球般越來越盛行。

插畫也成為《Men's Club》建立常春藤世界觀的重要途徑。讀者從穗積和夫、大橋步及小林泰彥等插畫家的作品，感受到一種時髦的美式氛圍。那個年代最著名的插畫或許可說是穗積和夫的「常春藤男孩」——一個開心穿著美國東岸服裝的年輕漫畫人物。穗積和夫最早是在一九六三年畫出這個人物，當初是為了模仿日本浮世繪，將標準的武士改成十四個不同的常春藤聯盟生，例如穿得一身白的普林斯頓大學的啦啦隊員、準備上場的美式足球員，還有身穿浣熊毛皮大衣、圍著長圍巾的哈佛大學球迷。石津謙介立刻將穗積和夫的作品製成 VAN 海報。從那時起，常春藤男孩就經常出現在《Men's Club》上，展現校園風格的諸多面向。這個人物如今在日本已是「常春藤」的象徵，在一九六〇年代的世代之間更是幾乎無人不知、無人不曉。

既然《Men's Club》的內容直接來自 VAN 的員工和朋友，這本雜誌很快就轉變為對於石津謙介、黑須敏之、石津祥介及穗積和夫等人的崇拜。這個優秀團隊透過專欄、訪談、圓桌討論、問答、諮詢以及電台節目的文字紀錄，發表他們對常春藤風格的意見。《Men's Club》向來不隱瞞這些人為 VAN 效力的事實，而且明目張膽地支付他們稿費。但這種緊密關係是彼此互惠的。VAN 需要《Men's Club》的權威角色，將常春藤風格推廣成最適合日本年輕人的時尚；《Men's Club》則需要 VAN 每個月提供最流行的新內容。

　　《Men's Club》推廣常春藤風格的努力，最後觸及了年輕讀者之外的重要族群：小型時尚零售商。隨著成衣市場在五〇年代晚期逐漸成長，日本各地的紳士用品店開始仰賴《Men's Club》作為最新潮流的風向球。零售商在看過《Men's Club》上的常春藤風格服裝後，紛紛帶著訂單蜂擁至 VAN 的辦公室。然而，石津謙介非常精明，每個城市只挑選一家作為特許經銷商。他更新店家的銷售規畫和店面展示，好更符合常春藤美學。VAN 的員工貞末良雄記得他父親在廣島的商店的轉變：「石津謙介親自重新設計整棟建築。我非常震撼，所有東西都重建過，內部裝潢十分精緻，突然間每樣東西都變得非常時髦。」石津謙介藉由這項策略建立起一支店主大軍，而時尚評論家出石尚三就稱呼這些人是「VAN 教的信徒」。

　　到了一九六四年初，VAN 已經握有日本全國零售網絡，以及最大男裝雜誌的編輯掌控權。然而，VAN 服裝的高價位也讓顧客局限於少數的菁英族群。在一九六〇年代初，日本首相池田勇人曾提出一項「國民所得倍增計畫」；到一九六四年，日本的國民生產總值成長率高達百分之十三點九，這著實是一項「經濟奇蹟」。但相較於美國，日本的國民所得依然偏低——日本為一千一百五十美元，美國則是六千美元。一般家庭在所得增加時會優先改善居家生活，購買「三大神器」——黑白電視、洗衣機，以及冰箱。新中產階級接著才繼續添購「三 C」——汽車、彩色

電視，以及冷氣機。

　　高價服裝屬於超出大多數日本中產階級負擔能力所及的奢侈品，對學生尤其如此。一件VAN釦領襯衫要價相當於一般白領勞工平均月薪的十分之一。而這還只是襯衫，《Men's Club》要求的常春藤造型是從頭到腳的整體搭配，包括一件休閒西裝外套、卡其長褲，以及樂福皮鞋。

　　因為這些經濟上的現實，VAN的顧客在六〇年代前半段全來自三個族群：名人、頂尖廣告公司的創意人員，以及富豪家族的小開。在美國，常春藤風格代表菁英大學生的休閒風貌，但衣物本身既不昂貴也無特殊之處。事實上，常春藤風格的影響早已超出美國東岸校園範圍之外，因為它的衣料實穿耐用，而且風格基本簡單。

　　但在日本卻非如此。VAN到一九六四年初已經建立起銷售常春藤風格服裝的基礎架構──服裝、媒體，以及零售網絡──但到目前為止，他們只能在社會頂層找得到顧客。可是，就連這些顧客也令人頭痛。有錢的年輕人不知道如何好好搭配VAN的商品，以作為地位象徵。石津謙介不希望看到這些嬌生慣養的青少年穿上他的衣服，卻顯得品味低下。幸好，他已經著手設計一套方法，要在他的日本常春藤王國裡呼風喚雨。

● ● ●

　　石津謙介企圖在日本達成不可能的任務，從零開始，讓大眾接受常春藤風格。除了《Men's Club》之外，沒有任何人具有常春藤時尚的相關經驗，青少年和他們的父兄輩也沒有任何常春藤服裝。一九六〇年代初期的年輕時尚，就像年輕男子急著去打美式足球之類前所未聞的運動，他們只隱約瞭解所謂的「達陣」，但沒有一個朋友擁有球或頭盔。

　　為了讓時尚門外漢更容易瞭解，石津謙介、黑須敏之，以及

其他 VAN 的成員認為，他們得將常春藤風格整理成一套教人「該做與不該做」的教戰守則。於是他們將任務歸納如下：

購買藥品，盒內一向會有服用說明。藥品有適切的服用方式，若不照正確指示用藥，可能會出現反效果。穿著打扮亦如此——有些規則不能疏忽。規則能教導你正統的穿著風格，幫助你遵循正確的打扮常規。以常春藤風格作為起點，是成為時尚達人最快的途徑。

黑須敏之在《Men's Club》裡成了常春藤學校的非正式校長。他在雜誌後段主持「常春藤問與答」專欄，為青少年解答關於穿著打扮的各種細節提問。比方說，他告訴讀者不要在運動衫上打領帶，穿休閒西裝外套時避免別上領帶針和袖釦。與此同時，他也提倡常春藤精神：一種美國東岸的冷靜態度。一名讀者放話要解開釦領襯衫上的鈕釦，黑須敏之警告他：「那感覺要很自然。如果別人識破你是刻意不扣上鈕釦，那絕對是最糟糕的情況。」

黑須敏之無疑相當厚臉皮。二十多歲的他從未在美國生活，卻自詡為判斷何謂正統常春藤時尚風格的專家。他的自信雖然來自多年的研究，不過也帶有不少虛張聲勢的心態。穗積和夫解釋道：「我們開始編造規則，像是『當你穿釦領襯衫時，領帶必須打成平結，而不是溫莎結』。可是當時大家都相信我們。」

VAN 利用提供這些專業說法，同時擄獲了讀者和零售商。因為實在太成功了，日本時尚時至今日仍保有這種對於規則的重視。黑須敏之記得：「那個年代，大家要我們拿掉休閒西裝外套上的金色鈕釦，所以我們必須告訴他們，就是要有金色鈕釦，才叫休閒西裝外套。我們得把它框在規則裡，就像『休閒西裝外套永遠都有金色鈕釦』。如此一來，便加快大眾對這種風格的認識。」

在美國，常春藤聯盟風格脫離不了傳統、階級特權，以及微妙的社會地位差異。美國沒有人會看時尚風格指南，他們不過是

F アイビー・スーツにはスクエアのフラップ・ポケットが基本。斜めに切るのはややファッションがかったアンチ・アイビーのテクニック。

G アイビー・スーツに欠かすことのできないセンター・フック・ベントとよばれる鍵型になった馬乗り。これなくしてアイビー・スタイルはありえないという典型的なアイビー・ディテールの一つ。フック・ベントの長さは20センチか21センチというのが普通です。

H アイビー・スラックスにフロント・ダーツがないことはご承知の通り、といっても腰まわりがぴちぴちすぎるのは考えもの。ポケットはややスポーティに斜めに切ったのが常識的。スーツにあまりラフなベルトを締めたのでは台無し。

I アイビー・リーガースが選ぶネクタイはあくまでオーソドックスで控えめなもの。一番広いところで7センチというのが標準の巾。結び目は小さくするのが理想。タイタックも小さなものを。

J シャツの後ろにアイビー・ループとセンター・ボックス・プリーツがあるのがアイビー・シャツの条件。

K スラックスの後ろにはおなじみのアイビー・ストラップとよばれる尾錠。

L ダークなビジネス・スーツならスラックスの裾を折り返すのもオーソドックスなはきこなしの一つ。靴下は勿論黒でずり落ちないようロングソックスを。チャコールのスーツには靴も黒を、ウイングチップの靴はタウン・ウェア向き。

83

D 3つボタンの上衣には、袖の2つというのが普通。袖口からのシャツの分量もこのように2セン標準とされている。

E ノッチとよばれる衿のきざみ置に、衿は巾が7センチで細く短特長。よくロールしたボタン・ダレスシャツに黒のウールタイが印まいVゾーンだからあまり巾の狭貧弱だし、かといって巾広いのもオーソドックスな巾を守りたいも

アイビーのディテール

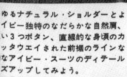

ゆるナチュラル・ショルダーとよ
イビー独特のなだらかな自然肩、
い3つボタン、直線的な身頃のカ
ッタウエイされた前裾のラインな
なアイビー・スーツのディテール
ズアップしてみよう。
のラインも胴をくらない直線的な
やや長めの上衣丈、そしてスラッ
ソドックスな長さが大切。
ビー・ホールドとよばれる特殊な
フのたたみ方がある。

B A 82

模仿父親、兄長與同學的穿著。在日本，VAN 需要將常春藤風格細分成一套特殊的規則，好讓剛接觸的人能在沒有實際見過美國人的情況下接受這種風格。然而，它塑造出來的假學問也有風險，可能會讓常春藤風格的年輕活力變得單調乏味。在美國，大學時尚最棒之處，就在於它無意間流露出的酷感。《Men's Club》卻往往為同樣的風格增添了猶如報稅作業般的無聊色彩。

不過，《Men's Club》讀者還是照單全收，而讀者對於指南的需求，只造成了更多對於細節的專橫要求。真正的「常春藤襯衫」背面會有一個小小的「掛耳」（locker loop）和中央箱式褶（center box pleat）。常春藤男子胸前會放一條折成「常春藤褶」的口袋巾、打一條正好七公分寬的領帶，褲子長度也維持「正統」。常春藤西裝外套的中央鉤形衩就發展出如聖經般的規定，即使它位於外套背後，幾乎看不見。此外，《Men's Club》還警告，斜向的西裝外套口袋有危險性——是邪惡的「反常春藤技巧」。除了推廣常春藤服裝的知識，這種在同質社群裡高人一等的作風，讓過去被貶低為「陰柔」的時尚講究，如今更像是等同修理汽車和運動等技術性的「陽剛」嗜好。

一九六三年，石津謙介以三個英文字母為日本的西式服裝制定了主概念：「TPO」，即「時間（time）、地點（place）、場合（occasion）」。石津謙介認為，男性應該根據時間與季節、地點，以及活動性質挑選穿著。他當然不是第一個以社交情境思考時尚的人，不過「TPO」這個簡單的說法將之設定成了日本人如何採行美式風格的主原則。

TPO 對常春藤風格而言尤其有道理，因為它代表的是一個綜合性的時尚系統，而非單一造型。你可以在上課、上教堂、打美式足球、觀賞球賽、出席婚禮，以及當新郎時做常春藤風格打扮。TPO 也近似穿和服及其他日本傳統服裝的規則，因而讓常春藤風格聽來沒有那麼格格不入。

後來，石津謙介藉由一本名為《何時，何地，穿什麼衣服？》

（いつ どこで なにを着る？）的指南，將 TPO 概念正式化。這本口袋尺寸的小書表列出理想服裝、互相搭配的風格，以及布料類型，也有教人如何讓西裝完全合身的圖表。石津謙介也撰寫短文，介紹適合各種場合的造型——長途旅行、短程旅行、歐洲與夏威夷度假之旅、美國商務旅行、家長會、相親約會、滑冰之旅，以及保齡球之夜等等。這本書旋即成為熱門暢銷書，電子產品公司索尼（SONY）甚至還向旗下男性員工每人發送一本。

石津謙介希望藉由這些文章傳遞他的信念，也就是常春藤時尚並非稍縱即逝的產業趨勢，而是邁向高尚生活的途徑。為了避免重蹈過去諸多潮流那樣興衰起落的覆轍，他說過一句名言：「我不開創潮流，我想創造新風俗。」

到了一九六四年初，VAN 員工與穗積和夫等盟友已經適應了自己擔任「正統」常春藤風格仲裁者的角色。這起倡導行動不只隨著時間培養出更懂時尚的大眾，也讓石津謙介公司的營收再創新高。然而，完全控制常春藤風格僅是一時，新的顧客自然也帶來了新的問題。

• • •

一九六四年四月二十八日，這天是常春藤風格在日本的轉捩點。當天書報攤上出現一本內容包含政治、趨勢、性與漫畫等內容的新雜誌《平凡 PUNCH》（平凡パンチ）。相較其他的低價週刊，《平凡 PUNCH》訴求的是更年輕的讀者。雜誌裡的文章相當迎合大學生口味，鼓勵剛受聘的上班族維持一種休閒的生活方式。《平凡 PUNCH》因此在常規的固定內容中增加一個新主題——時尚，作為這種風格走向的一環。

常春藤成為這本雜誌的招牌風格。他們請石津謙介撰寫男裝專欄，並搭配穗積和夫的插畫。《Men's Club》的年輕女插畫家大橋步為創刊號封面畫了四個身穿常春藤服裝的男孩，以休閒西裝

外套、九分棉褲、樂福鞋、旁分明顯的甘迺迪式西裝頭為造型，正在跟紅色跑車上的另一個男孩聊天。

《平凡PUNCH》創刊號一炮而紅，賣出六十二萬本，不到兩年後發行量就衝破一百萬本。這本雜誌因為當時的人口結構而受惠，它推出時正逢日本第一波戰後嬰兒潮進入大學就讀。相較於戰後初期二十歲上下的節儉年輕人，這波嬰兒潮想參與日本新興的消費社會，而且在經濟上也負擔得起。《平凡PUNCH》成了這群人的指南。死忠服裝迷還是偏愛《Men's Club》，而《平凡PUNCH》則將常春藤時尚的訊息帶給更廣大的讀者，他們是喜歡休閒西裝外套的男性，但也想讀到最新款保時捷的消息，尋求事業上的建議，還有欣賞上空女郎的照片。

《平凡PUNCH》驚人的氣勢將過去只有小眾族群喜歡的常春藤時尚推向了主流，十五至三十歲的日本男性幾乎全都透過它，認識了美國大學生的穿衣風格。更簡單來說，這本雜誌提升了年輕男性的時尚意識。作家川本三郎在一九九五年回想道：「因為《平凡PUNCH》，我首度意識到除了穿學生制服，穿其他衣服也沒有關係。這本雜誌在一九六四年推出，預告了男性可以打扮自己的觀念即將出現。」所以當男性開始動手打扮，選擇的就是常春藤風格。

《平凡PUNCH》掀起的熱潮讓數百名年輕男子直接湧進VAN在銀座的旗艦店「帝人男裝店」，購買鈕領襯衫、休閒西裝外套、棉質卡其褲，以及樂福鞋。很快地，東京到處都能見到這些年輕男性穿著他們的新時尚漫步街頭。在一九六四年之前較平靜的《Men's Club》年代，常春藤風格愛好者分散各地，低調且不引人注意，而且幾乎都是富有階級。如今，銀座卻有大批中上階層青少年穿著常春藤服飾，從《平凡PUNCH》封面製成的紙皮夾裡掏出鈔票。他們的衣著在濕熱的東京夏季就走休閒風格──白色鈕領襯衫、百慕達短褲或白色卡其長褲。當這些青少年開始在御幸通出沒活動，而且待上一整天，他們就成了惡名昭彰的「御

幸族」。

　　「族」這個字在戰後日本意味著「不良次文化」。在一九六四年之前，年輕族群挑選的服裝風格可說是他們生活方式的延伸。比方說，摩托車騎士組成的「雷族」（カミナリ族）就穿著耐穿、具有功能性的皮衣，禁得住魯莽、大膽的飆速過程，而「太陽族」則穿上鮮豔的海灘服，引發騷動。相對之下，御幸族直接從大眾媒體上學習如何打扮，宛如一批由《平凡PUNCH》內的模特兒組成的青年大軍。

　　然而，家長可不贊同他們的兒子穿上流行服裝。因此當時的年輕男性會身穿學生制服溜到銀座，將常春藤服裝捲在紙袋裡藏起來，到咖啡館洗手間換裝，然後整天把制服帶在身上。購物紙袋成為御幸族週末變身的象徵──這同時也是VAN促銷其品牌的管道。

　　在御幸族出現之前幾個月，該公司就已開始提供紙袋給零售商。在那個呈現出時髦現代主義設計風格的袋子上，底部有一個紅色方塊，印有商標，並且延伸到側面。該公司前員工長谷川元解釋：「我們沒有龐大的廣告預算可用，於是我們想，該如何讓自己無所不在？當時可口可樂開始隨處可見，我就想到我們得設計出自己的包裝。任何商品只要在百貨公司內設櫃，購買時都會以西武或高島屋的紙袋包裝，所以我們堅持用自己的袋子包裝商品。」這些紙袋讓VAN商標在街頭隨處可見，購物者開始崇拜這個商標，著迷程度不下於它所代表的服裝。年輕人如果買不起零售商銷售的任何商品，就乾脆拿著上頭貼有VAN貼紙的舊米袋在街上到處走。

　　御幸族通常會穿VAN推出的常春藤風格服裝，不過，他們也做了大變化。御幸族將這種造型改造得極為休閒，最引人注目的變化是褲管褶邊離鞋子十至十五公分高的九分褲。黑須敏之一直認為，青少年之所以改短褲管，是在模仿帝人男裝店的頭號店員──他為了炫耀襪子而把褲管往上摺。作家馬淵公介則認為，這

VAN 極具代表性的購物袋，
VAN 的商標與它所代表的一切令人迷戀不已。
（©VAN Jacket Inc.）

是青少年對棉質褲不熟悉所產生的現象。當大家看到同儕穿著略短的長褲，便跑去買相同長度的褲子，只不過褲子洗後縮了水。接著，其他青少年看到那些較短的褲子，又去買更短的褲子，如此不斷循環。無論如何，《Men's Club》的編輯都不願與這些褲管較短的褲子扯上關係，大聲疾呼「真正的」常春藤風格愛好者應該維持褲管的「正統」長度。

儘管在服裝上有這些小小的叛逆之舉，御幸族在髮型上倒是比黑須敏之或穗積和夫都更接近真正的常春藤聯盟學生。年輕人的俐落短髮就跟年輕時尚一樣，在日本都是相當新穎的觀念。在常春藤風行之前，母親一般會拖著兒子到理髮店，選擇剪「短髮」或「長髮」。經典的「常春藤造型」則遠遠時髦得多，頭髮會以七比三或八比二的比例分成兩邊。御幸族會拿《平凡PUNCH》到理髮店當成參考範本。在家裡，他們用吹風機吹膨頭髮，再用偉特立斯（Vitalis）或資生堂 MG5 整髮水定型。成年人討厭御幸族的外型，但他們最擔心的，恐怕還是男性這麼在乎髮型的「女性化」虛榮心態。

一九六四年的夏天來臨，學校開始放暑假，中學生這時的參與也讓御幸族的陣容更加壯大，增長到每週末有兩千人。隨著奧運開幕時間逼近，媒體開始醜化御幸族，說他們可能會丟日本的臉。長谷川元解釋：「在那個年代，八成的孩子隨時都穿著制服，因此沒穿制服的人看起來都像流氓，至少在警察眼中正是如此。」御幸族體現了六〇年代中期的一個重大時刻，那就是家長誤會了自己的兒子，將孩子積極想成為時尚敏感的消費者的意圖，當成一種行為偏差。

VAN 的領導階層認為，御幸族的出現對他們來說是憂喜參半之事。一方面，青少年的行為證實了年輕人會接納常春藤作為基本的穿著風格，進而導致銷售業績暴增。另一方面，御幸族卻也拖累了常春藤風格，讓它跟過去所有的年輕人次文化一樣，成為家長反對的目標。就連喜歡常春藤風格的青少年也不希望和御幸

族沾上邊。銀座一名十六歲高中生在受訪時就告訴記者：「我們討厭被稱為御幸族——我們是常春藤。」

除了新聞社論斥責御幸族是社會敗類，銀座的商家也抱怨這些青少年擋住了店家櫥窗、堵住大門入口，妨礙他們做生意。家長一發現這種情況，便要求學校內不得出現任何類似「常春藤風格」的東西。校方強迫青少年拆掉 VAN 襯衫領子上的鈕釦，家長會正式去函要求 VAN 零售商停止將衣服賣給學生。在許多小鄉鎮，學校禁止青少年拿 VAN 購物袋，甚或不准踏進銷售該品牌商品的商店。

就連時尚產業界從業者也發現 VAN 銷售商品給年輕人有不妥之處。黑須敏之與穗積和夫的前插畫老師長澤節就向《平凡PUNCH》雜誌抱怨：「當一個上班族正煩惱該不該花兩千日圓買東西時，他身邊卻有一個小孩，豪擲五千日圓依然面不改色。成年人才是必須注重穿著風格的人，小孩子其實只要一套服裝就夠。」

築地警方在一九六四年九月一場突襲御幸族的行動，消弭了社會上對於常春藤風格越來越不滿的緊張態勢。不過，媒體對這個問題的過度憂慮，卻也讓 VAN 對青少年的吸引力更加強烈。年輕男子不顧家長會的命令，在男裝店外大排長龍，只為了拿到印有該品牌商標的廢棄紙箱。「常春藤」一詞成了「酷」的同義詞。家電公司三洋甚至與 VAN 合作，開發出一系列小型電器用品——三洋常春藤刮鬍刀、常春藤吹風機，以及常春藤錄音機。

儘管有御幸族作為開路先驅，在日本年輕男性中率先接納美國時尚，接踵而至的道德恐慌卻讓 VAN 成為箭靶，被官方和家長認定是年輕人不良行為的慫恿者。石津謙介終究還是把休閒西裝外套和釦領襯衫賣給了青少年，但在這過程中也與許多成年人為敵。此外，黑須敏之和其他推廣者擔心的，則是御幸族會損害他們苦心費力推廣十餘年的常春藤風格。

曾是摩登男孩的石津謙介不在乎是否會冒犯到敏感的保守人

士，不過他倒是擔心，整齊乾淨的常春藤造型會永遠遭人誤解成一種反叛的次文化。一九六四年，他的品牌 VAN 生產、銷售、推廣常春藤時尚，造成年輕人渴求常春藤風格。現在，他需要讓美國時尚為人接受——不只是年輕人，而是所有人。

03 | 引介常春藤

Taking Ivy to the People

　　雖然石津謙介曾預期在日本引入美國時尚會面臨一些阻礙，但他萬萬沒料到，穿著常春藤聯盟風格服裝的年輕人，竟會在銀座街頭的大規模突襲中遭到逮捕。在美國代表富有階級的釦領襯衫，到了日本竟然與犯罪行為產生連結。這個轉化過程當中顯然出了差錯，VAN 需要立刻改善常春藤時尚的形象，才能消弭大眾的疑慮。

　　一九六四年舉行的東京奧運會是石津謙介的第一個大好機會，有望藉此改變全國上下對於常春藤時尚的認知。當年八月，他將 VAN 的辦公室遷往東京市中心的青山，一個寧靜區域，從那裡步行就能抵達奧運場館。石津謙介不只是個觀眾而已──身為少數的執業男裝設計師，他已受邀加入此次奧運的制服設計委員會。數年來，許多人都搞錯了這項任命，以為石津是設計出日本代表隊這款令人印象深刻的制服──鮮紅色西裝外套搭配白色長褲──背後的靈魂人物。但這並不正確；實際上，石津謙介只為裁判和翻譯人員設計了幾件很少人注意到的服裝而已。

　　那件鮮紅色的休閒西裝外套，是東京洋服店「日照堂」的望月靖之的靈感發想。一九五二年，望月就任奧運制服的首席設計師，但他初次提出的設計遭到秩父宮雍仁親王的批評，指出這些制服外套並非正統的「休閒西裝外套」。後來，望月逐漸著迷於將服裝的細節做對，並且希望讓日本代表隊穿上呼應日本國旗顏色的「朱紅色」休閒西裝外套。一九五六年，他正式提出了這款紅色外套的設計，但日本奧委會卻將之退回。四年後，他再次提出兩款新設計：有著白色滾邊的紅色西裝外套，以及有著紅色滾

邊的白色西裝外套。當時，日本奧委會拍板定案，選擇較為保守的白色外套搭配同色的褲子。

　　一直到一九六四年，日本奧委會才接納了望月堅持使用朱紅色的構想，讓日本代表隊穿上鮮紅啞光色的三釦式西裝外套，材質為精紡羊毛，上頭有金色鈕釦、三個口袋，以及後開衩的設計。望月究竟有多了解常春藤風格設計，此事尚未釐清；不過那年日本代表隊的奧運制服成品，最終看起來幾乎與傳統常春藤聯盟生社在兩年前為了年終派對所設計的服裝一模一樣——那款外套實在太豔麗，黑須敏之與穗積和夫根本不好意思在公開場合穿上身。

　　當然，石津謙介認為這件西裝外套相當時髦，但日本保守派人士抱怨其顏色太過女性化。批評的聲浪相當強烈，導致望月甚至氣到送醫住院。如今回頭看一九六四年奧運開幕式的影片，實在很難理解那樣的紅白色服裝究竟有哪一點太過前衛。當年，許多各國代表隊都穿上根據自家國旗顏色所設計的休閒西裝外套，譬如尼泊爾和墨西哥就穿著類似的紅色外套。換句話說，望月設計的這款西裝外套完全適合奧運這樣的場合。

　　廣大的日本民眾認同這個設計，而奧運隊服也讓這件外套有了日本人所謂的「市民權」。在一九六四年《Men's Club》的夏季刊上，編輯團隊採用了近似奧運隊服的設計，向讀者推薦此風格的造型。零售商很快就改變了態度。黑須敏之回想並說道：「開幕式一結束，百貨公司的採購人員突然改變心意，打電話來說：『你們想賣我們的那件休閒西裝外套非常棒，請盡快送貨來。』」儘管那件名聲遠播的奧運隊服並不出自石津謙介之手，它仍然成功地讓常春藤風格進一步為大眾所接受。

　　一九六四年的奧運也讓 VAN 員工得到一個前所未有的機會，能即時見識到最新的外國時尚。多年前，石津謙介曾將團隊送到神戶附近的富裕外僑郊區，以及帶有歐洲風情的輕井澤，考察服裝潮流。現在，由於各國觀光客湧入東京，VAN 的設計師和企畫人員直接上街就能達到相同目的。

一九六四年日本奧運代表隊的紅色西裝外套，顯露了十足的常春藤風格。
（©秩父宮記念スポーツ博物館）

奧運隊伍陸續抵達日本後，黑須敏之帶著紙和鉛筆，搭乘電車來到羽田機場，準備在各國運動員進入大廳時速寫他們的穿著。多年來，《Men's Club》雜誌一直讓讀者相信，搭乘國際航班的乘客一向打扮得宜。從沒搭過飛機的黑須敏之認為，歐洲運動員應該會穿著時髦的歐陸風格西裝和精美的皮鞋現身。

結果，一批肌肉結實的男子無精打采地通過海關，他們身穿運動衫和毛衣，而且最驚人的是腳上還踩著橡膠鞋底的帆布鞋。接下來幾週，黑須敏之隨處都在外國訪客腳上看到這種便宜的運動鞋。日本兒童也有類似的鞋子叫「ズック」（zukku），那是在下課和放學後運動穿的；不過若是在公開場合穿上，就等同穿著浴室拖鞋走在街上一樣。一如以往，別人眼中的禁忌在石津謙介看來卻是商機。他決定 VAN 也要生產這些所謂的「sneakers」，進軍日本市場。

黑須敏之花了幾個星期，說服製鞋商月星（Moonstar）複製出如此風格的美國鞋：「廠商不斷說：『這些鞋子絕對賣不好，這只是小孩子在學校穿的鞋。』更何況我們還要以一般運動鞋的兩倍價格來賣。最後我們只好說，你相信我們就是了。」VAN 開發了兩種款式，一種是類似 Keds 的低筒鞋，一種是與 Converse All-Star 完全一樣的高筒鞋，只是腳踝上有一個圓形的 VAN 商標。

品牌塑造大師石津謙介知道，邁向成功的關鍵在於不能把這產品稱作「運動鞋」。黑須敏之表示：「我們採用比較時尚的西方名詞『sneakers』——就像他們將『鼻紙』改稱為『衛生紙』一樣。只要稱為『sneakers』，穿運動鞋在街上走突然就沒關係了。」VAN 的商品採用英文名，但稍微調整了拼法，變成「SNEEKER」——一方面作為註冊商標，一方面也玩弄文字遊戲。

VAN 的 SNEEKER 鞋在一九六五年初上市，成為熱銷商品。一度猶豫不決的月星製鞋提供了 VAN 一筆預付投資款，希望他們生產更多鞋子。SNEEKER 催生了日本的運動鞋市場，從那時起，這款鞋就成了年輕時尚的主力商品。VAN 的員工貞末良雄記得，

一九六四年，VAN 將辦公室遷往青山，步行即可抵達當年東京奧運的場館。

VANSNEEKERをはく

学校に行くとき
サイクリングに出かけるとき
犬を連れて散歩に行くとき
彼女をドライブに誘うとき
庭の芝刈りを仰せつけられたとき
コーラを買いに走るとき
フットボールの試合を観戦するとき
放課後ワイワイ仲間とさわぐとき
体育の授業を受けるとき
なんとなく店をひやかして歩くとき
はしごに上って雨もりをなおすとき
自動車レースをみに行くとき
ロッジで週末をすごすとき
クルーザーの甲板の上にいるとき
フォーク・ソングを唄うとき
ジムに通うとき
弟のブランコを押してやるとき
ゴーカートに乗るとき
メンズ・クラブを買いに行くとき

VAN
·JAC·

ヴァン スニーカー 2月1日発売

一九六五年，VAN 的 SNEEKER 鞋上市，成功在年輕時尚市場掀起風潮。
（©VAN Jacket Inc.）

這個商品讓 VAN 的品牌規模更加龐大。「百貨公司想要這鞋子之後，我們不得不租下整座倉庫存放備貨庫存。」

一九六四年是 VAN 的突破年，而奧運就是該年的盛大終曲。該公司的銷售業績高達十二億日圓（相當於二〇一五年的兩千五百萬美元）——在不到十年間就成長了二十五倍。御幸族雖然讓常春藤聯盟時尚在成年人與家長之間有了惡名，但奧運證明，日本民眾只要在適當的情境下看到這些服裝，就能瞭解傳統美式風格的魅力何在。VAN 只需要繼續在真實的美國人身上展現常春藤服裝即可。可是少了奧運，再也沒有富有的外國人在東京走動。如果美國不能來到 VAN，那麼 VAN 就得到美國去。

• • •

一九六四年底，全日本各地的青少年紛紛打破撲滿，希望能買到一件鈕領襯衫，但卻沒幾個人聽過「常春藤聯盟」，更別說能在地圖上找出一所常春藤聯盟大學。日本當初第一批常春藤時尚愛好者，經常閱讀黑須敏之在《Men's Club》上談論美國東岸大學生時尚歷史與傳統的長篇文章，而新一代愛好者的時尚知識，則是直接得自同儕或《平凡 PUNCH》當中頁數寥寥可數的時尚單元。

「アイビー」（aibii）一詞逐漸成為沒有意義的流行語。當時有名青少年告訴《朝日新聞》：「我不太懂『常春藤』的意思——不過它很酷，對吧？」成人則是從憤怒的報紙社論上認識這個詞彙，以為那是代表不良少年的貶義字。社論作家也糾正不了他們：知名作家安岡章太郎在銀座看見一個青少年身穿 VAN 生產的普林斯頓運動衫後，心情沉重，哀嘆日本即使有了經濟奇蹟，年輕人還是穿著美國在戰後慈善捐贈的舊衣。

面對大眾的普遍誤解，石津祥介和黑須敏之不斷討論新方法，希望讓大眾知道常春藤風格的真正起源。某天，石津祥介丟出一

個瘋狂的想法：「我們何不去常春藤聯盟的真正所在地，拍一部關於那些大學生的影片？」

這個念頭剛好得在一九六四年才有實現的可能，因為日本那時剛開放空中旅遊。只是有一項意料之外的障礙——此時來回機票每人要價六十五萬日圓，約等同一部新車的價格。石津祥介與黑須敏之盤算後發現，他們需要大約一千萬日圓（相當於二〇一五年的二十萬美元），才能拍出一部涵蓋八所常春藤聯盟校園的影片。這將是短暫的日本男裝產業歷史上最高昂的行銷支出。幸好，石津謙介就是喜歡大膽無畏的構想。他立刻同意撥款，開始這項計畫。

現在，他們需要一個通曉英語的人在美國當地協助。眼前的絕佳人選就是 VAN 促販部的年輕職員長谷川元。長谷川從小在說英語的家庭中長大，父親是石津謙介在天津的酒友。長谷川在一九六〇年代初曾就讀加州大學聖塔芭芭拉分校，畢業後才加入VAN。身為全公司唯一在美國上過大學的人，他為《Men's Club》撰寫了絕大部分關於美國大學生活的文章。加入拍片計畫後，長谷川元便陸續向各大學寄出正式信函，請求允許他們進入校園拍攝。

至於拍片團隊，石津祥介和黑須敏之則挑選了在巴黎受過訓練的年輕導演小澤協。他帶來一名編劇、攝影師，以及燈光助理。VAN 的籌備工作全聚焦在這部十六釐米影片上，但是《Men's Club》的編輯西田豐穗認為，他們也需要能作為行銷素材使用的平面照。於是，他們在最後一刻決定讓《Men's Club》攝影師林田昭慶同行；林田正好也是石津謙介的私人祕書的哥哥。黑須敏之告訴林田昭慶，只要不干擾影片製作，他想拍什麼都可以。

一九六五年五月二十三日，這支八人拍片小組登上飛往美國波士頓的西北東方航空班機。他們是機上僅有的日本乘客。在二十四小時的航程中，石津祥介一直擔心行李中拍片所需的一疊疊日圓鈔票。日本當時的貨幣控管相當嚴格，禁止遊客攜帶五百

美元以上的現金離境。這部常春藤影片後來的總成本是這個金額的四百倍。由於日圓受人為操控，維持在三百六十日圓兌換一美元的超低價，因此石津祥介必須違法攜帶大約五百萬日圓現金（相當於二〇一五年的十萬五千美元左右）進入美國。

抵達波士頓後，一行人能在旅館休息一夜，打點就緒。黑須敏之終於踏上數十年來夢寐以求的土地，興奮得無法休息：「我到達旅館後就是冷靜不下來。腦子裡幾乎能聽到尖叫聲。」黑須敏之徹夜都在房內來回踱步。

當這群日本人前往哈佛大學開始拍片時，迎接他們的是波士頓春季的宜人天氣。常春藤聯盟的八所大學全都回覆了長谷川元的信，但哈佛拒絕提供任何支援。為了安全起見，拍攝小組佯裝成開心拍照的日本觀光客。因為前晚睡得少，黑須敏之已經非常緊張，此時他又得偷偷帶領一整支拍片小組進入哈佛校園，只好祈禱不會被校方發現。

就在他踏進哈佛時，所有焦慮一掃而空。黑須敏之抬頭看著雄偉的紅色喬治亞風格磚造學生宿舍時，心想：就是這裡，我來了！小澤協和林田昭慶架好攝影機和相機，黑須敏之則等待學生起床。哈佛校園看起來就和他的想像如出一轍——現在，他只希望學生能穿著三釦式西裝外套、常春藤扣帶長褲、白色牛津釦領襯衫、斜紋領帶及翼紋鞋出現。

然而，在那個炎熱的星期一，最早走出宿舍的學生們卻穿著邊緣磨損的短褲和快要爛掉的夾腳拖。黑須敏之心想，這些也許是荒廢課業的學生。可是下一批學生又出現時，他們看起來同樣邋遢。黑須敏之記得：「我對他們穿著之隨便震驚不已——事實上，根本是絕望到無以復加。」

日本的「常春藤」意味著西裝、公事包，以及細長的雨傘——這與他們此刻親眼所見根本是南轅北轍。在林田昭慶和小澤協不斷用一卷卷底片捕捉可用的學生影像之際，黑須敏之心慌了：這些根本沒有價值！學生身穿 T 恤與短褲的畫面，根本說服不了

任何日本人去重新思考常春藤風格。在他們離開日本之前，長谷川元就警告過黑須敏之：「穿西裝外套、打領帶，是週日上教堂、正式約會，或者你想讓別人留下好印象時，才會做的打扮。」但黑須敏之不相信。此時，他深深後悔自己沒聽長谷川元的話。由於徹底誤解了美式校園風格，VAN 的資金幾乎被他浪費殆盡。

拍片小組還碰上另一個問題：許多學生不想入鏡。黑須敏之回想：「他們會問：『你們拍這部片要做什麼？』我們說是為了日本品牌 VAN 拍的，他們便說：『那就是廣告，我不想出現在廣告裡。』所以大多數畫面都是偷拍來的。我們迅速架好器材、拍照，然後跑掉。」

然而，那一天隨著時間越晚，情況漸入佳境。拍片小組發現穿著格紋休閒西裝外套和卡其褲的學生魚貫走出教堂。小澤協和林田昭慶在第一天就用光了帶來的所有底片。不過，拍片小組找不到任何穿著三釦式精紡毛料西裝的學生，但那卻是每個日本人心目中的美國東岸校園標準制服。校園裡的教授看起來反而還比學生更接近日本人理想中的造型典範。拍片小組也很沮喪地發現，少數敢在校園裡穿上深色西裝和領帶的學生，都是日本交換學生。在悠閒自在的美國同儕身旁，他們顯得極度缺乏自信。

在哈佛度過緊張的一天後，拍片小組驅車北上新罕布夏州，來到漢諾瓦（Hanover）林木蔥鬱的寧靜街道，在達特茅斯學院（Dartmouth）拍攝。校方指派了一名公關人員協助他們尋找教授和學生，演繹安排好的場景。

石津謙介要求拍片小組帶回美式足球的影片——他認為那是典型的常春藤聯盟運動。達特茅斯學院拒絕了這些要求，表示在夏季練球有違聯盟規定。隨行的公關人員瞭解日本拍片小組的失望之情，便帶他們到船庫拍攝划船隊隊員。教練也相當配合，讓幾組隊員下水，好讓小澤協拍攝划船情景。

拍攝小組善用校方的支援，在漢諾瓦待了三天，拍攝校內的棒球賽、學生騎單車在市內遊蕩，以及實驗室、圖書館與學生自

助餐廳的內部景象。不過因為多待了一些時間，他們不得不取消造訪康乃爾大學和賓州大學的行程。

短暫探索了布朗大學和哥倫比亞大學後，他們抵達耶魯大學。一個時尚研究社團的學生負責接待他們——不過，他們不懂這些日本人為什麼要問那麼多與服裝有關的問題。黑須敏之回憶：「大多數學生都表現出一副對時尚毫無興趣的樣子，即使他們看起來非常關心時尚。他們似乎不覺得打扮時髦有何驕傲之處，只是不屑地對我們說：『我來這裡是要唸書的，不在乎自己穿什麼。』」還有人不相信這群日本人大老遠來到美國，只是想問他們一九六五年的經典常春藤聯盟風格；那一年，越戰和嬉皮反文化正將傳統服飾推向徹底滅絕的境地。返回日本後，石津祥介向《Men's Club》解釋這種差異，他說：「我們對時尚有不同的感受。他們做每件事時都是下意識的，因此當我們問到他們的穿著，他們不知該如何回答。」當黑須敏之看到一名身穿九分褲的耶魯學生時，他問：「短版長褲真的很流行嗎？」對方帶著戒心回答：「我從沒想過。這褲子我洗過後就縮水了。」

那趟旅程的最後一站是普林斯頓大學。他們抵達後發現現場正在進行校內壘球賽，以及在拿索大樓（Nassau Hall）舉行的一場瘋狂派對；贊助廠商是一家啤酒公司，一群群喝醉的學生正興高采烈地唱著戰歌。拍下這些活動後，校園作業便正式結束。拍片小組接著返回紐約，拍攝與大蘋果「一日生活」有關的增補片段——包括 Brooks Brothers 等傳統服裝品牌的展示櫥窗，以及街上年紀漸長的前常春藤聯盟生們。

返回日本之後，《Men's Club》雜誌與黑須敏之、石津祥介及長谷川元一同討論這趟旅程。黑須敏之向讀者保證：「美國年輕人的穿著就是你們在《Men's Club》的『街頭的常春藤聯盟生』專欄中所看到的那些服裝。」他們提供給讀者美國特有現象的相關報導，例如大學裡的自助餐廳系統，年輕人在那裡排隊享用大量的熱狗與漢堡。

最重要的，或許是他們意外發現，即便在經濟快速成長的年代，美國依然非常虔敬地保護各大學的建築風格。日本在戰後對於美國的著迷，源自他們相信美國是一片極為富裕、科技發達的土地。但在新英格蘭，他們看見家家戶戶在經常翻新房屋內部之餘，也盡力維持外觀設計的完整。如此做法令日本人心酸，因為在那個年代，東京開發商為了興建單調的混凝土公寓大樓，大舉拆除老舊的木造建築。黑須敏之告訴《Men's Club》：「日本的歷史比美國悠久許多，卻無人思考如何維護一個地方的古典感。大家一股腦地興建各種現代建築，完全不思考這與周圍建築風格是否取得平衡。真是悲哀。」黑須敏之在這趟旅程中體認到石津謙介常說的一句話：常春藤代表對傳統的尊崇，而不是只在追逐最新的現代潮流。

然而，VAN 團隊面臨了一項挑戰——那就是必須解釋常春藤聯盟學生為什麼沒穿西裝去上課。石津祥介告訴《Men's Club》：「日本常春藤風格其實不是非常學院風——日本的常春藤愛好者比較時髦。日本的常春藤愛好者在學生時期都穿常春藤西裝，彷彿他們是成年人似的。」他們將穿著休閒的美國人比喻為「蠻風」（バンカラ），亦即二十世紀初日本大學生那種凌亂而時髦的制服造型風格。美國常春藤聯盟學生透過他們的冷漠來展現地位。親眼見識過那種現象之後，黑須敏之相信，日本常春藤可以試著擺脫美國人的陰影。「經過七年時間，常春藤時尚在日本越來越受歡迎，」他於一九六五年底在《Men's Club》的專欄中寫道，「我覺得我們已經邁向一個開始往前、而且不過度在意外界眼光的時代。」

但是，在 VAN 秋冬宣傳活動展開之前，只有兩個月能為這部影片進行後製，製作小組在編輯上沒有足夠的時間考量這些事情。小澤協開始進行剪輯，並聘請知名爵士樂手中村八大以即興演奏為影片配樂。與此同時，林田昭慶開始沖洗底片，令大家驚喜的是，照片中的影像和影片同樣生動。《Men's Club》編輯西田豐穗

詢問，是否可交由婦人畫報社將照片集結成書出版。VAN 表示同意，製作團隊（主要是長谷川元）則專心為每張照片撰寫宣傳語，並在書後寫下短文，說明校園時尚的原則。（「美國蠻風風格的重點在於享受一點樂趣，它與日本學生一般的情形不同，並非現實中的貧窮造成的結果。」）VAN 製作團隊也檢視林田昭慶和小澤協的視覺素材，希望從中得到秋季系列商品的靈感。

製作完成後，這整個計畫還需要一個名字。黑須敏之提議「Take Ivy」──他用戴夫・布魯貝克四重奏（Dave Brubeck Quartet）的知名爵士作品〈Take Five〉開了個玩笑。在日文中，「アイビー」（常春藤）和「ファイブ」（數字「五」）聽起來有點相似，但英語流利的長谷川元反對，認為「Take Ivy」對美國人來說毫無意義。一如往常，只要長谷川元糾正的英文有礙 VAN 員工在藝術上的企圖，他們就不予理會。時至今日，黑須敏之依然驕傲地宣稱：「懂英文的人絕對想不出這個名字！」

一九六五年八月二十日，VAN 在東京的一場全天派對上舉辦《Take Ivy》首映會，租下整間赤坂王子酒店，邀請兩千名批發商、零售商，以及年輕愛好者一同慶祝。經銷商發送可全天自由進出酒店的門票給頂級顧客。上午十點三十分，石津謙介為一場長達七小時、環繞東京的賽車遊行揭開序幕，那些老爺車上的駕駛都穿著 VAN 的服裝。數百名青少年也穿上格紋、泡泡紗與米白色外套共襄盛舉。

在當天慶祝活動的尾聲，VAN 放映了《Take Ivy》影片──一連串活力充沛的校園片段，搭配歡樂的爵士音樂。除了基本的紀實攝影之外，片中還有幾場是經過編排的──一名學生上亞洲藝術課遲到，還有在宿舍裡唱機旁舉行的一場時髦夜間派對。在赤坂王子酒店的風光首映會後，VAN 工作小組帶著影片到品牌的各個經銷商巡迴放映，並舉行時裝秀。不過，這部影片在巡迴放映過後就束之高閣，不曾繼續在外流通。《Take Ivy》攝影集在一九六五年底出版，定價高達五百日圓，相當於《平凡 PUNCH》

《Take Ivy》的作者群離開常春藤聯盟校園後，在夏威夷合影（左上起順時鐘：林田昭慶、長谷川元、石津祥介，以及黑須敏之）。◎照片提供：石津家

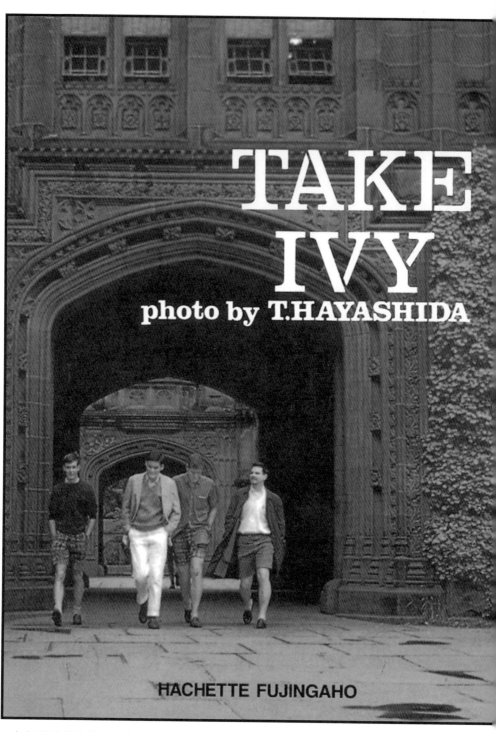

TAKE IVY

photo by T.HAYASHIDA

HACHETTE FUJINGAHO

一九六五年出版的《Take Ivy》記錄了美國常春藤聯盟校園內的學生穿搭，首刷如今已是罕見珍品。
◎圖片提供：ハースト婦人画報社

TAKE
IVY

HACHETTE FUJINGAHO

雜誌售價的十倍。最終，攝影集的銷售數字悽慘無比。婦人畫報社印行了兩萬本；就跟《男の服飾》一樣，VAN買下其中大約半數，再轉賣給零售商。至於其他的數量，就只能在書店架上蒙塵。

外界對於《Take Ivy》的冷淡反應掩蓋了這本書對日本造成的影響。這些真實影像呈現健康的美國菁英學生穿著格紋休閒西裝外套和卡其長褲，出現在新英格蘭古老校園裡雄偉的磚造與石砌建築之間，零售商和時尚人士看過之後，都改變了自己原本對常春藤風格的看法。自一九六五年開始，常春藤風格愛好者將《Take Ivy》的照片視為六〇年代美國東岸學院風格的權威代表。從銷售影響層面來看，這項宣傳計畫其實十分成功。日本青少年在一九六五年底大肆採購VAN的校園風格時裝，盛況空前。

這樣的成長可能是自然而然的結果——一九六五年已是常春藤風格迅速流行的時候——不過，就像長谷川元所說：「石津謙介不是那種會在乎投資回報的生意人。他認為，只要公司不出現赤字就沒問題。」這部影片不僅是行銷上的神來之筆，也是VAN的一個額外工具，能用來說服懷疑者和權威人士，讓他們相信常春藤風格是古老的美式傳統。這些人包括青少年、百貨公司，以及家長，不久後也包括警察。

• • •

儘管警方在去年強力掃蕩，一九六五年的夏季，一波穿上常春藤服裝的青少年還是重返銀座。與去年的同儕有所別的是，他們走出御幸通，散布在整個區域。在常春藤服裝潮流攻占媒體版面一年之後，報紙和八卦小報這次已經能比較正確地稱呼一九六五年在此聚集的年輕人為「常春藤族」。

奧運和持續受到歡迎的《平凡PUNCH》雜誌促使大眾對常春藤時尚更加同情，不過一九六五年的常春藤族穿的卻不是VAN的服裝。黑須敏之回想：「一開始比較像嬉皮，更極端一點。它

又把常春藤風格拉回了不良分子所穿的服裝那種形象。」部分是拜他們腳上的 VAN SNEEKER 鞋所賜，一九六五年的常春藤族青少年在打扮上比前輩整齊許多。他們將衣服和盥洗用品裝在看來可憐兮兮的麻袋裡。另外還有一個競爭的派別，他們的常春藤風格打扮甚至到了可笑的地步——這個所謂的「雨傘族」身穿深色西裝，一手拿公事包，一手拿超細雨傘。

報紙還是跟以往一樣，在社論中強烈批評在銀座群聚的青少年。就連《紐約時報》都報導了這項爭議，稱呼他們為「一群穿著深色衣服的奇怪富家青少年……在御幸通遊蕩，尋找一夜情對象」。一九六五年四月，警方發動了另一回合的街頭掃蕩行動。這一次，年輕人沒有默默承受。一名被捕的常春藤族向《朝日新聞》抱怨：「穿著酷酷的衣服在銀座走動是哪裡不對了？我們又不像池袋或新宿的那些鄉下土包子。」當七月開始放暑假之後，聚集人數再度暴增。年輕人紛紛從附近的埼玉、神奈川、千葉等地前來，加入銀座常春藤族的行列。

與前一年不同，媒體這次十分清楚誰應當為這次的年輕人造反負責，那就是石津謙介。他的祕書林田武慶回想道：「我們接到許多家長來電，抱怨孩子花了太多錢去買 VAN 的衣服。」當銀座各店家發現石津謙介是日本常春藤時尚的關鍵人物，他們就求警方逮捕他，讓整個青年運動劃下句點。

其實，警方早已盯上石津謙介。他說：「築地警方注意到那些孩子身上都有 VAN 的商標，認為這些麻煩一定全是 VAN 引起的。」一九六五年九月某天，黑須敏之和石津謙介前往築地警察局，澄清他們絕對沒有要青少年在銀座聚集，也沒有鼓勵年輕人從事不良行為。剛開始與警員討論時，很快就冒出因為一個老問題而產生的敵意：警方並不了解「常春藤」一詞的真正意義。警方根據青少年的不良行為，認定那是「乞丐」一詞的最新說法。他們搞不懂，石津謙介和他的團隊怎麼會如此無恥地銷售「乞丐時尚」。

86

一九六五年八月，上百位年輕人穿上常春藤風格出席《Take Ivy》的發表派對，足見常春藤服裝潮流的
影響力。派對當日照片後刊登於同年十一月號的《Men's Club》。◎照片提供：ハースト婦人画報社

一九六五年八月《Take Ivy》發表派對上的日本年輕人，手上正拿著一本《Take Ivy》。◎照片提供：ハースト婦人画報社

此時，《Take Ivy》影片已經完成，因此石津謙介和黑須敏之決定，要說明常春藤時尚最快的方法，就是在真實的美國情境中展現這種風格。他們在築地警察局內為數十名頭髮灰白的警察辦了一場放映會。看到常春藤時尚在其誕生的環境中出現時，現場最高階的警官轉頭對石津謙介說：「喂，美國這種常春藤玩意兒沒有太糟糕啊！」

　　從影片放映結束的那一刻起，東京警方就不再將石津謙介視為銀座問題的共謀，而是警方的盟友。築地的警官們意識到，單靠石津謙介就有辦法徹底阻止常春藤族。他們懇求黑須敏之：「無論我們怎麼苦口婆心，常春藤族就是不聽。我們需要你告訴大家離開銀座，因為在他們心目中，你就跟神一樣。」石津謙介也希望能洗刷常春藤風格的名聲，便同意介入。

　　築地警方接著立刻在銀座舉辦「常春藤大集合」，讓常春藤族聽石津謙介發表演說，說明他們為什麼不應該在那一區遊蕩。警方包下開闊的銀座天然氣廳六樓，並在周圍街道張貼兩百張活動海報。一九六五年八月三十日的這項活動官方正式名稱是「中央區少年問題協議會」──這是該委員會歷史上，首度有「問題青少年」願意參加的一次。在《Take Ivy》於赤坂王子酒店向最忠心的愛好者正式發表之後僅僅十天，VAN 又為了它最不乖的愛好者舉辦一場獨家放映會。

　　將近兩千名青少年擠進現場，參加可能是史上最刺激的「少年問題協議會」。影片放映過後，五十四歲的石津謙介站上舞台，分享他的智慧：「常春藤風格不是大家追隨的一種短暫潮流，而是一項值得尊敬的傳統，從你的父親和祖父一路傳承下來。它不只是服裝，而是一種生活方式。」接著他切入重點：「所以你們不能只是這樣在街上閒晃。如果大家聽懂我所說的，麻煩也請轉告朋友。」接著，日本常春藤時尚之父和築地警察局長進行了一場問答；最後，五十信次郎與先鋒部隊樂團（Mickey Curtis and His Vanguards）上台表演了一段搖滾樂。下午四點，活動結束，參加

者拿著免費的 VAN 購物袋離開。

幾天後，常春藤族徹底從銀座消失無蹤。石津謙介成了終止危機的最大功臣，警方開始視他為能呼風喚雨的時尚指標人物，對戰後嬰兒潮世代具有無與倫比的影響力。黑須敏之認為，他們只是幸運地碰上適當的時機：「那項活動在夏末舉行，所以青少年本來就會回到學校，不再出現。不過警方認為他們之所以離開銀座，是因為我們放映影片，所以我們非常風光。」從那時起，日本的執法人員就比較不擔心斯文、整齊的美國年輕時尚的威脅。事實上，他們開始對常春藤風格刮目相看，甚至要求石津謙介設計他們的新制服。

• • •

一九六〇年代後半期，日本經濟持續成長，每年成長率都超過百分之十。隨著出口日漸暢旺，政府開始鼓勵更多國內消費。年紀漸長的財務大臣期望受薪勞工和他們的太太能當領頭羊，但節儉成性或忙到沒空購物的老一代卻把多餘的錢傳給下一代。日本青少年興奮不已。他們不曾受過戰前緊縮或戰後貧窮之苦，一心只想投入不斷擴大的消費市場，開心地花用父母的錢。

VAN 是這波流進年輕人口袋的錢潮最直接的受惠者。在一九五四年公司規模尚小時，VAN 鎖定的是富有的資本家客戶，當年收益四千八百萬日圓（相當於二〇一五年的一百一十七萬美元）。到了一九六七年，VAN 的收益已高達三十六億日圓（相當於二〇一五年的七千一百萬美元），之後更攀升到六十九億日圓（相當於二〇一五年的一億一千一百萬美元）。在常春藤潮流達到高峰的一九六六與六七年間，VAN 的產品供不應求。早上送達門市的商品到傍晚即銷售一空。石津謙介的祕書林田武慶回憶道：「我們員工根本不能購買自家商品，因為完全沒有存貨。商品一從大阪運來，公司業務會在一週內全部配銷到各店，當月剩下的

時間我們就四處遊玩。」

　　隨著 VAN 的營收不斷提高，品牌也在社會頂層找到更多常春藤風格的愛好者。天皇的姪子三笠宮寬仁親王就是常春藤聯盟服裝的熱愛者，還會穿上高袖孔三釦式西裝公開亮相。一九六五年五月號的《Men's Club》就登出寬仁親王穿著上好西裝的照片，還加上「皇族常春藤」如此大膽的圖說。

　　VAN 在東京和大阪的總員工數最後超過千人。貞末良雄是 VAN 在黃金年代的重要員工，如今他已是日本成功的服飾公司「鎌倉襯衫」的創辦人暨董事長。貞末良雄的父親在廣島經營一家 VAN 商店，因為這層關係，他得到在 VAN 的工作機會。曾為電機工程師的貞末良雄在一九六六年四月一日進入大阪分公司，二十六歲的他穿著擦得閃亮的尖頭鞋，讓 VAN 的業務員宣告：「各位，穿魔術鞋的男生來了！」隔天，他們派貞末良雄負責倉庫，隨後六年他都在那裡工作。

　　開始穿上公司提供的常春藤服裝之後，貞末良雄就親身體驗到 VAN 產品的魅力。「我會穿著 VAN 服裝——格紋休閒西裝外套和百慕達短褲——外出，在我走過時，大家都會回頭看。即使口袋裡連一百日圓都拿不出來，我卻突然能進出有錢人的俱樂部和高級飯店的泳池。穿上 VAN 之後，我看起來就是個富人模樣。我想，這正是石津謙介的策略之所以成功的原因。」

　　貞末良雄在大阪的經驗也證明，常春藤時尚已確實成為風靡全國的潮流，不僅限於都會的時髦男子而已。事實上，無論當時或現在，日本死忠的常春藤風格迷大多住在東京之外的地區。石津謙介在日本各地的經銷商為年輕男性成立了地方性的常春藤風格指導中心，以免他們與大都市的潮流脫節。在大眾媒體和時尚品牌眼中，常春藤象徵著全新典範，而《Men's Club》雜誌正扮演媒體代理人的角色，負責說明最新的東京時尚。

　　VAN 在六〇年代末期大為成功的另一項跡象，是坊間出現大批模仿品牌。其中最接近的競爭對手 JUN 就以稍低的價格銷售與

VAN 的常春藤風格商品一樣的仿製品。另外還有一些所謂的「三字母品牌」，包括 ACE、TAC、JAX、JOI ——甚至也有 YAN。布料製造商東麗運用一台早期的電腦，為其他每個可能的三字母品牌登記商標。石津祥介當時告訴《平凡 PUNCH》：「我們就像白老鼠。我只希望這些模仿我們品牌的人能模仿得像一點。如果他們只是改個顏色和外型，讓可怕的東西在街上到處走，那就太糟糕了。」儘管競爭激烈，其他品牌卻根本比不上 VAN 對整體社會造成的影響。長谷川元表示：「JUN 和其他品牌只是製造服裝，如此而已。但我們企圖推動的是一種全方位的生活風格。」

VAN 在時尚界無人能及的權威性讓它得以持續推廣更新、更「傷風敗俗」的美式風格——包括 T 恤。直到六〇年代中期，日本人都把 T 恤當成內衣。在同盟國占領期間，日本人見到美國大兵上身只穿著內衣走來走去，都會咯咯訕笑。VAN 在一九六二年率先嘗試銷售 T 恤，但顧客裹足不前。當 VAN 將自家商標放上 T 恤，作為促銷贈品時，沒有人敢把那種衣服穿出門。於是公司內部爆發激烈辯論，爭執他們到底該不該繼續生產 T 恤。

不過，大眾的態度在《Take Ivy》推出後隨即改變。黑須敏之記得：「我們推出這本書之後，T 恤確實開始暢銷。你在照片中能看到學生全都穿著印有自己學校標誌的 T 恤，所以我們生產各校顏色的同款 T 恤。白 T 恤看起來太像內衣，因此我們為普林斯頓推出橘色 T 恤，為耶魯推出藍色 T 恤。我們稱之為『彩色 T』。我們證明了『所有美國學生都穿這些衣服！』於是，大家突然就開始買來穿。這衣服在一九六六年夏天瘋狂大賣。」

由於《Take Ivy》的成功，VAN 每一季都會進行一項整合銷售宣傳活動。其中最經典的是六七年春夏的「鱈魚角精神」（Cape Cod Spirit）：VAN 希望在遊艇上傳達美國總統約翰‧甘迺迪不受時間削減的魅力。（儘管 VAN 上上下下沒有人能在地圖上找到鱈魚角在哪裡。）隨後則是美國西南部的牧場時尚「發現美國」——這個詞彙後來給了日本國鐵靈感，在一九七〇年推出熱門的

貞末良雄是鎌倉襯衫的創辦人，也是VAN在一九六○年代的重要員工。這張一九六八年照片中的貞末一身常春藤服裝，相當自信。◎照片提供：メーカーズシャツ鎌倉

在《Take Ivy》計畫大獲成功之後，VAN 每一季都會進行大型宣傳活動，並搭配特別的宣傳主題，例如「運動美國」與「鱈魚角精神」。（©VAN Jacket Inc.）

CAPE
COD
SPIRIT

6 JUNE						
SUN	MON	TUE	WED	THU	FRI	SAT
				1	2	3
4	5	6	7	8	9	10
11	12	13	14	15	16	17
18	19	20	21	22	23	24
25	26	27	28	29	30	

7 JULY						
SUN	MON	TUE	WED	THU	FRI	SAT
						1
2	3	4	5	6	7	8
9	10	11	12	13	14	15
16	17	18	19	20	21	22
30 31	24	25	26	27	28	29

8 AUGUST						
SUN	MON	TUE	WED	THU	FRI	SAT
		1	2	3	4	5
6	7	8	9	10	11	12
13	14	15	16	17	18	19
20	21	22	23	24	25	26
27	28	29	30	31		

1967

for the young and
the young-at-heart

VAN
· JAC ·

CAPE COD SPIRIT

國內旅遊宣傳活動「發現日本」。

這些宣傳活動只是石津謙介引領潮流的跨媒體行銷策略的一個例子。VAN 贊助一個叫《常春藤俱樂部》的電台廣播節目，由黑須敏之、石津祥介和長谷川元三人在節目中暢談男性時尚。石津謙介接著轉戰電視圈，在週日晚間開闢半小時的《VAN 音樂休息時間》，由知名爵士與流行樂手穿著最新的常春藤風格時裝，表演熱門歌曲。VAN 也是日本第一個贊助運動員和賽車手的時尚品牌。石津謙介甚至成立業餘足球隊。一九六六年，他在銀座開設供應漢堡的餐廳 VAN Snack，比日後出現在同一條街上的麥當勞還早了三年。

VAN 為日本商界上了一課，教導大家如何將美國文化推銷給日本人——由於成效實在太成功，就連在日本經營跨國企業分公司的外籍人士也都注意到了。日本百事可樂執行長亞倫・巴塔許（Alan Pottasch）在一九六三年推出「百事新一代」（Pepsi Generation）的廣告宣傳企畫，成為廣告界的傳奇人物，他就在一九六八年從 VAN 挖走了長谷川元。長谷川元回憶：「亞倫喜歡我們在 VAN 做的案子。在和他見面之前，我從未以專業的觀點看待我們做的事情。」後來，可口可樂成為 VAN 的策略夥伴，在一九七〇年代進行行銷合作，甚至一度將 VAN 的某部廣告片直接改成可口可樂的電視廣告。

儘管石津謙介非常希望常春藤風格能成為日本基礎時尚永遠的範本，但美國東岸風格最終還是失去了它在年輕時尚中的獨霸地位。從一九六六年開始，優雅的歐式西裝躍升為主流，VAN 的競爭對手 JUN 對此更是大力推廣，因為他們發現這種造型有可觀的利基市場。石津謙介雖然身為「常春藤先生」，但他個人私下更偏好英國時尚，於是他創立了副牌 Mister VAN，生產在倫敦卡納比街（Carnaby Street）常見的那類華麗商品。一九六六年六月，披頭四穿著閃亮的摩德西裝（mod suits）在日本武道館舉行兩場歷史性的演唱會，因此石津謙介此舉就像是一次對時代潮流的聰

明賭注。但摩德風格或許太過搶眼，始終沒能在日本流行起來，Mister VAN 最後以失敗收場。無論如何，VAN 仍繼續發展出適合各種族群的不同系列，包括 VAN Brothers、VAN Mini，還有以年紀更小的少年為目標客群的 VAN Boys。

然而，VAN 在努力迎合變化多端的青少年風格之際，卻出現意外的負面效果，趕走了品牌原有的忠實顧客。一九六四年，死忠的常春藤風格愛好者看到銀座的青少年也穿著鈕領襯衫之後大感驚慌，而當中學生也開始常把「常春藤襯衫」當成玩樂服裝來穿時，老顧客的疏離感更是益發強烈。走進帝人男裝店購物的二十多歲年輕人會要求別把購買的商品放進有 VAN 商標的袋子裡，免得自己被誤認為常春藤族。

一九六六年，石津謙介要黑須敏之重整 VAN 的成人系列商品線 Kent（這條線的標語是「獻給品味獨特的男人」），以期贏回老顧客的心。年紀較長的顧客依然喜愛美式風格，但卻發現「常春藤」這個字眼似乎越來越墮落。黑須敏之聰明地將 Kent 風格重新套用在「Trad」這個新名詞底下。黑須敏之在二○一○年告訴美國部落格「The Trad」：「『traditional』（傳統）這個字固然存在，但日本人不太會發音，也鮮少使用。我想找一個容易記住的短字，結果在某本爵士樂的書上發現『Trad Jazz』（傳統爵士）這個說法。」

日後證明，「Trad」這個名稱對美式風格在日本的發展十分重要。Trad 與常春藤的短暫時髦風格形成了鮮明對比，同時涵蓋了美國之外的經典品牌。Trad 男子可穿經典的 Burberry 風衣或愛爾蘭漁夫毛衣，也不必擔心這會破壞常春藤嚴格的「純美式」規則。雖然 Kent 始終沒有發揮像 VAN 那樣的長久影響力，但黑須敏之發明的「Trad」打開了一扇大門，讓日本人在隨後四十年持續對英美風格迷戀不已。

儘管 VAN 對戰後嬰兒潮世代具有莫大影響力，許多成年人對常春藤風格還是抱持嫌惡態度。八卦小報仍持續抨擊石津謙介。

比方說，《週刊現代》就在一九六六年刊出一篇未署名的文章：「石津謙介先生的名聲——一個將導致國家毀滅的設計師」。匿名寫者指控，VAN 鼓勵年輕男性變得淫蕩，並且引用體育作家寺內大吉的這段文字：

戰前年輕人對我們的國家集權體制有所貢獻，但是戰後二十年，年輕人一事無成。他們唯有身形高大，內心卻懦弱無比。這一點可從他們的服裝上看出來。他們的打扮就像戲裡的配角，主角絕對不會驕傲地穿上那種衣服。即使你認為女人天生受時尚吸引，但是 VAN 的常春藤風格根本不是時尚。男生只是想把妹而已。

如此的中傷不只證明中年男性有多麼不喜歡石津謙介，也顯示老一輩十分堅持戰前嚴格的日本大男人氣概典範。他們只會將 VAN 這樣的時尚男裝視作是性變態的表徵——因為強烈受到情欲驅使，所以需要看起來比較女性化。但是，這樣的抱怨不過是注定失敗的哀嘆。VAN 賦予了年輕人一套更適合消費時代、新穎的時尚態度。

如今，大多數日本戰後嬰兒潮世代都深刻地記得，VAN 是他們認識個人風格和美式生活的入門磚。在介紹整個常春藤文化時，VAN 的員工讓年輕人滿懷渴望與夢想，除了服裝之外，也對音樂、休閒嗜好、汽車和美食產生興趣。由於日本在二次世界大戰中戰敗，傳統日本文化因而隨之蒙羞，年輕人期望擁有一套新的價值。VAN 就在此時提供了一種美式生活的理想版本。石津謙介是一個才華洋溢的設計師與行銷者，不過卻用文化套利的形式致富。黑須敏之表示：「VAN 做的就是創造在美國有、但日本沒有的事物。我們只是複製，可是沒有人瞭解我們到底在做什麼。」

真正的美國人漸漸從東京消失，VAN 也因此受惠。一九六〇年代中期的駐日美軍人數已經不多，而且通常也只出現在偏遠地區的軍事基地裡。東京的年輕人反而是從 VAN、《Men's Club》，

以及好萊塢電影瞭解美國人。結果，他們眼中的美國並不是戰時的敵人或戰後的占領者，而是出產爵士樂、一流大學、釦領，以及金髮美女的國度。

在日本的時尚史中，常春藤風格在一九六〇年代的出現相當關鍵，男人從此開始打扮；不過更重要的是，這種造型為日本隨後五十年輸入、消費與改變美式時尚的方式立下了典範。日本在常春藤風格之後擁有了開創與傳播最新美式風格的基礎──不僅是整潔好看的新英格蘭青年的服裝，甚至還有更狂野的反文化造型。

04 | 牛仔褲革命
The Jeans Revolution

　　人口七萬五千人的兒島位於日本岡山縣南端，臨近瀨戶內海。當地土壤含鹽量高、雨量稀少，不適合種稻，卻相當適合栽植棉花。由於盛產棉花，吸引了織布和藍染等相關行業來到此地。到了二十世紀，兒島以生產全日本最強韌的布料聞名，當中包括了帆布，以及用於日本傳統足袋底部的斜紋布。一九二一年，兒島有位商人捐贈了二十台縫紉機，希望能發展出一個全新的產業部門，生產學校制服。它如滾雪球般逐漸擴張，演變成一個大規模工業，到了一九三七年，日本有九成學生身上都穿著岡山縣製造的制服。

　　兒島在制服製造業的獨霸地位一直延續到戰後，但隨著出口需求強勁，大部分棉布都運往海外，因此兒島當地的公司開始生產以輕量防水的合成布料維尼綸（vinylon）製成的制服。這樣的生產模式一直得以順利運作，直到一九五八年，更優越的聚酯纖維特多龍（Tetoron）問世。生產這種纖維的東麗與帝人公司為這種神奇的新布料進行大規模行銷宣傳，全日本各地的學校很快就要求改以特多龍製作制服。但東麗和帝人不肯供貨給自己集團之外的製造業者，兒島當地最大的制服生產公司自然也被排除在供貨名單之外。

　　兒島首屈一指的制服廠丸尾服飾的工人，哀傷地看著倉庫裡堆著一疊疊沒人要的維尼綸衣物。創辦人尾崎小太郎得採取行動。一九六四年秋天，他召集旗下兩名頂尖業務員柏野靜夫和大島年雄回總部開會，討論公司的未來。尾崎每天夜裡都做了關於菅原道真的怪夢，他臨時決定，連夜帶著兩名業務員前往位在九州、

供奉這位九世紀學者詩人的太宰府天滿宮。尾崎一行人獻上祭品後，在附近一家溫泉旅店得到了神妙的靈感。尾崎小太郎問，丸尾服飾得生產什麼服裝才能挽救事業。柏野靜夫和大島年雄異口同聲回答「美國大兵褲」，也就是美國人所謂的「藍色牛仔褲」。

柏野靜夫最初是在東京阿美橫町的商店 MARUSERU（マルセル）發現美國大兵褲。五〇年代末期的阿美橫町雖然已不再是黑市，但依舊相當混亂；擁擠的人群在數百個攤位之間穿梭，這些攤位販售的是醃菜和魚、偷來的旅館用品、走私違禁品、半合法水貨商品，以及從美軍福利社非法取得的奢侈品。MARUSERU 的老闆檜山健一發現，轉售美軍服飾和丸尾等廠商所生產的美式工作外套和長褲，有相當豐厚的利潤可圖。

在盟軍占領期間，美國軍人常以舊衣物當作付給潘潘女的報酬，而非支付現金，而這些妓女會再把衣物拿到阿美橫町的 MARUSERU 等商店賣掉。檜山健一發現，許多女孩都拿著褪色的靛藍色工作褲來賣，謠傳那是美國監獄囚服的下半部。造訪過美軍基地的人都知道，軍人不執勤時往往都會穿那樣的褲子。因為沒有更好的說法，檜山健一就暱稱那是「美國大兵褲」，而其簡稱「ジーパン」（G-pan）便成為那個區域對這種褲子的普遍稱呼。

到了一九五〇年，美國大兵褲的業績就占了 MARUSERU 店內過半的銷售額。檜山健一的太太千代乃在一九七〇年告訴《朝日週刊》：「我們用一件三百到五百日圓的價格買進，再以三千兩百日圓賣出。牛仔褲實在搶手，一到店，還沒貼上價格標籤就已先賣光了。」當時的男性長褲大多是羊毛材質，而棉製的美國大兵褲其實更適合日本的溫帶氣候穿著。在戰時日本國民服和美軍制服都是卡其色的情況下，藍色也顯得相當突出。套句作家北本正孟所說，牛仔褲發出「勝利的藍色光芒」。

在尋找更多美國大兵褲來賣的過程中，檜山夫婦發現，美國人寄東西給駐紮日本的家人時，箱內常會用破損的牛仔褲作為填充材料。他們買下這些破褲，再請人縫補破洞。結果，破褲子的

不同元素相互縫合，看起來就像是科學怪人的模樣，但就連這樣的商品也立刻銷售一空。

到了一九五〇年代初期，阿美橫町商店的二手美國大兵褲買賣已經發展得十分熱絡，但日本人卻買不到新褲子。唯獨一個人例外，而且特別引人注目——菁英官僚白洲次郎。這位長相英俊、曾就讀劍橋大學的商人兼外交官，最初是三〇年代末期在舊金山生活時發現了牛仔褲。他在日本戰後擔任促進美日政府關係的重要推手，也因為與盟軍總司令麥克阿瑟將軍熟識，他才能從美軍福利社買到一件全新的 Levi's 501 牛仔褲。白洲次郎表面上是要在修車時穿這件牛仔褲，但到頭來，連日常生活也都穿著。一九五一年，他為了與美國簽署和平條約而登上一架飛往舊金山的班機，登機後，他立刻脫掉西裝，隨後整個航程都穿著他的 Levi's 牛仔褲。一名攝影師在一九五一年拍到這位頭髮灰白的紳士輕鬆自在地穿著他最喜歡的服裝，全日本上下於是都知道了他對牛仔褲的熱愛。

白洲次郎所穿的簇新牛仔褲與 MARUSERU 賣的破爛補丁牛仔褲形成了強烈對比。於是，牛仔褲在日本開始出現雙重身分——既是獨特、稀有的精美服飾，同時又隱約帶著黑市味道的三流特性。這種二元性在五〇年代初期依然持續著，當時東京湧入了新一波來日本休假的韓戰美軍。這些軍人擺脫軍服束縛，身穿磨損的牛仔褲、襯衫式外套、原色的Ｖ領毛衣、白襪，以及樂福鞋，出沒在東京一帶。雖然看起來時髦有型，但外國軍人喜歡在東京奇怪的區域遊走的傾向，不過是讓牛仔褲的名聲更加複雜。

因為出現在東京的美國人，以及馬龍・白蘭度（Marlon Brando）與詹姆斯・狄恩（James Dean）的電影賣座，牛仔褲在五〇年代中期彬彬有禮的日本年輕人心目中，有了新的文化認同感。阿美橫町出現新商店，會取 Amerika-ya 或 London 這種店名，專門銷售牛仔褲和二手軍品。只可惜，美國牛仔褲不適合日本人的體型。那些褲子是做給身材壯碩、雙腿修長的美國人穿的。MARUSERU 的顧客若是有興趣，只能祈禱有體型相符的美國人會

把舊褲子拿來此處賣掉。為了解決尺寸問題，阿美橫町的店家開始將二手褲送往兒島的丸尾服飾等公司重新裁剪，以符合日本人的身材。

一九五七年，日本政府開始放寬對進口服飾的限制法規，開放海外二手衣的正式貿易。消息一傳開，東京二手商品零售商榮光商事的高橋重敏立刻搭機飛越太平洋，在西雅圖郊區的一座洗衣廠買下兩萬件二手牛仔褲。那一批丹寧服飾是首批大規模輸入日本的美國牛仔褲。高橋重敏帶著戰利品返國後不久，日本官方甚至更進一步鬆綁法規，允許民間進口新服裝。他隨即又搭機赴美，帶著一紙經銷八萬件全新 Lee 牛仔褲的合約回來。與此同時，競爭對手大石貿易也簽下一筆交易，每個月進口三萬件 Levi's 牛仔褲。

這兩份合約讓真正的美國丹寧服飾湧進日本，二手服飾店也期望顧客能來店購買正統的美國牛仔褲。沒想到，日本消費者反應冷淡。他們喜歡質地柔軟、褪色後出現多種顏色，刷白過的丹寧服飾，而新牛仔褲的布料僵直堅硬、顏色深，穿起來反而不舒服。大家不禁懷疑，美國人果真會委屈自己穿上這些可怕又僵硬的褲子？

《Men's Club》雜誌的插畫家小林泰彥是日本早期這批新牛仔褲的首批顧客。他在好萊塢西部片裡見到牛仔褲後，心生嚮往，但過了好多年才發現原來在阿美橫町就買得到。偶然間找到一條 Levi's 牛仔褲之後，小林用整個月的繪畫用品津貼三千八百日圓將之買下。他覺得褲子顏色太深，便央求隔壁的富太太把褲子浸在她的洗衣機裡數次，並用洗衣時間最長的洗滌模式，讓褲子洗過後顏色變淡。為了呈現磨損效果，他還趁夜半無人時拿菜瓜布刷褲子。這使小林泰彥在五〇年代末期成為少數能穿著牛仔褲在新宿漫步的年輕人之一，彷彿是從電影銀幕走出來的人物，所以這一切都值得了。

在早期那段時間，牛仔褲的售價昂貴，只有年輕演員、狂熱

隨著日本開放服飾進口，《Men's Club》也在一九六三年的春季號刊登了進口的美國牛仔褲。
◎照片提供：ハースト婦人画報社

的藝術學生，以及有錢人家出身的叛逆青少年才穿得起。李維‧史特勞斯（Levi Strauss）在一八七〇年代做出最早的牛仔褲，原是為了讓褲子能承受辛苦粗重的淘金工作。但在戰後的日本，牛仔褲對藍領勞工而言卻太貴。不過，牛仔褲的舶來品地位也抵銷不了它們與「十惡不赦之徒」的關聯感。時尚評論家出石尚三在一九五〇年代還是個中學生時就穿牛仔褲，他記得：「大家都想穿，因為牛仔褲讓你看起來像個亡命之徒。我不會真的去做什麼壞事，但大家看到我都會說，壞小子來了。」

在阿美橫町，檜山夫婦覺得，由於價格高昂且供貨量低，他們的牛仔褲銷量因而受到影響。許多街邊店家會銷售廉價的仿製品──染上靛藍色、輕量的混紡棉褲，有五個口袋──但檜山健一希望有人能生產價格合理、感覺就像美國原版的日本本土版牛仔褲。丸尾服飾的業務柏野靜夫每次把重新補丁過的二手牛仔褲送來店內，檜山夫婦就會央求他製作一件真正的日本牛仔褲。一九六四年底在那家溫泉旅店，丸尾服飾團隊向尾崎小太郎社長再度提出這項請求。但這次他們不需要說服老闆，丸尾服飾將設法生產出日本最好的牛仔褲──因為這是拯救公司的唯一途徑。

• • •

丸尾服飾在一九六四年底決定踏入牛仔褲生產領域後，柏野靜夫到 MARUSERU 買回一條美國牛仔褲作為分析研究之用。他苦思著布料上一個奇怪的細節：藍色的棉線並非從頭到尾都染上色。相較於其他染料，靛藍染料更不容易滲入棉線核心，因此工業上的靛藍染往往會在線外圈周圍構成一個藍色環，中心則仍維持白色。不過，正是這個缺點才讓牛仔褲帶有獨特美感。一旦長期穿著磨掉靛藍色後，沒染到色的棉花就會冒出來，形成隱約而好看的褪色層。

日本工匠從公元七世紀起就熟悉藍染工藝，不過傳統技法是

將紗線一再重複浸入一桶桶的有機發酵染料中，接著扭轉紗線、讓色彩氧化，進而讓藍色染料完全滲進棉纖內。當時，日本沒有染色師傅能製作出美國丹寧布那種具有特殊白芯的靛藍紗線。柏野靜夫自行採用一種類似水手布的輕量材質來製作丸尾的牛仔褲，但檜山健一卻對他咆哮：「不行，絕對不行。你得好好想清楚，想辦法做出和美國製牛仔褲一模一樣的褲子。」丸尾別無選擇，他們得從美國進口布料。

　　透過官方的私下管道，柏野靜夫聽說曾進口 Levi's 的大石貿易才剛取得獨家進口美國丹寧布料的權利。社長大石哲夫未能從 Levi's 在北卡羅萊納州的布料供應商康恩米爾斯（Cone Mills）那裡取得丹寧布，不過最後卻在喬治亞州找到了貿易夥伴坎頓米爾斯（Canton Mills）。一九六四年，大石貿易在東京設立縫紉工廠，以坎頓為品牌名，生產牛仔褲供應日本市場。丸尾服飾的運氣很好，大石有剩餘的丹寧布可供貨。丸尾服飾便與大石簽約，可在日本西部生產與銷售坎頓牛仔褲。在簽約且繳交了大筆現金之後，三千碼強韌的十四點五盎司丹寧布於是在一九六五年二月運抵丸尾服飾的兒島工廠。

　　不過，儘管丸尾熱心的裁縫師們埋首努力製作牛仔褲，她們的三菱和重機牌縫紉機卻連一針都縫不進這種質地堅硬的布料。丸尾的老闆換掉車針，試著用不同的縫紉方法，但縫針還是刺不穿硬挺的坎頓布料。經過一番研究後，尾崎小太郎從美國訂購了一批二手的于仁牌（Union Special）縫紉機。工人也是到這時才明白，他們還需要另一組專門的材料，例如要縫上牛仔褲的橘色線、對牛仔褲耐穿性甚為關鍵的銅鉚釘，以及褲襠的鋼質拉鍊。他們向坎頓米爾斯訂購更多線、向美國公司泰龍（Talon）訂購拉鍊，也向美國公司史高維爾（Scovill）購買鉚釘。為了在日本生產美式牛仔褲，丸尾服飾最終不得不從美國進口所有材料和縫紉機。

　　一九六五年中，丸尾以坎頓為品牌名，生產了它的第一件牛仔褲。柏野靜夫和大島年雄走訪各個零售商，卻和前一代進口商

碰到了相同的抗拒態度——日本顧客討厭原始丹寧布的質感。儘管和美國進口的二手貨高得嚇人的售價一千四百日圓相比，這些新牛仔褲只賣八百日圓，但二手褲的銷售量還是全新牛仔褲的十倍。

直截了當的解決辦法，就是把牛仔褲預先洗過一次，讓布料變軟、褪色。然而，奮力操作一星期後，洗衣工廠的機器竟全數故障。柏野靜夫試圖以兩倍工資將這工作外包給附近一家洗衣廠，但靛藍染料最後卻差點毀了洗衣機。為了安撫憤怒的洗衣廠老闆，丸尾服飾買下所有洗衣機，擺在自家大樓內所有可放的角落。此時，丸尾的縫製廠也兼作洗衣廠。等到機器無法負荷逐漸增加的產品量，員工就把牛仔褲放進後院裝滿水的溝渠裡，再掛上壁架和吊桿晾乾。

丸尾的「一次洗」丹寧銷售開始有了起色，但若要完全取代岌岌可危的制服生產事業，這家公司得將美國大兵褲的小眾市場變成廣大的消費潮流。同為岡山人的石津謙介的成功故事，鼓舞了丸尾服飾將客群直接鎖定在年輕消費者身上，就像VAN的做法。此外，丸尾的大島年雄相信，常春藤風格留下了一個重要的市場良機：「美國人在校園裡穿牛仔褲的機會多過卡其褲，但VAN只賣卡其褲。」在一次友善的聊天過程中，石津謙介告訴柏野靜夫，他們應該先設法說服位在新宿、作為東京時尚指標的伊勢丹百貨進貨。

丸尾後來與伊勢丹採購進行的會議可說是慘不忍睹。採購人員對丸尾的一次洗丹寧感到十分驚訝：「這些褲子已經下水洗過了？伊勢丹只賣全新商品啊！你們到底在想什麼？」會議結束時，採購人員更嫌惡地將那件褲子扔在地上。被轟出伊勢丹之後，柏野靜夫又試了伊勢丹的競爭對手西武百貨，然而西武的採購人員對於販售預洗過的牛仔褲也有疑慮。對於展售一款通常是透過骯髒、昏暗的二手美軍用品店販賣的產品，他們同樣踟躕不前。

在遭受傳統零售商排斥的同時，丸尾服飾在東京也面臨到丹

寧品牌 EDWIN 的競爭。該品牌創辦人常見米八原本是在經營二手美國軍用品買賣，也從美國進口二手牛仔褲。當丸尾在研發坎頓牛仔褲時，常見米八則慢慢增加自己的日製牛仔褲產品線，並以 EDWIN 為品牌名銷售。常見米八聲稱，EDWIN 是將「denim」（丹寧）的字母重新排列，並將 m 字上下顛倒（或許也是指美國駐日大使愛德溫・雷肖爾〔Edwin Reischauer〕），不過丸尾服飾認為，這名稱是一種強烈的挑釁自誇——「江戶」（Edo，東京舊名）將「贏過」（win）日本西部的那些公司。

丸尾服飾為了迎合百貨公司，維持自己領先 EDWIN 的優勢，便著手成立一個原創牛仔褲品牌。他們說服位在北卡羅萊納州的康恩米爾斯，把所有破褲子、零碼布和工廠瑕疵品寄給他們。等貨源穩定後，他們絞盡腦汁想取出一個響亮的名稱。當時，柏野靜夫深信所有好品牌的名稱末尾都會有個「n」音，像是日產（Nissan）、普利司通（Bridgestone）和麒麟（Kirin）。日本品牌也會將創辦人的名字稍加變化，自創聽起來像是外語的品牌名：威士忌品牌三得利（Suntory）就來自創辦人鳥井信治郎的「鳥井先生」（Torii-san）。大島年雄和柏野靜夫也利用這種技巧，將尾崎小太郎的「小太郎」（拼音為 Kotar ）加以變化。因為「ko」是日文的「小」，而太郎相當於美國的「John」，他們便想出「Little John」為品牌名。但他們可不想嘲弄老闆一百五十公分高的矮小身材，便改用「BIG JOHN」。這個名稱聽起來就像是道地的美國品牌，讓人聯想到美國總統「大約翰」甘迺迪。

一九六七年，丸尾服飾首度推出直筒、防縮水的 BIG JOHN M1002 牛仔褲。褲子上附的紙標保證它是「正統西部牛仔褲」，還印有一個男人被競技牛隻甩下來的圖案。在大多數日本年輕人眼中，BIG JOHN 牛仔褲就像是從美國西部邊境走私進來的——至少在形象上是這樣。市場立即出現強勁的銷售表現。西武因為引進這個產品線，成為日本首家銷售丹寧的百貨公司。先前姿態頗高的伊勢丹在幾個月後致電丸尾服飾，羞怯地要求能有機會販售

私のおなかの焼き印がマークになりました

私のおじいさんはアメリカで今も健在。私もアメリカ生れの日本育ちで、誰れにも負けない強さとカッコよさを誇ってきましたが、最近もうひとつ自慢のタネが増えました。それは、自慢にしてき印が、そのまま新しくビッグジョンのマークになりました。"ほんもの"のインディゴ・ジにふさわしいマークです。ぜひ、あなたも新しいBIG-JOHNを、WORK に、PLAYに着てみてくださ!

全国有名百貨店・専門店・US店で
お求めください。

ADVERTISING-DIVISION—ADPRO CO.,
PHOTO BY EDWARD TAKAYA

一九六八年 BIG JOHN 牛仔褲的廣告（左）與銷售標籤（右），
其整體形象都讓人覺得是丸尾販售的是原汁原味的西部牛仔褲。
（© BIG JOHN）

預先水洗過的 BIG JOHN 系列商品。

　　拜價格合理之賜，日本年輕人開始搶購 BIG JOHN 牛仔褲。但在一九六七年，東京大部分的時尚青少年都忠於那個年代的兩種流行造型——美國常春藤和歐陸風格。如果要讓牛仔褲能像 VAN 一樣掀起熱潮，丸尾服飾需要的不只是一個新的品牌名稱，它還需要一場革命。

• • •

　　就在 VAN 為《Take Ivy》拍攝美國東岸校園的幾個月後，那些學校變成了文化實驗與反戰示威的激進溫床。學生原本的鈕領襯衫、無褶卡其褲和髮型平順的斯文造型，變成了寫上政治標語的 T 恤、磨損的牛仔褲和蓬亂頭髮。少數幾起校園衝突事件擴大成全面的全國反文化——左派的反戰主義與提倡迷幻藥意識、回歸低物質生活的波西米亞派開始合流。

　　日本年輕人當時也正經歷類似的處境，只是心理上的轉變沒有那麼深刻。憲法的戰爭禁令讓日本男性免被徵召去協助美軍打越戰。極少人能取得消遣性毒品，而日本的消費社會也才剛萌芽，凝聚不了反物質主義的激烈力量。不過，社會上不服從的氣氛正暗中醞釀。激進青年起身反抗日本人沉迷於工作的生活方式，挑戰右派的現狀。不同的次文化各自追求不同的目標，但是對於最喜愛的反叛服裝，大家倒是有志一同，那就是牛仔褲。

　　日本當時最龐大的反文化力量是馬克思主義學生運動。青年行動主義在一九六〇年首度大規模爆發，數十萬人聚集在國會議事堂前，抗議美日安保條約。那幾年，菁英大學校園裡有數十個左派學生團體成立，其路線甚至比日本共產黨更為左傾。馬克思主義派系湧上街頭與警方對峙，成員身上帶著「武力棒」（ゲバ棒）這種長木棍，偶爾還有汽油彈。在幾次小規模衝突後，學生革命在一九六七年十月八日全面展開，年輕的抗議者群聚羽田機場示

威，抗議時任首相佐藤榮作打算前往美國承諾進一步支持越戰。政治行動加上對學費調漲的不滿，學生運動開始占領全日本各大學的大樓，當中最知名的就是簡稱「全共鬥」的全學共鬥會議占領東京大學內的安田講堂，時間長達整整一年。

馬克思主義派學生也將暴力抗爭帶上東京街頭。新宿在週六夜裡成為政治示威的場域，活動也不可避免地淪為與鎮暴警察的對抗。這些現場瀰漫催淚瓦斯的衝突，只是更加深了該區域墮落的名聲。新宿長期以來都在和銀座競逐東京夜生活樂園的寶座，只不過銀座充滿西歐風情、耀眼奪目，新宿卻顯得晦暗，隱約散發著一絲俄羅斯情調。一九五〇年代，新宿的酒吧成為日本「垮掉的一代」和存在主義者的大本營；到了六〇年代中期，當地小巷裡現代爵士和情色俱樂部林立。隨著迷幻藥運動的資訊從海外傳來，這裡也陸續出現數十家地下酒吧，而且取了「LSD」和「Underground Pop」等名稱。

到了一九六七年，新種的叛逆青年攻占了新宿火車站東側——他們是無家可歸的年輕人，稱為「瘋癲族」。瘋癲族跟馬克思主義派同儕不同，沒有參與政治抗爭；他們直接休學，坐在稱為「綠屋」的灌木叢周圍，向朋友要菸抽，下午則在樹叢裡幽會。如果需要錢，他們會偶爾打打工。由於日本沒有 LSD，大麻也很罕見，大部分瘋癲族就把處方藥混著吃——安眠藥、鎮靜劑，以及經痛止痛藥等等。他們也染上將油漆稀釋劑裝在透明塑膠袋裡吸食的惡習。《紐約時報》曾經指出：「據說所有的瘋癲族都是專業的情色舞者。」

要不是日本有另一批嬉皮族，我們很容易會把瘋癲族歸類為「日本的嬉皮」。與外表破爛、疏離、熱愛爵士樂的瘋癲族不同，日本嬉皮直接從美國那兒挪用了他們的波西米亞身分。他們聽美式搖滾，夢想著能搬進鄉下的公社農場。而瘋癲族相較之下並無意離開新宿地區。

在這兩個團體的鼎盛時期，每天晚上都有兩千名麻煩的青少

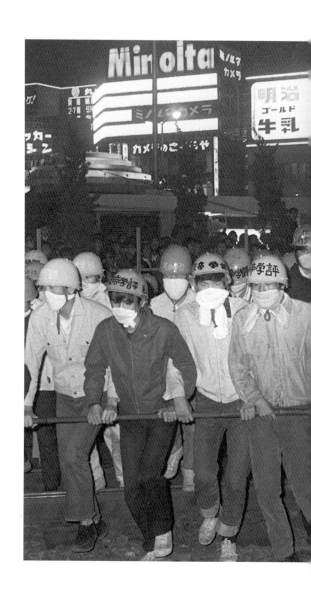

一九六八年十月，學生在新宿車站的鐵軌上示威抗議。（© 時事通信フォト）

年群聚於新宿車站。正統嬉皮只占該區年輕人的兩成左右；不過，每個週末都會有通勤族從外地加入，這些人只有在抵達車站後才會變身為瘋癲族。插畫家兼青年文化史家小林泰彥解釋：「大部分日本嬉皮還是得遵從社會習俗。很多孩子只會在特定的區域當嬉皮。他們跟朋友在一起時是嬉皮，但在到達現場之前，看起來都很正常。」

儘管處於社會邊緣，新宿的反文化卻大大影響了那個年代的日本街頭時尚。牛仔褲是這些叛逆族群的共通點，也得到最多注意。時尚評論家卜部誠曾寫道：「在激烈表現年輕人的力量時，牛仔褲是最理想的穿著。」瘋癲族和嬉皮族都向美國同類學習穿搭——T恤、骯髒的牛仔褲，以及涼鞋。左派激進分子則以此為基礎，再搭配更適合抗爭的配件——耐穿的鞋、阻擋相機和催淚瓦斯用的毛巾，以及附有派系標誌的各色安全頭盔。

日本反文化始終沒有壯大到如同美國那樣的規模，但是作為文化先驅，新宿運動讓年輕人擺脫了整齊、直挺的卡其棉褲，改穿粗獷簡便的服裝。在一九六五年會買VAN商品的時髦消費者，此時都改到住家附近的二手軍用品店買牛仔褲。政治與文化反叛擴大了牛仔褲的市場，銷售量從一九六六年的兩百萬件增加到一九六九年的七百萬件。

反文化日漸增長的影響力卻殃及常春藤風格，讓它在日本遭受激進分子的意識型態攻擊。激動的馬克思派革命分子將美國視為一大敵人，點名策劃越戰的那些政治菁英穿的就是鈕領襯衫。地下劇場痛斥VAN是政治動盪年代裡一個無意義的「非政治」實體。反文化劇作家寺山修司的長片《拋掉書本上街去》（書を捨てよ町へ出よう）裡有一個角色就宣稱：「我們討厭好家庭裡那些受寵的兒子，他們把VAN外套丟到跑車的座椅上，口袋裡藏著石津謙介的《男性風格實用指南》（男のお洒落実用学）。」

在更基本的層次上，常春藤風格在那個動盪的年代裡看起來顯得端莊穩重。常春藤風格在經歷過象徵青少年不良行為的那些

年後，已經開始轉變為傳統時尚的代表。一如貞末良雄所解釋的：
「常春藤最終變成『家長會時尚』，因為那是你父母最放心看到
你穿的那種服裝。」即使是將常春藤風格引進日本的那些人，此
刻也重新思考他們與這種風格之間的關係。黑須敏之曾經說過：
「我開始穿常春藤時，它是反建制派的服裝。可是接著美國──
常春藤的典範──走偏了，我再也掩飾不了我的失望之情。」

　　丸尾服飾原本希望支持美國的青少年會購買牛仔褲和卡其棉
褲，但到了六〇年代末，青少年認為牛仔褲是對抗常春藤風格最
強大的利器。諷刺的是，日本年輕人進行反美霸權行動時，身上
穿的竟是有史以來最具美國特色的服裝。這現象顯然非常虛偽，
但也沒有人敢回歸傳統日本服裝，而服飾業早已將歐洲服飾定位
成比美國東岸時尚更優雅、也更中產階級的代表。到了一九六〇
年代晚期，日本社會只提供年輕時尚的兩種極端──從整齊斯文
的常春藤到邋遢蓬亂的嬉皮──而經典美國風格則被排除在兩者
之外。

　　剛開始，日本丹寧品牌坎頓、BIG JOHN、EDWIN 及 BIG
STONE 都強調自己與牛仔及美國西部的關聯。但在六〇年代末，
丸尾服飾的廣告改弦易轍，刻意要人想起反文化加州的歡樂與陽
光。那些廣告最初營造著清新氣氛──穿著各色牛仔褲的純真年
輕人在美國西岸的某個校園裡歡樂嬉戲。下一波廣告更進一步，
找來真正的嬉皮當模特兒，並採用源自舊金山反文化內部的視覺
元素。

　　這些嬉皮在兒島小城看起來會格格不入，不過，儘管有這種
文化差距，BIG JOHN 卻在支持青年動亂之餘發現了一項致勝的商
業策略。日本本土丹寧品牌在一九七〇年的銷售量達到美國進口
商品的四倍，而尾崎小太郎一度岌岌可危的制服公司如今已高踞
龍頭地位。反文化拯救了丸尾服飾，不過該公司也開始擔憂，牛
仔褲的消費者能擴大到激進分子之外嗎？

　　嬉皮與左派開創了日本第一個重要的牛仔褲市場，但若要成

一九六〇年代晚期的 BIG JOHN 廣告找來了真正的美國嬉皮，期望進一步吸引年輕人。（©BIG JOHN）

為主流，達到真正的成功，就必須為牛仔褲建立一種能與狂熱團體劃清界線的地位。BIG JOHN 和其他品牌相當幸運，日本的青年反叛運動在七〇年代初期戛然而止。

部分原因出於警方的加強鎮壓。一九七〇年二月，執法單位在一次具有高度象徵性的行動中逮捕了搖滾音樂劇《Hair》的所有日本演員，罪名是持有大麻。警方接著掃蕩新宿的「綠屋」，剩下的正統嬉皮逃離東京，在一些荒島上建立自己的社區。

隨後學生運動興起。「赤軍派」是日本新左派一個好戰的地下分支，組織成員在一九七〇年三月三十一日持武士刀、手槍和炸藥，劫持一架從東京飛往福岡的日本航空班機，飛往他們的馬克思主義「盟友」北韓。

這起事件開啟了學生運動的暴力新時代，當時大多數的傷亡都來自敵對左派派系之間的衝突。這些內部分裂一步步破壞學生運動原本就已不甚完整的合法性。大眾對於新左派的支持在一九七二年二月徹底瓦解。當時一個叫「聯合赤軍」的團體藏匿在長野縣的淺間山莊內與警方交戰。這場衝突透過電視在全日本觀眾眼前直播，激進分子殺死了兩名警員和一個平民。有人死亡令民眾震驚，但更恐怖的新聞還在後頭。該派系領袖在遭收押時承認，他們幾週前在意識形態訓練時擦槍走火，處決了組織內十四名成員。淺間山莊內肆無忌憚的殺戮，接著日本赤軍又在一九七二年五月攻擊以色列的羅德機場（Lod Airport），造成二十六人喪生，這時的學生團體似乎比他們所反對的保守勢力還更邪惡。日本青年文化的政治熱情在一夕之間煙消雲散。

極端的文化與政治元素消散，使得較溫和的六〇年代美學——便裝、務實、回歸基本——得以贏得大眾喜愛。牛仔褲獲益最多，在一九七一年的銷售數字十分驚人，高達一千五百萬件，一九七三年更躍升三倍，來到四千五百萬件。那麼多的丹寧布料連接起來，足以讓人從地球來回月球九十次。其中的成功關鍵是喇叭褲。男生穿起直筒和合身剪裁的褲型最好看，但喇叭褲管男

女皆宜，牛仔褲市場規模因而倍增。

丸尾服飾的 BIG JOHN 牛仔褲銷售表現傲人，這種成功也擴及兒島的其他廠商。到了一九七〇年代初期，康恩米爾斯對丸尾的業績刮目相看，因此保證會穩定供應高品質的丹寧布料給丸尾。一九七一年，尾崎小太郎社長聘用他在大和服飾工業任職的弟弟，推出一條低價的丹寧產品線 BOBSON。金和服飾原本為 EDWIN 代工縫製褲子，兩年後也創立自己的品牌 Johnbull。如今，日本近乎全數的牛仔褲都來自兒島這座曾以生產日本學生制服而聞名的城市。不過即使競爭如此激烈，各品牌的產品卻幾乎一模一樣。前 Johnbull 員工、Capital 創辦人平田俊清解釋說：「各品牌只能透過後口袋的縫線設計突顯自家特色。」

然而，就在兒島逐漸提高日本製牛仔褲的產量之際，美國丹寧布料的供給卻開始減少。當時，美國南方工廠的罷工行動導致布料貨源不足或供貨延遲，造成日本牛仔褲廠商錯失訂單。岡山縣和附近的廣島縣福山地區有許多紡織廠和靛藍染廠，這時似乎是理所當然的布料替代來源，但此時還沒有任何日本公司掌握到織造厚重丹寧布料的技術。

日本工廠和染廠在一九六〇年代將物美價廉的布料銷往全球市場，但這個體系在七〇年突然告終，因為美國尼克森政府要求日本減緩其紡織出口，好讓掙扎中的美國南方工廠「止痛療傷」。接著，尼克森讓美元與黃金脫鉤，導致因人為操作而呈現弱勢的日圓從一美元兌換三百六十日圓的價位，上漲到一美元兌換三百零八日圓。面臨美國市場關閉和產品價格上揚，日本紡織廠再也無法仰賴出口，而出口額先前可是占了百分之九十五的業績。既然兒島就在附近，丹寧布便成為一個值得開發的國內市場。

大約在「尼克森震撼」那時期，BIG JOHN 開始與附近的倉敷紡績合作，希望生產出首批真正的日本丹寧布料。他們想做出足以和康恩米爾斯的「686」相抗衡的產品；那是十四點五盎司的防縮水丹寧布料，用於 Levi's 505 的直筒拉鍊牛仔褲。倉敷紡績首

先得更換設備，才能紡出過去日本未曾聽聞的重棉紗線。接下來，該公司還得尋找合作夥伴，對方必須能以製作美國丹寧「白芯」的方法來染色。

倉敷紡績最後造訪了位在廣島縣福山市的貝原（カイハラ），它是經皇室認可的染坊與織布廠，從一八九三年起就開始製作用於傳統和服上的「絣」。貝原在戰後原本主攻出口靛藍色紗龍到伊斯蘭國家，但英國人在一九六七年逃離葉門的亞丁之後，他們與當地進口商的合作關係也隨之中斷。眼看公司再過幾個月就要破產，貝原孤注一擲，將未來完全賭在丹寧布上。在無意中聽到康恩米爾斯運用一種叫「繩狀染色」（rope dyeing）的方法之後，社長的兒子貝原良治與染色師傅一起設計了一套機械系統，讓紗線能持續在靛藍染料中進進出出。

貝原染出來的顏色看起來就像美國的原始布料，倉敷紡績生產的新丹寧布料「KD-8」品質與康恩米爾斯的產品不相上下。在以進口材料獨家生產了坎頓牛仔褲八年之後，丸尾現在可以完全利用日本原料生產 BIG JOHN 的「純正日本牛仔褲」。日本的 YKK 公司供應拉鍊，三菱與重機則重新調校他們的縫紉機，以便處理厚重的丹寧布。倉敷紡績將 KD-8 拿給 Levi's 的小鮑勃‧哈斯（Bob Haas, Jr.）看，他對這成品大加讚賞，採購了五十萬碼，用於該公司的遠東業務上。

牛仔褲發明者 Levi Strauss & Co. 在日本只維持小規模，監控進口業務，但它的美國競爭對手卻開始大舉進軍日本。一直以來都從事丹寧布進口的崛越商行在一九七二年成立日本 Lee，VAN 也在同年與紡織廠東洋紡及三菱貿易公司共同成立日本 Wrangler。到了一九七〇年代中期，日本消費者已經能買到各種牛仔褲——從仿美國的本土品牌，例如 BIG JOHN、BOBSON、Betty Smith、BISON、Johnbull 以及 EDWIN，到真正的美國老牌 Levi's、Lee 和 Wrangler 都有。從一九五〇到七五年的這二十五年間，日本丹寧市場從垃圾堆般的骯髒軍人褲組成，演變為一個無所不在、競爭激烈

的零售網絡。黑須敏之在一九七三年初寫道：「牛仔褲已經超越『趕時髦』或『平民服飾』的範圍。它已完全在本地生根，成為日本當代文化的一環，大家甚至會說現在是『牛仔褲世代』。」BIG JOHN 充分利用自己身為市場先行者的優勢，長期占據領導地位——它的牛仔褲在一九七六年的銷售金額將近一百五十億日圓（相當於二〇一五年的兩億一千萬美元），相較之下，當年 EDWIN 的銷售金額是六十五億日圓（相當於二〇一五年的九千萬美元），日本 Levi's 則是五十六億日圓（相當於二〇一五年的七千八百萬美元）。

在富足的一九七〇年代，日本年輕人再也不必得將畢生積蓄花在一件褲子上。大多數青少年都能擁有五、六件牛仔褲。日本各地的小城鎮也出現修改牛仔褲與丹寧服飾的專門店。持續不斷的丹寧需求為岡山縣與廣島縣帶來龐大的經濟利益，也替靛藍染坊、棉花工廠和紡織業注入新生命。每個二十五歲以下的年輕人都需要牛仔褲，而此時日本市場已能自給自足。多樣化的牛仔褲市場也造成刷白款式的需求提高，進而在兒島創造出一個刷洗、漂白與熨壓原始丹寧布料的新產業。

諷刺的是，讓日本社會最後完全接受牛仔褲的難關，竟然來自一名美國人。一九七七年五月，五十六歲的大阪大學副教授菲利普‧卡爾‧佩達（Philip Karl Pehda）斥責他課堂上一個穿牛仔褲的女生服裝不雅：「那個穿牛仔褲的女生給我出去！」離開教室後，那位女學生提出正式申訴，指控這位頑固的教授，質問校方為何男生可以在校內穿著牛仔褲，而女生卻不行。這起所謂的「牛仔褲爭議」占據了當時全日本媒體版面數星期。佩達在自己頑固地反對牛仔褲的立場上毫不退讓，《日本時報》便引用了他的一些說法，例如「女人應該當一流的女人。穿牛仔褲來上課的女人就是二流女人」。在這些觀點上，這個美國人孤掌難鳴。大多數教育工作者都支持年輕女學生穿上牛仔褲，全日本各地的學校也紛紛修訂自己的正式服裝規定，允許女生穿丹寧服飾。在牛

仔褲首度進口的二十年後，以及 BIG JOHN 推出的十年後，知名
的美國牛仔褲正式進入全日本民眾的衣著當中。

05 | 美國目錄

Cataloging America

　　一九六九年八月，就在胡士托音樂節（Woodstock music festival）過後短短幾天，插畫家小林泰彥和《平凡 PUNCH》雜誌編輯石川次郎走進紐約的雙日書店（Doubleday bookstore），他們迎面所見是一整面牆擺滿同一本雜誌的景象。雜誌封面照是一個「藍色大理石」地球，漂浮在月球上方，背景則是極黑的外太空。雜誌名稱寫著：「全球目錄，工具指南」（Whole Earth Catalog, access to tools）。兩人第一次看到這本雜誌，渾然不知它不但將形塑出一九七〇年代的日本時尚，更將徹底改變所有日本雜誌的面貌。

　　《全球目錄》是美國行動主義藝術家史都華 • 布蘭德（Stewart Brand）針對自給自足社群所需工具的超級指南。布蘭德希望這本目錄的內容能發展「個人的能力，以引領自己的教育、發現自己的啟示、塑造自己的環境，以及與任何有興趣者分享其探險」。小林泰彥和石川次郎從架上取下雜誌，瀏覽當中內容。兩人都不解，這雜誌為什麼用紙質這麼差的紙張印製？為什麼像日本廉價漫畫書一樣採用黑白印刷？為什麼收錄其他目錄的完整內容？小林泰彥翻完又把雜誌擱回架上。

　　小林泰彥的專欄「圖片報導」是日本媒體首度即時報導海外文化與時尚的嘗試，而這本雜誌大概是兩人為專欄進行旅行採訪的過程中遇過最困惑的事情。小林泰彥不採拍攝照片、而是以寫生方式畫下海外旅途中所見所聞，再搭配短文。兩人在一九六七年九月開闢了這個專欄，深入報導當時尚未對日本造成影響的反文化美國。他們在舊金山的海特－艾許柏里區（Haight-Ashbury）

見到嬉皮，在曼哈頓的東村親身體驗到迷幻藥革命，在哈林區與黑人民族主義者一同用餐。這些報導幫助日本年輕人和專欄作者自己更能接納外國的激進品味。到了一九六七年底，小林泰彥和石川次郎都脫下身上的常春藤鈕領襯衫，將頭髮留長。

隔年，小林泰彥與石川次郎為了專欄前往歐洲，以滿足對歐陸風格漸感興趣的日本年輕人。他們在倫敦觀察到宛如幽魂的嬉皮男子，膚色蒼白、蓄著長髮、戴著深色墨鏡，身穿過時的古著舊衣。在巴黎，他們為讀者介紹學院風造型，學生穿著雙排鈕西裝外套，流連在聖日耳曼德佩區。

至於一九六九年份的雜誌，小林泰彥與石川次郎爭論是否適合再回去美國看看。日本當時的馬克思主義派學生運動正值顛峰，越戰更讓美國的形象在日本跌落谷底，就連對政治冷感的民眾對美國都沒有好感。日本 NHK 在一九六八年就此曾做過一次民調，受訪者中回答「我喜歡美國」的僅有百分之三十一，與一九六四年百分之四十九的戰後高點相比，跌落甚多。在同一份民調中，有三成日本受訪者表示有意前往歐洲旅遊，相形之下，想去美國的不過百分之十三。

小林泰彥瞭解這種對美國的敵意。他熱愛美國文化，尤其是爵士樂和夏威夷音樂，週末也常在橫須賀的海軍基地附近與美國軍人一起喝啤酒。但他瞧不起美國軍方在亞洲各地駐紮。「我們白天大喊：『滾回家，美國混蛋！』晚上卻又跟美國大兵一起狂歡，日子過得十分矛盾。」

然而，小林泰彥在一九六七年的首度美國行中，發現數千名美國青年大聲疾呼國家必須在政治與文化上有所改變，而這個改變也是他所認同的。於是，他和石川次郎最後還是決定在一九六九年的夏天重返美國待上幾週。結果，他們在紐約發現更強烈的激進主義傾向。為了帶回這個轉變的證據，小林泰彥的思緒不斷回到那本神祕的《全球目錄》上。他不懂那是什麼，但推測它為新美國擘畫了一份藍圖。旅程結束前，他回到雙日書店買了一本。

こんな徒歩旅行者がよくつけている

バックパッカー

エコロジー・ナウのマークのもとに
ECOLOGY NOW

Tシャツやクツ下にもついている

これがエコロジーのシンボルマークグリーン地に白ヌキ

1971
YASUHIKO

小林泰彥在《平凡 PUNCH》上開設「圖片報導」專欄，透過插圖與短文向讀者介紹海外見聞；一九七二年，小林就以插圖介紹了美國的生態友善文化運動。（© 小林泰彥）

如果說《全球目錄》的形式讓小林泰彥感到困惑，那麼這本雜誌所要傳達的訊息甚至更是讓人看不出當中有何道理。日本流行文化初期的先驅大力讚頌消費主義——爵士樂、搖滾樂、常春藤服裝、美式餐點、跑車，以及電子用品。相形之下，史都華・布蘭德要求美國年輕人忘掉短暫且沒有意義的大眾文化潮流，改以雙手重建文明。日本人能明白嬉皮是美國音樂與時尚的最新潮流，但《全球目錄》走的卻是截然不同的路線。它鼓吹一套革命性的價值、想法和做法，意圖改變社會的本質。小林泰彥回國後讓雜誌在朋友圈內傳閱，但沒有人看得懂。

一九七〇年，小林泰彥與石川次郎回到紐約，進行另一回合的「圖片報導」採訪。這次，布蘭德的願景就顯得帶有先見之明。「一年後回到紐約，」小林泰彥在他的專欄中寫道，「我感受最強烈的一件事，是美國年輕人對於『回歸自然』的態度。」小林泰彥一向認為美國是「汽車王國」，但他發現有男男女女刻意繞著中央公園跑步——那是一種新型態的運動，稱為「慢跑」。在中央公園的開放綠色空間裡，他看見青少年丟擲名叫「飛盤」的奇怪塑膠盤。在鄉間道路上，蓄鬍的年輕男子搭便車行遍全國，將所有家當裝在肩上的大型背包內。而且，美國已不再是漢堡與熱狗的國度，紐約和舊金山讓蓄著長髮的熟客有吃不完的有機健康食物。為了這個專欄，小林泰彥調查《大地之母新聞》（Mother Earth News）雜誌的自己動手做農業，還在夏威夷跟《平凡PUNCH》的工作人員脫下全身衣物，採訪一個天體聚落的成員。

相較於毒品和激進政治，對小林泰彥來說，回歸簡樸才有道理。他說：「我非常歡迎新的美式生活，因為我對戶外活動有興趣。這整個運動很接近我的生活。我發現這要比報導嬉皮容易多了。」在一九七〇年代初期，小林泰彥不再採訪任何殘存的常春藤風格服飾，轉而關注適合戶外的時尚造型——牛仔褲、T恤，以及寬鬆的運動衫。他熱衷於生態旅遊，造訪了阿拉斯加和喜馬拉雅山，

幾乎快讓自己變成《全球目錄》運動的非正式日本大使。

另一方面，他在《平凡 PUNCH》的同事則對他報導中改革過後的美國感到懷疑。雜誌編輯們依然懷有反美情緒，因此轉而將英格蘭視為文化標竿。日本複合品牌店 UNITED ARROWS 共同創辦人栗野宏文回想：「在一九七〇年代早期，最當紅的就是倫敦流行文化與華麗搖滾。原本服裝保守的人開始穿上真正流行的衣服，或者做有點誇張、陰柔的打扮。」法式優雅則是另一股主要影響力量。日本大眾服裝廠商 Renown 就在一九七一年推出由法國演員亞蘭・德倫（Alain Delon）代言的新產品線 D'urban 的電視廣告，橫掃商務西裝市場。

就連牛仔褲廠商也期望能藉歐洲重新定位自己的品牌。BIG JOHN 在當時的一則廣告中，就以歐洲人的角度表現自家的褲子：「英國人與法國人不喜歡模仿美國人。但你會發現，可口可樂和 BIG JOHN 非常受歐洲人歡迎。」此外，日本 Wrangler 也前往法國蔚藍海岸尋找新產品的靈感。社長石津祐介（石津謙介的次子）在一九七三年夏天造訪法國度假地聖托佩（Saint-Tropez），發現許多法國女性都穿著完全洗白的牛仔褲。不到幾個月後，日本 Wrangler 就推出第一款緊身「冰洗」丹寧。

表面上，日本流行文化越來越貼近歐洲潮流，但在更深的層次上，一如美國「回歸自然」的渴望，日本正在對現代生活展開一種相似的心靈探索。多年的經濟成長、工業擴張與都市發展，已經對日本列島的自然環境造成嚴重傷害。東京的空氣中含有高濃度的光化學煙霧，造成大眾眼睛不適，引起咳嗽。一九七〇年七月十八日，汙濁空氣導致郊區有四名女孩在校內昏倒。一項反汙染運動號召中產階級選民起身行動。當時隨著日本超越西德成為自由世界的第二大經濟體，日本大眾也要求政府暫停一昧追求工業生產的政策，以淨化空氣與水源。社會主義派的東京都知事美濃部亮吉在一九七一年競選連任成功，當時他的競選口號就是：「還給東京一片藍天！」

小林泰彥在一九六七年首次造訪美國。◎照片提供：小林泰彥

小林泰彥曾造訪位於美國緬因州的 L.L. Bean 總部，該品牌的戶外用品深深吸引喜愛戶外活動的小林。◎照片提供：小林泰彥

接著，一九七三年石油輸出國家組織（OPEC）的石油禁運措施，導致日本出現戰後時期首次重大的經濟衰退。消費者縮減開支，只用於基本支出。中年婦女擔心物資可能短缺，大舉衝進商店搶購，囤積衛生紙。銀座關閉著名的霓虹燈。服飾銷售業績一落千丈。

日本最終還是度過經濟危機，遠比預期中更快，但隨後那些年，消費者心態已趨節儉，也連帶影響到藝術表現。反物質主義的《天地一沙鷗》（*Jonathan Livingston Seagull*）成了一九七四年當年的暢銷書。都市現代性已然過時。女性時尚雜誌《an·an》與《non-no》的年輕讀者「安儂族」（アンノン族）穿上以民間傳說為靈感來源的服裝，在週末搭乘火車逃到鄉間，希望「發現日本」。

在日本年輕人遠離東京之際，曾經態度不屑的編輯們開始接受小林泰彥先前認為日本可以向美國學習新觀念的奇怪想法。小林泰彥準備推廣自己的理念，不過，現在他需要適合的媒體管道傳播訊息。

● ● ●

日本在七〇年代集體悖離物質主義，使得《平凡PUNCH》遭遇的問題雪上加霜。經過銷路暢旺的六〇年代後，晦澀前衛的內容再加上《花花公子》等情色類刊物對手的激烈競爭，導致它每期銷量從將近一百萬本驟降至三十萬本。平凡出版於是將內容簡化，同時開除所有得為編輯方向錯誤負責的人，其中也包括負責「圖片報導」單元的石川次郎。《平凡PUNCH》前總編輯木滑良久此時也因為一個不相關的理由離職，轉往小型子公司平凡企畫中心任職。木滑良久力邀離職的石川次郎加入他。

平凡企畫中心的業務核心是印製新奇的撲克牌，但木滑良久到職時，撲克牌銷售業績正日漸停滯。因為需要額外的收入來源，他開始尋找自由接案的編輯業務。讀賣新聞社請來木滑良久協助，

準備重振陷入困境的《滑雪特集》（スキー特集）。這本雜誌就像是滑雪用品廠商的廣告集，內容滿是單調的技術圖表和老邁滑雪專家過時且無用的知識。為了提供嶄新的編輯焦點，木滑良久這位平凡企畫中心的靈魂人物組成了一支一流團隊，包括石川次郎、小林泰彥，以及「史上最佳助理編輯」寺崎央。

這群人對滑雪連丁點皮毛的概念都沒有，但小林泰彥認為，這本雜誌是報導美國戶外活動熱潮的理想媒介。日本滑雪界此時已經在歐洲找到靈感；最好的用品來自法國或德國，大家夢想著能到阿爾卑斯山滑雪。在小林泰彥的引導下，平凡企畫中心團隊決定改報導阿拉斯加的滑雪地。在安克拉治（Anchorage）時，小林泰彥素描他的招牌插圖報導，攝影師拍攝街拍照片，時髦、裹著羽絨外套的蓄鬍美國人在滑雪坡上留影。編輯們為之目眩神迷，大家注意力全集中在這種自由自在的滑雪生活，而非運動本身。

這本雜誌在一九七四年十月上市，名稱為《滑雪生活：滑雪新風貌》（Ski Life: スキーについて考えなおす本）。讀賣新聞社原本要求做出一本在日本滑雪的基本指南，結果卻收到一本由不會滑雪的人所編的冬季時尚雜誌。不過，這顯然是年輕人想要的，本期雜誌以破紀錄速度銷售一空。

在《滑雪生活》成功的激勵下，木滑良久要求讀賣新聞社讓他們執行另一項計畫。這次讀賣想要一本報導男性高檔商品的雜誌書。小林泰彥立刻想起《全球目錄》，便提議製作一本「日本版」。但他想做的不是像布蘭德那樣的哲學宣言，而是模擬美國製產品的郵購目錄，放入服裝、鞋子、戶外用品、電子產品、樂器、工具，以及家具。

平凡企畫中心團隊成員在成長過程中都大量讀過遭人丟棄的美國郵購目錄──他們認為這種媒體最能代表美國生活。小林泰彥解釋：「你可以從西爾斯羅巴克（Sears-Roebuck）目錄中瞭解美國生活的全貌。」他們想像美國家庭依偎在壁爐旁，翻閱著那些目錄，夢想著更美好的生活。由於日本當時缺乏郵購文化，製作

那樣的目錄感覺起來既神奇又陌生，就好比美國人要製作一本關於浮世繪的書。

團隊成員出發前往科羅拉多、紐約、洛杉磯和舊金山，拍攝來自美國各個生活層面的三千種不同物品：Madison Avenue 斜紋領帶、Pendleton 牛仔粗羊毛衫、Jeff Ho's Zephyr Production 的衝浪板，以及郊區車庫裡常見的鏟子、草耙、剷雪機、螺絲起子和鉗子。最後的成品是一本厚達兩百七十四頁的目錄，內含大量產品照，包括十六雙印第安鹿皮軟鞋、二十三款 Keds 帆布鞋、二十四雙牛仔靴、四十件來自哥倫比亞大學的小東西、十八頂國家美式足球聯盟的頭盔、二十九把吉他、十三個 Abercrombie & Fitch 非洲探險旅行印花旅行袋，以及三百件綠松石首飾。目錄後面還有總共五十六頁的一九七四至一九七五年哈德遜露營總部（Hudson's Camping Headquarters）郵寄廣告，裡面是一頁又一頁的帳棚、炭盆與睡袋。石川次郎在他的外套內裡注意到一個印有標語的小標籤之後，想出了完美的刊物名稱——《Made in U.S.A.》。

這本雜誌在一九七五年六月上市。封面上有一件鈕釦褲襠的 Levi's 501 牛仔褲、一把榔頭、一台燒柴爐、一把古典吉他、一雙 Red Wing 工作靴，以及一個殖民時代風格的五斗櫃。雜誌前言清楚表明，這不只是一本高檔物品的雜誌書，也是一個新時代的圖片宣言：

美國人用「catalog joy」與「catalog freak」來形容喜歡翻看、蒐集知名目錄的人。您正在閱讀的這本雜誌書便匯集了美國年輕人最喜愛的美製生活風格用品。我們發現美國年輕人的生活新方式，他們透過這些「工具」表現自己的文化。我們認為能以這種目錄形式將這種「生活新方式」推介給日本年輕人。此外，這本雜誌書也可作為時空膠囊，呈現七〇年代的青年文化，對於瞭解七〇年代晚期的全球或許會是一項珍貴的資源。

《滑雪生活》在一九七四年十月發行創刊號，刊內刊登了團隊在阿拉斯加滑雪地拍攝的街拍照，呈現刊物以「冬季時尚雜誌」而非「滑雪指南」為定位。（© 讀賣新聞社）

短髪 女ものシャツ カットオフジーンズ ユニーク こんな少年でもバンダナ・ハンカチ族なのでありました パンツの膝が破れたのでガムテープでとめてあるのです 二人ともTシャツ ベストとフラノ バニーブーツ立派

ご当地ファッションCPOスタイルのライオンひげ

こんな人がアラスカではスキーがうまいような気がする

こんな人がアラスカでスキーがうまいような気がする

この人もバンダナ ヘッドバンドに使う人が圧倒的多数

彼女はインストラクターでありレーサーであり美人です

ごく普通のアラスカ・ファミリーがゲレンデにくると…

どうして泣いてるの え? バンダナなくしたって!? アンカレジから毎日ワーゲンで通ってるひと

あら! また会ったわね 滑ってるところも撮ってね

いまにカッコいいホットドッガーになるんだ ボク

ふつうのパンツにスパッツ併用というのもよくやるテだ

この人は毛布のライニングつきのデニムジャケットです

今日は天気もよいし 氷河のアタマからぶっとばすかな

アラスカにもメーカー・ファッションの好きな人はいる

「catalog joy」雖然不是正確的英語說法，但在這段開宗明義的短文中，編輯表明他們受《全球目錄》啟發所做的這項任務，是要為未來世代留下一份物質文化的紀錄。《Made in U.S.A.》收錄了美國駐日大使館經濟商業專員約翰・馬洛特（John R. Malott）署名的賀詞：「我相信，這本目錄能將美國目前生活方式的所有不同面向介紹給日本年輕人。」

　　就跟之前的《滑雪生活》一樣，《Made in U.S.A.》立刻造成轟動，總銷量逾十五萬冊。儘管表面上是一本蒐羅各種美國物品的目錄，但最前面十來頁都聚焦在服裝品牌上：Levi's、Red Wing、J. Press、Pendleton、Eddie Bauer、The North Face以及Hunting World。這本刊物的成功讓美國時尚再度成為大眾關注的焦點，一個全新世代的年輕人於是開始喜愛美式風格。從一九六八年起，日本美學家都排斥美國獨霸的全球文化，但此時經典、標準的美式風格再度引領風騷。然而，這次新的美式潮流不再是東岸大學生服裝，而在於簡單且豪邁的戶外用品、經典直筒Levi's 501牛仔褲、工作靴，以及堅固耐用的肩背包。

　　除了首度向日本市場介紹這些品牌之外，《Made in U.S.A.》也確立了「目錄雜誌」的形式──時至今日，這仍是日本時尚媒體的基本型態。過去從來沒有一本雜誌刊登過如此大量的有形物品。《Men's Club》與《平凡 PUNCH》提供能啟發讀者靈感的照片、文章，以及針對當下潮流的小組討論等各種內容，但《Made in U.S.A.》純粹就是一堆未經加工的資訊。青少年非常喜歡瀏覽當中數量多到驚人的美國產品。

　　小林泰彥和其他編輯或許希望這種形式有助於介紹美國生活所需的「工具」，然而，讀者只是將這本目錄當成是能回歸到石油危機發生前的物質主義的詳細地圖。編輯寺崎央在多年後寫道：「我們的原始構想來自《全球目錄》，但刻意避開哲學部分，改為專注在物件上。渴望新生活方式的年輕人最關心的是器具和物品。」小林泰彥認為，戶外風目錄的影響能突顯時尚界的功能性，

比起無腦的產業潮流和計畫性的淘汰，這是一個較理性、也較具社會意識的穿衣理由。然而，這很快就淪為大眾對於商品規格的著迷。年輕人想要的不再是「美國牛仔褲」和「防水外套」，他們要的是「十四盎司丹寧」和「60% 棉、40% 尼龍的防風外套」。

《Made in U.S.A.》再度激起年輕男性對美式服裝的興趣，不過當中刊登的服飾在日本幾乎全部無法取得。這本目錄頑皮地列出美元售價，彷彿在說：「這是它的價格，但你買不到。」唯一有可能購得這些商品的地方，是東京聲名狼籍的購物區阿美橫町。逛那些擁擠又凌亂的攤位需要勇氣和耐性。復古時尚專家與資深服飾業者大坪洋介回憶道：「阿美橫町只有幾家小店在賣美式時尚商品，衣服堆得滿坑滿谷。那些店員很可怕，他們得先願意接納你，你才有可能成為顧客。」與此同時，東京以外地區的年輕人則懇求美軍給他們兼差機會，這樣他們才能在基地內的商店購買進口商品。

被當成風格指南的《Made in U.S.A.》提倡傳統、粗獷的美式服飾，以及具有功能性的戶外用品。然而，這種風格直到當年稍晚才有名稱。一九七五年秋天，小林泰彥在《Men's Club》開闢了一個新專欄，叫作「尋找真品之旅」，記錄他造訪製作膠底鞋、圍裙和刀具的日本傳統工匠的過程。文章副標題保證，這個系列會調查「堅固耐用」的物件。小林泰彥認為日本太過「精緻」、太注重時尚，他想為日本文化引介更多「粗野、素樸」，像是 L.L. Bean 品牌那樣的感覺。他解釋：「我開始注意到目錄裡的『heavy-duty』這個字眼。每樣東西都被形容成『heavy-duty』（即「堅固耐用」）之類的。」一如所願，小林泰彥強調的「堅固耐用」引起了讀者廣泛共鳴，不到幾個月，「heavy-duty」一詞就成為新美式戶外風格造型的代名詞。

儘管堅固耐用的粗獷美式風格看似與日本六〇年代常春藤熱潮的精緻美式風格相去甚遠，但小林泰彥相信，堅固耐用風格與常春藤其實是一體兩面。兩者都是服裝的「系統」——根據時間、

地點與場合而穿的傳統服飾組合。在常春藤系統中，學生穿休閒西裝外套去上課，冬天穿粗呢大衣，穿三釦式西裝參加婚禮，穿燕尾服參加宴會，戴學校圍巾去看美式足球賽。在堅固耐用風格系統中，男性則在天候惡劣時穿 L.L. Bean 獵鴨靴，健行時穿登山靴，划獨木舟時穿法蘭絨襯衫，春天穿尼龍防風學院外套，秋天穿橄欖球衫，走步道時穿工作短褲。小林泰彥在他出版的《Heavy Duty Book》的前言中寫道：「我稱呼堅固耐用風格為『傳統』，因為它是 Trad 服裝系統裡屬於戶外或鄉村的一支。你甚至可說它是常春藤風格的戶外版。」

小林泰彥後來在一九七六年九月號《Men's Club》內的「堅固耐用常春藤黨宣言」一文中，正式確認常春藤與堅固耐用兩種風格之間的關聯。他呼籲應該有一種新的混合造型，叫作「Heavy Duty Ivy」（即「堅固耐用常春藤」）。文章開頭的插圖畫的是一名穿著登山防風外套、Levi's 501 牛仔褲以及登山靴的年輕男子。讀者將這篇文章視為指南，希望以較為時尚的方式來穿搭堅固耐用風格服裝，而不是只把它們視為戶外用品。儘管小林泰彥是以開玩笑的方式發明這種風格，但他的假設基本上是準確的。美國大學生，尤其是像達特茅斯和科羅拉多大學等位於鄉間的學校，無不巧妙地將戶外用品和經典常春藤風格混搭。他們穿的不再是休閒西裝外套和斜紋領帶，而是混合了釦領襯衫、羽絨外套、牛仔褲和運動鞋。

《Made in U.S.A.》雜誌開創了堅固耐用風格的潮流，但「堅固耐用常春藤黨宣言」則讓這種風格廣受大眾歡迎，成為城市裡的穿著。到了一九七六年底，日本各地年輕人看起來都像在模仿小林泰彥在「堅固耐用常春藤黨宣言」一文中畫筆下的人物──身著鵝絨背心、登山靴，以及含棉量六成、尼龍四成的防風外套。鵝絨背心之前在日本完全無人知曉。當平凡企畫中心的編輯群在一九七四年穿著這種背心從阿拉斯加返回日本，路人還問他們是不是下遊艇後忘了脫掉救生衣。在堅固耐用風格形成熱潮之後，

銀座彷彿成了戶外搜救人員每週大集會的會場。

　　日本服飾品牌也開始搭上堅固耐用風格的熱潮，踏入這個市場。牛仔褲市場放棄喇叭褲、洗白和水手褲款，又回到複製 Levi's 501 直筒剪裁的路線。BIG JOHN 推出新的耐穿牛仔褲、外套與工作褲的「世界工人」（World Workers）系列，廣告呈現仿復古風格，頭髮略顯灰白的中年白人男子站在鄉間生鏽的汽車旁。VAN Jacket 展開「美好古老美式夾克」以及「上路！粗花呢夾克」宣傳活動，甚至在一九七五年秋天的「我的木工鄉村」活動中，送出全套木匠工具組給三千名幸運顧客。一九七六年，VAN 成立了自己的堅固耐用品風格品牌 SCENE。

　　一九七〇年代後半，堅固耐用風格繼續稱霸日本男裝市場。小林泰彥的「回歸自然」願景此時可說是夢已成真，至少表面上如此。受到《全球目錄》的啟發，小林泰彥和平凡企畫中心的夥伴將日本剛萌芽的青年文化從最深的反美情緒帶回它的美國起源。儘管風格已經從東岸移向西岸，但至少美國又回到了主流。

　　然而，與一九六〇年代不同的是，這些文化先驅並非服裝品牌創辦者，而是一小群不受約束的自由雜誌編輯。年輕人期望在這本月刊的光亮紙頁上發現新風格，編輯則向這些忠心耿耿的讀者推廣他們個人的獨特品味。因此，當這群編輯開始對堅固耐用風格有點厭倦時，他們已準備好要帶領讀者前往新領域，一個陽光更燦爛的地方。

● ● ●

　　由於《Made in U.S.A.》大為成功，木滑良久與石川次郎在一九七六年重返平凡出版公司，條件是他們可推出自己挑選的一本新雜誌。這兩位編輯明白，無論他們做什麼，都會依循自己經過驗證可行的目錄形式，但他們努力想找出一種迥異於堅固耐用風格的新風格概念。因為渴望新構想，木滑良久與石川次郎開車

一九七〇年代中期的 BIG JOHN 世界工人系列廣告，呼應堅固耐用風格的熱潮。（©BIG JOHN）

到小林泰彥家中展開腦力激盪。小林泰彥給了他們一個詞，界定新雜誌的文化背景——「POLO衫」。這聽起來太瘋狂了。在日本，只有打高爾夫的中年人才會穿這種馬球衫。小林泰彥反駁，馬球衫是加州大學洛杉磯分校和南加大學生最喜歡的服裝。這個說法說服了木滑良久與石川次郎，於是他們當場同意將新雜誌的重點擺在美國西岸年輕人的運動生活風格上。為了蒐集創刊號的素材，石川次郎與另外六個人搭機前往洛杉磯，展開為期五十天的考察之旅。

石川次郎希望新雜誌叫作《City Boys》，不過競爭對手次文化雜誌《寶島》已經自詡為「城市男孩手冊」。幾個星期前，木滑良久首度見到卡通人物大力水手卜派（Popeye）的名字以英文寫出，他發現此字能拆成「pop」與「eye」。這會是絕佳的雜誌名稱——「眼睛」緊盯著「流行」。卜派這個卡通人物在五〇年代末曾經廣受日本年輕人喜愛，這個水手讓木滑良久那個世代的童年回憶如今又歷歷在目。但年輕許多的石川次郎討厭這名字，他想像自己在洛杉磯打電話接洽拜訪時，一開口就得說：「你好，我是《POPEYE》雜誌……不是，我們不是漫畫。」木滑良久不顧後輩反對，與金氏資料供應社（King Features Syndicate）的日本代表協商了好幾週，以確保能取得名字授權。

《POPEYE》在一九七六年六月上市，副標題為「獻給城市男孩的雜誌」，封面上用噴槍畫成的卜派正抽著他的玉米芯菸斗。封面故事「來自加州」介紹滑翔翼、滑板、慢跑和運動鞋。小林泰彥的圖片報導提供了一張詳盡的加州大學洛杉磯分校逛街地圖。

儘管《POPEYE》的員工大多直接來自《Made in U.S.A.》編輯團隊，但這本雜誌的美學卻與堅固耐用潮流有別。戶外活動熱潮的法蘭絨襯衫和健行靴，讓人想起秋天灰暗光線下朦朧的多岩山脈，這種風格本質上也充滿懷舊色彩——「回歸」自然與老舊的生活形態。相較之下，一九七六年的《POPEYE》世界則是充滿陽光的加州生活，年輕人為文明世界的其他人開創未來。美國西岸

青少年發明了新型運動、穿新類型的服裝，也接納新的健康價值。在仍待從越戰與水門事件中復原的黑暗美國，洛杉磯青年文化宛如一道明光。

在雜誌開頭的編輯室報告中，木滑良久寫道，日本正處於「漂流狀態」，他希望向年輕人引介一種更具健康意識的生活方式。編輯們提出，運動會是日本未來的支柱：「我們認為，運動生活對你的個人健康和現代人的生存會非常重要。在運動的同時享受樂趣，是我們美國同儕所傳達的美好訊息。我們應該利用所有的閒暇時間去運動，無論那活動多麼輕鬆。」

日本人不分年齡都喜歡觀看棒球和相撲等運動，但在中學後持續從事運動的人卻是少之又少。人口密集的東京嚴重限制了公園和野地空間。高爾夫是白領高階主管專屬的活動，而且還得付出極其高昂的使用費。《POPEYE》的編輯因此在加州大學洛杉磯分校的學生身上找到靈感，他們就在都市環境中從事運動與戶外活動。飛盤、滑板以及滑輪在日本尤其可行，因為這不需要專門的設施或組成隊伍。

《POPEYE》的編輯在創刊號中特別關注入門門檻低的滑板運動，企圖讓年輕讀者對運動產生興趣。雜誌報導以加州為根據地的滑板運動，不但對日本來說很新鮮，即使以美國標準來看也才剛興起。就在《POPEYE》創刊的前一年，《滑板人》雜誌（*Skateboarder*）才復刊，傳奇隊伍「Z-Boys」在聖塔摩尼卡成軍，戴爾瑪露天廣場（Del Mar Fairgrounds）舉行一九六〇年代以來首次大型滑板錦標賽。《POPEYE》在第一期報導 Jeff Ho's Zephyr 商店，在兩頁篇幅裡以目錄形式展示三十一款不同的滑板。為了達到宣傳效果，四十六歲的總編輯木滑良久甚至在深夜穿著加州風格短褲，到東京的六本木地區溜滑板。這種運動以不可思議的速度風靡日本。《POPEYE》幫助日本建立起真正的滑板文化。如今，全日本滑板協會已認可《POPEYE》創刊是當地滑板史發展的一項關鍵因素。

《POPEYE》聚焦加州，也對日本的衝浪活動產生推波助瀾的效果。日本有數十處美麗海灘，卻沒有人想過馳騁浪上，直到美國人在戰後將衝浪運動帶到千葉與湘南海灘區。一九七一年，日本各衝浪俱樂部共有五萬名正式會員，但在《POPEYE》開始關注衝浪後，日本的衝浪人口便躍升為全球第三大。接著在一九七七年，衝浪時尚離開海灘，進軍都市。數千個帶著人工日曬膚色、身穿無袖背心、熱褲、串珠腰帶，以及七彩夾腳拖的青少年聚集在東京的澀谷與六本木。年輕女生頂著宛如美國女星法拉‧佛西（Farrah Fawcett）的波浪長髮，又稱「衝浪頭」。即使正統的海灘運動愛好者嘲笑這些城市居民是在山丘衝浪，運動與時尚的結合還是讓衝浪成為都市與海濱青少年心目中流行文化不可或缺的一部分。

　　《POPEYE》的編輯將一股「運動熱潮」成功帶進日本，至少滑板和衝浪就是如此。然而，就跟《Made in U.S.A.》一樣，這本雜誌還是將年輕讀者的注意力放在戶外活動的時尚層面上。《POPEYE》創刊號並沒有從足弓支撐墊和慢跑步伐的適合角度來介紹運動鞋，而是將鞋款當成流行時尚單品。雖然《Made in U.S.A.》開創了目錄附帶雜誌的形式，但《POPEYE》因為定期出刊，成為徹底改變時尚媒體與讀者溝通方式的標準「目錄雜誌」。編輯在每期當中挑選數百種商品，將之歸納在不同類別，然後提供精確的價格、商店地址，以及電話號碼，好讓讀者能與日本的贊助零售商聯繫。如此一來，青少年在尚未踏進商店之前就開始購物了。

　　這種形式非常成功，但反對力量亦隨之而來。一九七〇年代晚期的加州充斥著新時代性靈、冥想、陰謀論、休閒性毒品，以及刺青，但批評者指出《POPEYE》只對「有標價的東西」感興趣。日本有個說法，男性雜誌需要三個 S：性（sex）、西裝（suits）與社會主義（socialism）。但《POPEYE》一個也沒有，而且只關注物質層面。許多人認為，《POPEYE》的單純無害路線反映了「健

康」的生活方式，是它能取得名稱授權的條件之一。事實上，它的編輯更喜歡呈現商品，而非女性。

這種物質主義的特色也直接反映出平凡出版公司的商業策略。贊助商喜歡這種目錄形式，因為它模糊了刊物內容與商品廣告的界線；平凡出版從大品牌廣告收益上賺得的錢，多過雜誌銷售業績。批評者抱怨，《Made in U.S.A.》和《POPEYE》培養了一個「monomaniacs」（物件偏執狂）世代。這是一個雙語混成詞，源自日文的「もの」，意即「物」。相較於六〇年代的常春藤熱潮，七〇年代的日本年輕人對於穿上新時尚的興趣，比不上擁有服裝、並將之當成物品收藏。年輕人不再把購物當成獲取新體驗的途徑，例如購買唱機聽爵士樂唱片、穿西裝令女生刮目相看、穿防風外套去健行。年輕人將物品就當成物品來崇拜。

儘管《POPEYE》掀起許多新潮流——加州大學洛杉磯分校 T 恤、滑板、衝浪，以及運動鞋——但雜誌最初幾年的銷量並不好。平凡出版印製了十六萬本創刊號，但半數都被零售商退回。然而，《POPEYE》發現忠實讀者當中有些是負擔得起海外旅遊的富裕青少年。第一期發行之後，日本年輕人不斷湧入加州大學洛杉磯分校學生會，大量採購小號與中號尺寸的 T 恤。遊覽車停在全美各地的運動用品店前，讓乘客下車，年輕的日本男子指著《POPEYE》上的商品，請店員拿來他們需要的尺寸。

在較高的層次上，《POPEYE》證明了日本人在《Made in U.S.A.》之後對美國重燃興趣並非僥倖。年輕人再度愛上美國產品。這種翻轉的情況看在殘存的日本反文化人士眼中實在難以理解，他們懷疑這背後有黑手在運作，企圖操控大眾意識。最明顯的證據就在《POPEYE》創刊號的版權頁上：「本刊承蒙東京美國大使館美國旅遊服務處協助」。這句話引發了多年的揣測（甚至來自《POPEYE》員工），大家懷疑，這本雜誌是否接受了美國中情局或其他美國政府機關的資助。這項陰謀論認定，六〇年代晚期日本學生激烈的馬克思主義傾向，促使中情局籌劃了一項行動，想

透過心理戰手法爭取日本青年的認同，於是祕密資助會在雜誌上刊登 Nike 運動鞋和 Patagonia 橄欖球衫的出版社。

　　石川次郎和木滑良久一向否認有得自美國政府的資助，但眾所周知，平凡出版的記者確實從「圖片報導」開始就接受美國駐日大使館的後勤協助。日本編輯到美國旅行時需要住宿與行程引導，直到八〇年代，美國大使館都是在東京要獲得相關資訊的最佳地點。《POPEYE》的贊助主要來自為求商業利益的商業機構，例如航空公司和貿易公司；他們資助《POPEYE》的海外採訪行程，希望報導能鼓勵日本年輕人出國旅行與購買進口商品。

　　無論當中有無陰謀，中情局肯定很滿意《POPEYE》帶來的結果。美國在日本又顯得酷了起來，被視為一個明亮耀眼的地方，充滿希望、夢想與令人嚮往的時尚商品。小林泰彥有次曾語帶嘲諷說：「美國政府應該在駐日大使館前面豎立紀念碑，感謝平凡出版和《POPEYE》雜誌。」NHK 民調顯示，「喜歡美國」的人在一九七四年最少，僅有百分之十八，一九七六年上升到百分之二十七，接著數字年年攀升，直到一九八〇年來到百分之三十九。

　　然而，《POPEYE》的許多編輯仍然對美國抱持懷疑態度。該刊記者松山猛就承認：「我對美國不是特別感興趣。那應該是我最討厭的國家。」這個世代的人常解釋說他們喜愛「美國文化」，但討厭「美國政府」。VAN 的長谷川元詳細解釋了這種感覺：「當時我們都認為，『美利堅合眾國』和『美國』是兩種不同的東西。可口可樂、職棒大聯盟與好萊塢都是美國的，我們認為你可以將之和美國政府區分開來。」

　　可是在一九七〇年代末期，越戰已結束，同盟國占領似乎也像是古代歷史了。最新一代的日本年輕人並不瞭解反美主義的根源。木滑良久和石川次郎都喜愛美國，也相信嶄新、健康的加州生活方式能在日本的學生運動瓦解後，填補這個國家對於自身存在所感受到的空缺。木滑良久解釋：「日本缺了某樣東西。石川次郎以前都說：『乾脆讓我們都變成美國人吧！』日本就是不酷，

也不有趣。」

　　儘管銷售量不甚理想，《POPEYE》團隊依然繼續推動自己的任務。編輯一再飛往美國，在旅館裡打開黃頁電話簿，尋找新地方造訪，再向家鄉的讀者報告他們的旅程。他們在每趟旅程都會帶著超大旅行袋，裝進各種商品，準備進行評論。透過這個系統，《POPEYE》由編輯、記者和攝影師組成的小型團隊善加運用 VAN Jacket 最初的美日文化資訊連結，並予以更新，以近乎即時的方式操作。

• • •

　　就在《POPEYE》掀起美國西岸風格狂熱之際，六〇年代東岸風格狂熱的發起人卻正面臨殘酷打擊。一九七八年四月六日，石津謙介與 VAN Jacket 董事會的其他成員宣布公司破產。這在當時是史上最大的服飾公司破產案，在戰後時期的日本企業破產規模中也排名第五。警方顧慮石津謙介會像之前許多日本企業高層主管一樣自我了斷，於是派員護送他從記者會現場返家。

　　出了什麼差錯？石津謙介是一個充滿創意的思想家、行銷家及業務員，但如同長谷川元所解釋的：「他其實不太知道如何平衡收支。雖然所有高層主管都是老練的商人，但管理 VAN 這般規模的企業，對他們而言還是太困難。」當初受到貿易夥伴丸紅公司的影響，VAN 開始朝各個可能的領域擴張，以期追求更高利潤。除了旗下二十多個服裝品牌，該公司還代理了海外商品，像是 Spalding Golf 和 Gant。它設立家飾品店 Orange House、花店 Green House，以及劇院 VAN 99 Hall。

　　隨著 VAN 的事業觸角多元化，收益也逐漸擴大。相較於一九七一年僅有九十八億日圓（相當於二〇一五年的一億五千九百萬美元），VAN 的營業額在一九七五年達到顛峰，高達四百五十二億日圓（相當於二〇一五年的六億六千兩百萬美元）。

然而，如此追求利潤卻也犧牲了外界對其品牌的認可度。青少年曾經為了購買他們的商品而努力儲蓄好幾年，如今這家公司卻只能把東西賣給在超市裡尋找特價長襪的婆婆媽媽。成堆的服裝庫存迫使 VAN 進行大規模低價促銷，此舉更進一步減損了品牌價值。而且，在《Made in U.S.A.》與《POPEYE》積極推動購買進口真品、而非仿品的年代，VAN 卻無力競爭。長谷川元表示：「Levi's 和 Red Wing 是貨真價實的正品。VAN 永遠都不可能是 Levi's。VAN 是非常善於創新的模仿者，但不是『真品』。」

VAN 的業績在一九七六年左右已經無力回天了，到了一九七八年，宣告破產是公司唯一的選擇。石津謙介個人自願每月償還十萬日圓，直到債務清償為止，但他的會計師表示，如此也得花上四百年。破產後，石津謙介從服飾業退休；他在一九八〇年告訴《Studio Voice》：「我現在對服裝毫無興趣。」

《POPEYE》記者內坂庸夫對 VAN 破產震驚不已，他曾在七〇年代中期擔任 VAN 的公關。得知這個壞消息後，內坂庸夫說服總編輯木滑良久以 VAN 留下的影響作為封面故事。木滑良久一剛開始認為，在一家公司不幸破產之際推出完全以它為主的專題不甚妥當。但靜心思考後，他同意了內坂庸夫的意見。《POPEYE》於是請知名的常春藤風格畫家穗積和夫為本期封面繪圖，也採訪該品牌的前員工和朋友。內坂庸夫將這篇報導寫得像是大學的校友報告，他相信「VAN 不是一家公司，而是一所學校」。由此，他想出一個傳奇的文案：「VAN 是我們的老師。」

主文的第一段寫道：「如今我們對美國瞭解不少，但最早讓我們認識美國的是可口可樂和 VAN。我們透過 VAN 的服裝瞭解了美國學生的生活，透過 VAN 的廣告認識了美國的運動。現在終於到了該向 VAN 道謝的時候。」《POPEYE》在最初兩年的銷售數字無法與它在文化上的領導地位相提並論。但一九七八年六月十日的這期 VAN 專題卻大為成功，是截至當時最受歡迎的一期，二十一萬七千本出刊後旋即銷售一空。

在一九六〇與一九七〇年代穿著常春藤服飾長大的那些人，是出於懷舊而購買這期雜誌，但 VAN 專題同樣也讓年輕讀者對於經典的美國東岸時尚有了興趣。兩年前，小林泰彥大力推動以堅固耐用風格取代常春藤，但如今《POPEYE》的讀者大聲要求想看到更多常春藤風格的資訊。日本在短短十年內歷經了一場美式造型的循環，從常春藤風格到嬉皮、戶外堅固耐用風格、到堅固耐用常春藤、到加州校園服裝，如今又回到了東岸風格。在 VAN 隆重劃下句點之際，常春藤風格又從灰燼中重生。

不過，這一連串的美式造型在日本也只見於最富裕、教育程度最高的年輕人身上。七〇年代的勞工階級年輕人也喜歡美式風格——但不是嬉皮或衝浪手，他們要的是男子氣概更重一點的東西。

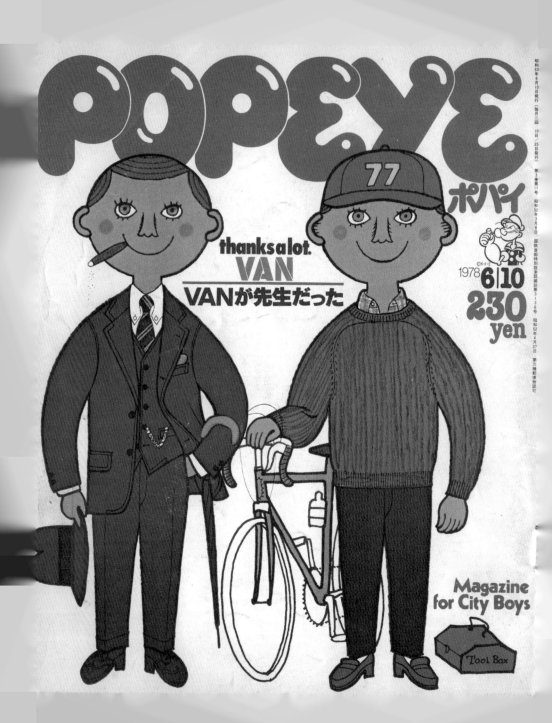

一九七八年六月十日的《POPEYE》報導 VAN 在帶領大眾認識美國時尚、文化與生活所留下的影響。封面是穗積和夫的插圖，文案寫著對 VAN 的感謝與致敬。（©Magazine House）

06 | 不良洋基

Damn Yankees

　　一九八二年，身兼酒吧老闆與時尚主理人，時年三十七的山崎真行剛完成裝飾藝術風格、樓高五層的粉色系零售空間「粉紅之龍」的裝修工作，店面地點就坐落在原宿與澀谷這兩大年輕人購物區之間。一樓和地下樓販售山崎以五〇年代為靈感的品牌「奶油蘇打」（CREAM SODA）的服飾、配件。樓上是美式餐廳Dragon Café，裡面有豹紋塑膠皮沙發和復古點唱機。山崎真行就住在頂樓的豪華公寓內，並將地下二樓打造成他所贊助的鄉村搖滾樂團黑貓（BLACK CATS）的排練空間。屋頂的游泳池堪稱奢侈，畢竟山崎真行根本不會游泳。

　　山崎真行靠銷售搖滾風格服飾建立起個人事業，而這棟奢華的複合大樓就是代表他事業成就的紀念建築。山崎在賺進二十八億日圓（相當於二〇一五年的三千三百萬美元）後，常將原宿比喻成一座尚未開發的「金礦」。不過，山崎的財富不是來自單單創造出一個在七〇年代末接續常春藤與堅固耐用風格的潮流而已，他的成功來自開創出獨特的風格，吸引了過去一向受到忽視的年輕族群：中學輟學生和少年犯。

　　直到七〇年代末，大多數時髦的日本青少年——無論是仿常春藤聯盟生、週末嬉皮、時髦背包客，或是 UCLA 風格的追隨者——都出身自富裕、優越的家庭背景。各品牌與雜誌都認定自己的消費者會喜歡白領工作、不斷調升的薪水，以及越來越高的可支配收入。《平凡PUNCH》訴求的對象是上班族，幫助他們在企業中步步高升；《POPEYE》則教導它的「城市男孩」，哪些進口貨最能在大學網球俱樂部討女生歡心。

事實上，有過如此富裕生活體驗的日本年輕人少之又少。一九七〇年代，只有不到百分之二十的男性上大學，女性更少。大多數青少年、尤其是大城市之外的年輕人，中學畢業後就得放棄升學，從事藍領工作。不過七〇年代的經濟發展力道十足，就連從事勞力工作的青少年都買得起衣飾、跟朋友喝酒，而且擁有個人交通工具。

　　當這些勞工階級青少年開始成為消費者，他們不追隨社經地位比他們高的那些人，而是受到另一套新風格吸引。一如人類學家佐藤郁哉發現的，藍領青少年認為大學生「很娘、而且做作」，藍領青少年要的是能展現「傲人能力，而且帶有粗獷色彩」的衣服。在山崎真行與其他媒體影響下，這些青少年從過去那些天不怕地不怕的反叛分子身上找到了穿著靈感——尤其是日本戰後的流氓和美國五〇年代的凶狠少年犯。這兩股時尚潮流最後匯集成「ヤンキー」（yankii）次文化——這個字原本指稱粗暴蠻橫的「yankee」（洋基）大兵，但後來卻演變成一種創新的日文說法。

　　雖然山崎真行與日本的頂尖時裝設計師、模特兒、造型師及名人在他的粉紅之龍城堡尋歡作樂，但他一直都對小鎮上的不良少年深感同情。山崎在一九七七年名聲達到顛峰時寫道：「我想當個惡徒，甚至當個小癟三都可以。」年輕時因為打破傳統的風格而飽受排擠後，山崎真行希望讓大部分沉默的勞工青少年能對自己非主流的地位感到驕傲。他希望日本能更搖滾一點，而那正是如今他所得到的。

● ● ●

　　山崎真行生於一九四五年，在北海道的煤礦小城赤平長大。他的父親是礦工，母親則是在商界人士的豪宅內兼職清潔工作。雖然住在破敗的排屋裡，山崎真行仍竭盡全力追尋光鮮亮麗的事物。他研究名人雜誌上的日本巨星照片，不過，在赤平這地方打

座落於原宿的粉紅之龍，主理人為以搖滾風格服飾建立事業的
山崎真行，照片攝於一九九五年左右。（©Pink Dragon）

扮得最好的人一向都是鄰里間的流氓。山崎真行小小年紀就明白，「最酷的時尚就是流氓時尚」。

這個說法在戰後的前十年尤其正確。當貧困的大眾穿得破破爛爛之際，年輕幫派「愚連隊」卻穿著三件式西裝在市區遊蕩。他們不但有錢置裝，也懂得如何透過潘潘女賄賂美國軍人，設法從美軍福利社取得布料。

接下來出現了「戰後」不良少年，他們代表著一種休閒時尚，會穿不紮進褲子裡的夏威夷襯衫、繫尼龍腰帶、穿膠底鞋，以及麥克阿瑟將軍風格的飛行員墨鏡。戰後不良少年的招牌就是他們的「飛機頭」（リーゼント）髮型──用髮油將前額頭髮往上梳，兩側則往後梳。這種三〇年代的造型在戰後的年輕人間再度風行，以作為一種對無所不在的軍人造型的刻意反叛。家長討厭飛機頭，因為它與「樸素」二字背道而馳，而且從黑市購買髮油對家中經濟也是負擔。爵士樂手和小混混熱愛這種造型，導致它成了不入流的同義詞。

山崎真行在中學時踏出了不良少年時尚的第一步。他穿上「曼波褲」──一種黑色的錐形高腰褲，並且有吊帶拉撐。這種褲子的名稱取自一九五五年風行的曼波音樂，當時年輕情侶晚上會在夜店大汗淋漓地跟著拉丁節奏跳舞。跳曼波舞的男生會穿寬肩、單釦西裝外套，搭配鮮豔的襯衫、細領帶，以及前面提到的曼波褲。雖然曼波音樂的熱潮迅速消退，但這種特殊時尚和素行不良的夜店顧客讓「曼波」一詞成了代表「年輕流氓」的行話。曼波褲接著繼續流傳，成了叛逆青年最喜歡的長褲款式。

日本媒體在一九五八年瘋狂報導鄉村搖滾歌手五十信次郎、平尾昌章，以及山下敬二郎等人，使得飛機頭髮型更為風行。這幾位模仿貓王的日本人頂著油亮捲曲的飛機頭，穿著曼波褲和西部鄉村風格外套。他們在日本劇場的「西部嘉年華」上進行狂野的表演，一週就吸引了四萬五千人，還有女性把內衣扔上台。這股鄉村搖滾熱潮為時不久，但已足以讓全日本各地的壞男孩迷上

飛機頭。住在赤平的山崎真行當時十三歲，他從電視上看到此般盛況，記得那「深具影響力，極度震撼」。

雖然鄉下年輕人喜歡飛機頭、曼波褲和鄉村搖滾，富裕的東京青少年卻對這些造型嗤之以鼻。插畫家小林泰彥解釋道：「學生都非常討厭夏威夷襯衫、飛機頭和曼波褲造型，那模樣看起來就像壞孩子。」飛機頭尤其代表一種特別粗俗的魅力。富裕的太陽族到海邊戲水時，偏愛較短的運動員髮型，而到了一九六〇年代初，廣受歡迎、整齊斯文的常春藤聯盟時尚更是讓飛機頭相對顯得過時。

山崎真行高中畢業後就跟著女友前往東京，然而不到幾個月，女友就為了一個室內設計師和他分手。山崎發誓要找個時髦的工作，再交個新女友。為了讓自己的風格進階符合東京主流的御幸族造型，他添購了一件VAN西裝，搭配九分褲，再將頭髮旁分，穿上厚重的紳士鞋。這個打扮讓他在新宿的傳統男裝店三峰找到工作，他在店內學到零售業的銷售訣竅，甚至擔任起《平凡PUNCH》的模特兒，展示常春藤造型。

有一天，店裡另一位店員穿著黑色皮夾克、黑色襯衫、黑色緊身牛仔褲，梳著油亮飛機頭現身，瞬時一切全都變了。那男孩來自橫須賀，這個海濱城市距離東京一小時車程，也是「橫須賀曼波」這個勞工階級時尚運動的發源地。在橫須賀的美軍基地附近遊蕩時，青少年同時從粗獷的士兵與親切斯文的美國黑人軍人身上學到造型訣竅。他們請基地附近的裁縫師用閃亮的布料訂做單釦的「現代款式」西裝，刻意拒絕合身的三釦式常春藤款式。雖然有些橫須賀青少年會模仿美國大兵的極短平頭，但飛機頭還是更常見。

橫須賀青少年非常喜愛「souvenir jacket」（意即紀念夾克）——以人造絲緞面製成的經典美國大學棒球夾克，背面繡上帶有東方色彩的老鷹、老虎和龍等圖樣。當地的日本青少年稱之為「橫須賀夾克」（スカジャン），還湧入以休假的美國軍人為目標客

有著刺繡與緞面的橫須賀夾克，至今仍有不少品牌推出重新詮釋後的單品。◎照片提供：Fake α /BerBerJin

群的商店裡大肆搶購。橫須賀的年輕人是最早將這類夾克當成「殖民時尚」的人，但是在一九六一年的電影《豚と軍艦》主角也穿上之後，這款夾克才開始在全日本流行開來。

插畫家小林泰彥十幾歲時經常在那些酒吧出沒，他記得：「橫濱有許多供外國人消費的好餐廳和豪華酒吧，不過橫須賀和橫田到處都是年輕海軍，當中有許多素行不良的美國阿兵哥。他們會穿牛仔褲這類不良少年服裝，吹口哨、罵髒話。」在為《平凡PUNCH 豪華版》所做的橫須賀潮流圖片報導中，小林泰彥用了一個非常特別的名詞來形容那些人的造型：「洋基風格」。他解釋：「我們開始稱美國不良少年時尚為『洋基』。大部分孩子都沒有錢去模仿穿著正統西裝的老一輩美國人，不過要打扮得像美國不良少年倒是很容易。」

看到店內同事以橫須賀曼波造型現身的隔天，山崎真行就放棄了常春藤造型，將頭髮梳成飛機頭。一九六六年夏天，他辭去三峰的工作，在海濱小鎮葉山町一家默默無聞的度假旅館找到工作，希望能更接近橫須賀曼波風潮。山崎真行一邊管理這家空蕩蕩的旅館，一邊看著做常春藤風格打扮的菁英大學生在高級一點的店裡，漫不經心地彈著民謠吉他。他後來寫道：「一看到那些男生對著女生唱情歌，我就火大。」山崎真行漸漸將常春藤風格視為敵人的象徵。他每個月都看《Men's Club》，只為了「做出與內容介紹相反的事」。

到了一九六七年，橫須賀曼波風格已經延燒到東京，並與在勞工階級區域興起的類似青年運動相融合。橫須賀曼波青少年喜歡像是詹姆士 • 布朗（James Brown）這類黑人靈魂歌手，他們的蓬鬆捲髮讓這些年輕人有了改造飛機頭的靈感。這些青少年夢想能和女朋友在新宿夜店裡隨著靈魂樂起舞，不過，東京舞廳嚴禁梳著飛機頭或戴墨鏡的人進場。

由於整個風潮移返東京，山崎真行懇求前老闆資助他在新宿開設兩家小酒吧。可惜，這兩家酒吧沒吸引到太多顧客，一年後，

老闆要他把店賣掉。山崎真行湊了些錢，買下當中比較差的那一家，而後在一九六九年讓這家外觀破敗、位於四樓卻沒有電梯的節奏藍調酒吧「怪人二十面相」重新開幕。他把牆壁漆黑，請業餘畫家朋友在牆面畫上粗糙的貓王與瑪麗 · 蓮夢露肖像。怪人二十面相整晚以最大音量播放靈魂樂，員工穿著與店內風格相襯的皮夾克、牛仔褲，梳著飛機頭。新宿原本是個以激進抗議學生和長髮嬉皮聞名的區域，但在這個黑暗角落，山崎真行給了日本的油頭不良少年一個屬於他們的地方。

• • •

　　一九七〇年代初，山崎真行以為他和他的酒吧員工是全東京絕無僅有、做洋基油頭飛車黨打扮的成年人。可是有一天在翻閱《週刊花花公子》時，他在搖滾樂團卡蘿（Carol）裡發現了四個「靈魂伴侶」。貝斯手兼主唱矢澤永吉在遭原子彈轟炸後的廣島廢墟中長大，在母親離家，而父親又因輻射引發的疾病過世後，他便成為孤兒。矢澤每天唯一開心的事就是聽電台的美國音樂。高中畢業後，他落腳在橫濱的一個破敗區域，一邊打零工，一邊錄製許多遭人回絕的試唱帶。

　　一九七二年八月十五日，二戰結束二十七週年，矢澤永吉組成了卡蘿樂團。他的構想是重現成名前的披頭四在漢堡破落的繩索街（Reeperbahn）的幾家夜店裡進行的那些馬拉松搖滾演出。吉他手強尼大倉認為他們需要制服，而且偏好當時倫敦廣為流行的五〇年代復古 Roxy 風格。他們將頭髮往上梳成飛機頭，穿上看來嚇人的黑色皮夾克與皮褲，跨坐在重機上擺姿勢。《週刊花花公子》將這種造型稱為「洋基風格」，認為那是在模仿昔日的美國流氓。

　　國家電視台 NHK 有好幾年都禁播與卡蘿有關的節目，認為他們的造型是「不良教育」的標記。由於擔心鬥毆、暴動，以及破

山崎真行（最右）開設的怪人二十面相酒吧，成了許多梳著油頭的
青少年乃至暴走族的聖地。（©Pink Dragon）

壞公物等負面因素，幾座大城的許多場地都拒絕讓卡蘿舉辦演唱會。但是當樂團在全日本播出的《銀座 NOW!》節目上爆紅之後，他們的洋基造型隨即影響到鄉下的年輕人。作家速水健朗在解釋這個樂團的魅力時表示：「墨鏡、皮夾克、目中無人的模樣、再加上摩托車，矢澤永吉看起來就像在年輕人與學校行政階層對抗的年代裡冒出來的英雄。他讓美國搖滾客風格延伸到不良青少年的文化中。」

與此同時，東京的時尚圈認為卡蘿的飛機頭與古典搖滾就像是英國華麗搖滾運動的五〇年代復興日本版。時尚雜誌《an・an》也趕時髦地寫了吹捧怪人二十面相的短文，吸引到較菁英的客群前往。時裝設計師山本寬齋和卡蘿團員成為常客。在顛峰時期，怪人二十面相每天晚上會擠進一百多人，排隊人龍從樓梯一路延伸到大樓前。

怪人二十面相不只吸引時尚菁英模仿美國不良少年，也吸引到真正的不良少年。這些流氓會穿上花俏的夏威夷襯衫、皮夾克，梳著飛機頭前來。由於每天晚上都有鬥毆事件，山崎真行和助手便在屋頂上接受防身術訓練。可是武術還是對付不了偶爾會來到酒吧的一種新形態的危險不良少年——暴走族。這些為非作歹的青少年機車幫派惡名昭彰，經常成群飆車、爭奪地盤，穿著風格也相當誇張、極端。

暴走族在一九七〇年代中期橫行全日本的地方都市。他們會在週六夜裡騎著拆掉消音器的改裝摩托車，從大街上呼嘯而過，不但從果汁空罐裡噴出油漆稀釋劑，早年還會跟敵對團體鬥毆到出人命。但是，暴走族聲名狼籍最甚的，或許是他們的時尚感；那主要是受卡蘿樂團飛機頭與皮革的洋基風格影響。若單從外表判斷，這些飆車族近似美國的「油頭飛車黨」，就如同 VAN 的愛好者類似於常春藤聯盟學生那樣。但對暴走族青少年而言，他們幾乎可以說是不懂自己這種風格其實源自美國。他們不過是在模仿歌手矢澤永吉——對他們而言，這個風格是來自日本的權威人

搖滾樂團「卡羅」（右二為矢澤永吉），其成員的造型風格啟發了無數的叛逆青年。（©Universal Music）

暴走族在一九七〇年代橫行全日本，他們的穿衣打扮充滿洋基風格，深受卡羅樂團影響，因此更加引人注目。照片攝於一九七八年十一月的東京。（ⓒ讀賣新聞社／アフロ）

物，而非國外。

除了受卡蘿樂團影響，暴走族還為自己加進各種會讓正經八百的社會驚駭不已的事物。正值就學年紀的成員會戴上口罩，遮掩身分。他們不戴安全帽，而是綁上頭帶，把頭髮往後梳。光頭很常見，但大部分暴走族都會燙髮——有時是細密的小波浪捲髮或仿黑人的爆炸頭。接著，他們會抹些髮油，把兩側頭髮往後梳。暴走族依然稱這種髮型是「飛機頭」，即便那看起來更像是突變的詹姆士・布朗，而不是貓王。

山崎真行偏愛貨真價實的幫派少年，而不是那些趕流行、模仿英國人而採用他鍾愛的飛機頭的時髦人士。然而，某次下班途中被幫派分子搶劫後，山崎對新宿不良少年的同情戛然而止。那些歹徒拿刀抵住他脖子，在他拔不下戒指時，甚至差點砍斷他的手指。這起事件再加上酒吧內的鬥毆狀況增多，山崎真行認為該是搬遷的時候了。

山崎真行個人對新宿地區龍蛇雜處的不滿，反映了七〇年代初期反文化的大變化。學生運動瓦解，警方驅散殘餘的嬉皮。從一九七〇年八月起，警方每週日封閉此區道路，形成「步行者天國」，此舉防堵了飆車族上街競速。隨著新宿的衛生狀況改善，殘餘的地下青年便開始尋找新的聚集點。當中最有可能的區域，是位在僅僅幾個車站外的寧靜住宅區——原宿。

• • •

原宿與繁忙的通勤樞紐澀谷之間僅隔一段短短的步行距離，而且緊鄰代代木公園與明治神宮。這裡也是盟軍占領期間的美軍軍官住宅區，到了一九六四年，該區域則有奧運場館建成。然而，原宿在那段短暫的全盛期之後便開始沒落。作家森永博志曾經寫過：「原宿就像南太平洋上的蕞爾小島般不起眼，日夜皆靜悄悄。」

這個區域當時唯一的活動，是以位在明治通與表參道交叉口

的「中央公寓大樓」（セントラルアパート）為中心。日本嶄露頭角的時裝設計師在大樓內租下一個個獨立房間（日式英文稱為mansion，即マンション），縫製少量的藝術性服裝。這些「公寓大樓製衣人」構成了一個剛萌芽的創意階級。他們不工作時會在一樓的里昂咖啡館與其他長髮、蓄鬚的朋友碰面。

既然怪人二十面相大部分的時髦顧客都在這大樓裡或附近工作，山崎真行認為，原宿無疑是他開下一家酒吧的好地點。一九七四年，他從父親的退休金裡預支兩百五十萬日圓，用來支付那家簡陋地下室酒吧的保證金。他將店命名為「金剛」，並在牆上布置豹紋，以及一大幅壁畫，畫中是一個加勒比海女子望著熱帶海灘。客人就坐在空啤酒箱上。

這寒酸的空間最初幾個月的來客寥寥可數，可是有位顧客卻徹底改變了山崎真行的人生——英國出生的英日混血模特兒薇薇安・琳恩（Vivienne Lynn）。以有限的日語聊了幾個小時之後，琳恩與山崎真行和一拍即合。幾週後，這名十九歲的資生堂廣告模特兒就與這位二十九歲的礦工之子成了情侶。接下來幾個月，為了滿足琳恩奢華的生活方式，山崎真行花光了開店帳戶裡所有的錢。但琳恩作為創意謬思的角色，最終將證明是有利可圖的。山崎與琳恩在東南亞度過一段難忘的時光之後，在一九七五年五月開了一家以五〇年代熱帶為主題的俗豔酒吧，名叫「新加坡之夜」。這家夜店迅速成為東京熱門去處，吸引眾多名人與飆車族前來。

琳恩也為山崎真行提升、建立個人品味助了一臂之力。山崎真行迷上喬治・盧卡斯（George Lucas）的電影《美國風情畫》（*American Graffiti*），那是他到巴黎看山本寬齋時裝秀時看的。他在自傳中寫道：「這部電影讓我想起故鄉赤平。我念高中時會在晚上和朋友騎腳踏車，漫無目的地在城裡閒晃。商店街的喇叭播著流行樂，我們會和女生搭訕、參加舞會、跟人打架。」他在這趟歐洲之旅也搭船前往英國，造訪馬爾坎・麥克拉倫（Malcolm

McLaren）和薇薇安・魏斯伍德（Vivienne Westwood）的鄉村搖滾精品店「Let it Rock」。山崎在那趟旅程中看到自己鍾愛的美國不良少年出現在流行文化中，但還是認為自己這種對復古事物的興趣不過是個人癖好而已。

最後在一九七五年底，琳恩拖著山崎真行回到倫敦，讓他親眼見識「新泰迪男孩」（neo-Teddy Boy）時尚潮流的盛況。在布萊頓市場（Brighton Market），山崎真行發現販售古著的攤位，他買了一箱保齡球衫和夏威夷襯衫、橡膠厚底鞋、寬大西裝、打褶長褲，以及加了墊肩的外套。琳恩的母親表示：「山崎先生，你果然很喜歡五〇年代。」山崎真行過去從沒聽過這個字眼，不過它說明了一切：他喜歡「五〇年代」！

為了銷售從倫敦帶回來的古著，山崎真行在原宿開設他的第一家純零售空間——奶油蘇打。它是該區域第一家古著店。山崎真行在店面的立面牆上寫道：「活著的時間過得太快，死了又太過年輕（Too fast to live, too young to die）。」這句標語抄襲自麥克拉倫為「Let it Rock」所改取的新店名。不到幾星期，奶油蘇打就成為山崎真行當時最成功的事業。雖然服飾開價是倫敦採購成本的六倍，但顧客仍讓他賺進大把日圓，原本窮困的酒吧老闆開始握有源源不絕的現金。可是短短幾週後，消息靈通的服飾同業迅速搶購所有的古著，迫使山崎真行開始生產低價的自有品牌原創產品。結果，年輕人更愛這些服裝，紛紛來店購買該奶油蘇打誇張的豹紋與粉色衣裙。

不久後，山崎真行就需要更多存貨才能應付市場需求。他耳聞美國加州有便宜的二手商品，於是在一九七六年動身前往舊金山。只不過，那些二手服飾店的商品與他的五〇年代風格完全無關。就在他正準備放棄之際，一個神祕的英國嬉皮走向他，宣稱他家裡存放了大量的服飾。山崎真行跟著他回到海特－艾許柏里區，花了一整天在一大堆古著當中翻找挖寶。最後，他運了總價兩百萬日圓的商品回到原宿；銷售一空之後，他又花了一千萬

原宿的奶油蘇打早年的外觀。 （©Pink Dragon）

日圓，運回一個三十英呎貨櫃的過時服裝。山崎在東京銷售這批衣物，這項投資之舉最後營收達一億日圓（相當於二〇一五年的一百四十萬美元）。

　　奶油蘇打靠著把美國古著賣給日本年輕人，簡直成了印鈔機。受到山崎真行的成功所啟發，模仿的品牌「薄荷糖」（ペパーミント）與「直升機」（チョッパー）也在附近開店，希望能分得一杯羹。一心只想賺錢的買家在奶油蘇打買了古著，又在街上以兩倍價格轉售。日本最重要的服飾集團和百貨公司紛紛上門，想和山崎真行合作，但他拒絕做「大」。他繼續讓蒸蒸日上的古著事業以個人的小公司 1950 Company 為中心，而且也關了酒吧，全心投入零售事業。

　　到了一九七七年，山崎真行曾經希望在日本復興五〇年代的心願，已然在原宿街頭實現。年輕人的穿著打扮結合了泰迪男孩的最愛，即橡膠厚底鞋和色彩鮮豔的長外套，還有經典的美國時髦少女單品——紅色運動羊毛衫、棒球夾克、鞍部鞋，以及緊身的 Levi's 501。這個潮流真正的臨界點，是在索尼的可攜式收音機卡帶播放器 ZILBA'P 推出一則平面廣告那時。該廣告上有年輕白人倚靠在復古汽車上，打扮宛如剛從《美國風情畫》拍攝現場走出來。（當然，他們的服裝來自奶油蘇打。）每個週末，梳著鴨尾油頭的男孩與綁馬尾的女孩從日本各地紛紛前來，齊聚原宿，渴望藉由美國昔日風格的裝扮，參與日本最流行的現在。

　　在這場五〇年代時尚狂潮中，有些青少年甚至開始打扮得如同美國陸軍士兵——身著短袖經典卡其或橄欖色軍服，搭配塞進襯衫前襟的領帶、飛行員墨鏡，以及尖尖的船形帽。年輕人如此打扮不見得是在讚頌美國軍人，但他們肯定非常不在乎前十年的反戰抗議。陸軍制服此時成了時髦的懷舊元素，而不是盟軍占領與帝國主義的象徵。

　　一九七八年，電影《火爆浪子》（Grease）讓這股搖滾熱潮如虎添翼。奶油蘇打的原創商品每天營業額達到三十萬日圓（相當

於二〇一五年的五千美元）。日本各地的青少年無不夢想能到東京一遊，只為了購買山崎真行的粉紅與螢光黃豹紋皮夾。五年前，日本幾乎無人聽過「搖滾樂」一詞；但奶油蘇打現在卻成了搖滾風格服飾在全球銷售最佳的名店。

因為他的新店「車庫天堂」（Garage Paradise）需要補進一些廉價的美式服飾，山崎真行帶著所有員工前往韓國，展開搜貨之旅。他們在美軍駐韓基地外一座髒亂市場裡，發現堆成小山的皮革飛行員夾克，而且只賣五千日圓（相當於二〇一五年的八十七美元）──這價格僅是日本搖滾客在阿美橫町購買類似衣物的零頭。山崎真行帶走兩百件現貨，又要商家再多運些到日本。這項商品隨即熱賣，讓山崎真行再賺進一筆，日本年輕人也開始穿起皮衣。

奶油蘇打與車庫天堂這兩家店讓原宿從寧靜的住宅區變成全日本的青年時尚中心。整個七〇年代，日本流行文化都在東京之外尋找靈感──安儂族前往鄉間小鎮，堅固耐用風格愛好者則奔向戶外，衝浪手在湘南海灘度過夏天。五〇年代熱潮則讓東京又重回聚光燈下。在七〇年代末，百公里外的青少年會在週日一早搭火車進東京，然後在表參道和竹下通來回漫步。

一如常春藤年代，年輕時尚就意味著美式時尚。然而，山崎真行的五〇年代風格實在太仰賴不良少年的路線與喜好，使得時尚市場始終無法完全掌控這些消費者。不良少年當然想親自決定自己的風格。

● ● ●

一九七〇年代中期，來自鄉下地方的暴走族團體每週末會駛入東京，慢慢騎著摩托車在原宿街頭來回穿梭。就跟新宿一樣，市議會每週六會將表參道封路，成為行人徒步區，希望藉此阻止幫派行動。然而，這項壓制之舉反而卻催生出另一種不良行為。

在山崎真行帶起的五〇年代風潮中，有些年輕人選擇打扮得有如美國陸軍，認為如此既懷舊又時髦。這兩張照片刊登於《Men's Club》，向讀者展示美國大兵風格。◎照片提供：ハースト婦人画報社

過去的暴走族團體穿上從奶油蘇打買來的搖滾風格服裝，聚集原宿，圍在一台 ZILBA'P 音響旁，隨著美國五〇年代流行歌曲跳舞。男生穿著黑色皮夾克、捲袖口袋白 T、破舊的直筒牛仔褲、機車靴，頭上頂著高聳、油亮的飛機頭。在他們身邊旋轉的女伴則穿喇趴裙，馬尾上綁著超大蝴蝶結，腳蹬鞍部鞋、摺得短短的白襪，手戴白色蕾絲長手套。

這些男男女女跳的是經過精心編排、有不同變化的扭扭舞和吉特巴舞。但在以同性社交為主的日本社會裡，他們不能一起跳：男生一起擠在中間，女生則在外圍擺動身體。他們最後組成正式團體，每週日聚在一起跳上一整天舞。媒體稱呼他們為「搖滾族」（ローラー族）。

警方很快就將搖滾族趕出表參道，迫使他們得在附近的代代木公園一個類似的行人徒步區另起爐灶。每週日從上午十點直到天黑，那片位在原宿車站外的一小塊柏油地就成為大家的新樂園。在一本正經的日本社會中，原宿保留了每週一次的「節慶」，讓年輕人開心地裝扮、跳舞，無需顧慮父母或老師的監督。代代木公園的搖滾族大受歡迎，吸引到另一個類似的次文化「竹之子族」（竹の子族），他們穿著色彩鮮豔的功夫裝大跳迪斯可。

加入搖滾族和竹之子族的年輕人，大多是平時無精打采的年輕藍領勞工。NHK 在一九八〇年六月推出的紀錄片《年輕廣場：原宿二十四小時》（若い広場：原宿 24 時間）就跟拍了一位竹之子族成員「彌生」；十五歲的她抱怨自己活得像個「人偶」，老是得對父母及長輩說「是」。星期日是她唯一能表達自己真正看法、充分做自己的日子。這部紀錄片也側寫了「肯」，他是搖滾族團體「午夜天使」的團長。肯在初中休學後，從秋田縣的鄉下地方來到東京。他平日靠打工為生，住在一間沒有窗的狹小公寓，牆上貼著詹姆斯・狄恩、飆車族，以及卡蘿樂團成員矢澤永吉的海報。在 NHK 隨團拍攝午夜天使那天，肯宣布，他得回到秋田老家務農。

在表參道每逢週六便封路之後，暴走族改為聚集在原宿，
一同圍著音響跳舞。精心裝扮的他們後被媒體稱為「搖滾族」。
照片攝於一九八二年的代代木公園。（© 每日新聞社）

這部紀錄片顯示，大部分搖滾族都是「ツッパリ」（tsuppari）——那個年代的人會如此稱呼不良少年。精心編排的舞蹈儘管看來拘謹古板，但這些團體主要都是由強悍、愛惹事的輟學生組成。團體領袖往往得宣稱，他們不讓參與飆車或亂噴油漆稀釋劑的人加入。到了一九八○年，每週日會有大約八百名來自不同的搖滾族和竹之子族的舞者出現。一年後，全日本的搖滾族增加到一百二十團。警方分辨不出搖滾族和暴走族，於是每週末會逮捕十來個舞者，罪名包括未成年抽菸、喝酒，以及其他輕微的違規事項。

奶油蘇打利用復古的強悍風格，讓鄉下的不良少年與時尚族群在原宿形成一種不穩定的結盟關係——但雙方的緊張關係在所難免。一九七八年二月號的《an・an》雜誌就引述了兩個穿著紅白條紋運動羊毛衫的十六歲少女接受街訪所說的話：「我們討厭不良少年。我們喜歡可愛的男生。」對於自己的風格變成不良少年的註冊標記，山崎真行也是五味雜陳。學校老師將奶油蘇打的衣飾當成「暴走族用品」沒收，讓山崎覺得很受傷。山崎真行在自己的出版刊物中表示：「我認為不良少年與五○年代之間沒有任何關聯。五○年代風格與不良少年時尚並不同。」然而，五○年代運動最後變得比奶油蘇打和山崎真行還重要許多——它是全日本不良少年時尚的重要支柱。

• • •

如果說，中產階級青少年不喜歡與勞工階級青少年共享五○年代狂潮，那麼勞工階級青少年也非常痛恨那種削減了皮夾克、夏威夷襯衫和牛仔褲原有的那股粗獷狠勁的時尚。飆車幫派需要一種更能令旁人恐懼的造型。從一九七○年代中開始，他們在美學上改變方向，開始仿效與黑幫有牽連的右翼團體。這些極端民族主義者會現身抗議場合，身穿以藏青色清潔工制服改成的仿軍

裝。暴走族模仿這些藍色連身服，將之命名為「特攻服」。年輕飆車族在衣服上用金線繡出右翼標語。暴走族同樣以漢字寫出自己的幫派名稱，而不是採一般的片假名或羅馬拼音，希望藉此表現帝國年代的榮光。他們也會在集體行動時揮舞日本帝國軍旗，並在頭帶上放上納粹十字。當時，有兩個飆車幫派更採用「納粹」與「希特勒」的名稱。

　　儘管有如此驚人的法西斯式外表，暴走族對右翼理念卻毫無興趣。人類學家佐藤郁哉在京都實際與飆車族接觸時，發現他們「對民族主義的意識型態漠不關心」，對於右翼組織也普遍抱持負面看法。這些飆車族主要是要享受那種因為大肆運用戰時的禁忌意象，而讓世人震驚的權力。

　　到了一九八〇年，暴走族風格既受到同盟國影響，同樣也看得到軸心國的影子，形成了一種融合了右翼神風特攻隊與美國油頭飛車黨的混合體。暴走族人數在一九八〇年代初期暴增，在八二年達到最高峰，共有逾四萬三千人，得到認可的團體多達七百一十二個。暴走族最後發展出一種外型：印上團體名稱的頭帶綁在後梳的邋遢飛機頭上、藍色連身服、稀疏的鬍鬚、眉毛剃光，以及彎成四十五度角的太陽眼鏡。在學校，叛逆的年輕人把傳統的黑色制服拿去修改——放寬褲管，或者將制服領子拉伸到幾近可笑的高度。

　　暴走族嚇壞了全日本，不良少年風格走出原本的時尚落後區域，與主流流行文化結合。熱門樂團「橫濱銀蠅」在一九八〇年打扮成暴走族，轟動一時——骯髒的鬍鬚、蓬亂的飛機頭、造型特殊的太陽眼鏡、皮夾克、寬大的白色長褲——並且在〈不良少年高中搖滾〉與〈橫須賀寶貝〉等歌曲中直接提到不良少年文化。接著又出現了「不良貓」（なめ猫），也就是將貓裝扮成不良高中生入鏡。官方正版的不良貓寫真集共賣出五十萬本。暴走族常會在遭警方攔檢時掏出的不良貓假駕照，銷售量高達一千五百萬張。將貓咪打扮成不良少年的生意帶來了總計高達十億日圓的產

值（相當於二○一五年的一千兩百萬美元）。

隨著這種風格不斷普及，「ツッパリ」（tsuppari）一詞的意義也逐漸蛻變，成了代表修改學校制服的青少年。日本需要一個新名詞來說明這種不良年輕人的整體現象。大阪形容壞少男的名詞「ヤンキー」（yankii）成了廣為大眾接受的行話。這個字的根源顯然得回溯到橫須賀曼波與卡蘿樂團的洋基風格。不過，直接來源則是大阪理髮師將飛機頭稱為「洋基」。然而，到了一九八○年代初，沒有人能想像這些身穿右翼服裝的日本極端青少年與美國人有任何關聯。許多人認為，「ヤンキー」一字來自大阪年輕人的區域性方言在句尾發出的 yan ké 聲。壞少年自己當然不知道這個名詞的歷史；他們模仿的是自己的兄長和知名的日本不法之徒，而不是橫須賀髒亂酒吧裡的美國大兵。

到了一九八二年，流行文化中的洋基油頭飛車黨和不良少年飆車運動都已過了顛峰，開始沒落。日本政府加重對飆車的刑罰，暴走族因此鳥獸散。標準的不良少年造型在八○年代中期漸漸消失，到了末期更是幾近絕跡，僅在日本極偏遠地區的少數幾個小村莊內殘存。當粉紅之龍於一九八二年在原宿開張時，搖滾熱潮幾乎早已煙消雲散。然而，五○年代激發的熱情，確實讓搖滾風格在日本時尚史上占有不可抹滅的一席之地。一九八五年，山崎真行自己的樂團「黑貓」出現在可口可樂的電視廣告中——身穿緊身黑色 T 恤，梳著極誇張的飛機頭。過去一度被新宿夜店拒於門外的美國不良少年風格，如今成了美國企業的行銷利器。

如今回顧起來，美式風格在日本不良少年之間的普及擴散，揭露了日本接觸美國服飾的過程中一個重要、但常遭忽略的事實。洋基時尚挑戰了許多人心中的一個觀念，那就是日本年輕人總是恭敬地模仿美國原版風格。VAN 或許提供了完美的常春藤複製品，嬉皮看起來也像一齣關於紐約東村的時代劇。但是相較之下，不良少年並不注重完美的模仿。他們利用美國的影響力威嚇大眾——飛機頭、夏威夷襯衫、髒牛仔褲——但在右翼服裝能提供更

横濱銀蠅樂團在拍攝一九八二年〈你是肌膚滑嫩的衝浪女孩，我們是頭髮油亮的搖滾客〉的
單曲封面時，打扮成暴走族，轟動一時。（©King Record Co., Ltd.）

大的效力時又捨棄了這些。奶油蘇打儘管呈現出不良行為風格，但遵循的仍是 VAN 模式，挑選一種過去的次文化造型，再將之轉換成一套穩定的風格原則。廣而言之，納進日本媒體與消費潮流中的美式風格，往往會變得靜態──就像博物館中的展品──因為品牌與雜誌需要建立明確的規則，分辨什麼屬於或不屬於該風格。日本對於美國的「尊崇」，許多不只來自那些深入研究的人，例如黑須敏之就把推廣美式風格視為傳播福音，也來自時尚產業必須銷售的功能性需求。

　　山崎真行在五〇年代左右將原宿變成時尚區域，掀起一波服裝狂潮，可說是二十世紀最重要的時尚企業家之一。然而，當今的歷史學家和懷舊人士對於山崎的搖滾革命的關注程度，卻不及對其他的時尚運動。批評者表示，日本的五〇年代熱潮沒為古老的搖滾風格增添多少新創意。就跟石津謙介一樣，山崎真行藉由引進一套不知名的美式歷史事物到日本而獲利，但除了貓王、詹姆斯・狄恩和馬龍・白蘭度之外，他始終沒為青少年帶來多少新影響。山崎真行的崇拜者辯護說，這樣的缺乏創意是對日本戰後的美國化文化的一種後設陳述。奶油蘇打的某個愛好者曾經解釋：「我的飛機頭、帽子和服裝都是在模仿人和電影。更廣泛來說，日本只是美國的仿製品。一切都是從模仿開始，所以你不能去想那個模仿是好或壞。」換言之，當社會整體就是一個仿製品，為何要去教訓日本文化內部的複製現象呢？

　　雖然約翰・藍儂和史密斯飛船樂團喜歡在奶油蘇打購物，不過，對於日本年輕人這麼精確地借用西方過往不良少年的風格，其他西方人倒是覺得很可笑。吉姆・賈木許（Jim Jarmusch）一九八九年的電影《神祕列車》（*Mystery Train*），開頭就嘲弄熱愛鄉村搖滾歌手卡爾・帕金斯（Carl Perkins）的日本搖滾族 Jun；他穿著綠色的泰迪男孩夾克、梳著鴨尾油頭，展開一段失望的曼斐斯之旅。邁阿密幽默作家戴夫・貝瑞（Dave Barry）在一九九〇年代初來到日本旅行期間，遇見幾個僅存的搖滾族。他寫道：

我們最先看到的是壞蛋油頭飛車黨。他們是十來個年輕男子，十分鍾愛五〇年代的美式不良少年造型，全都穿著一模一樣的緊身黑色Ｔ恤、黑色長褲、黑色襪子，以及黑色尖頭鞋。大家全都梳著精心設計、小心維護、高水準的五〇年代風格油頭，而且用了相當於科威特石油年產量的髮油固定。他們似乎沒意識到自己看起來可能有點蠢，就像一批地獄天使機車幫成員想嚇唬小鎮鎮民，但身上卻穿著蓬蓬裙。

　　這麼批評一個垂死中的次文化的最後殘存成員，似乎有失厚道，但貝瑞的諷刺形容，證明了美國人有多麼討厭自己的不良少年招牌造型變成一種集體發放的標準制服。每個人看起來都像是為了叛逆而叛逆。

　　一九八〇年代的日本不良少年腹背受敵，同時遭受兩邊指責——一方面因為模仿美國人而遭輕視，另一方面也因為行為不良而被痛恨。但他們不在乎；即使主流趨勢往不同方向前進，始終反叛的山崎真行還是讓他的鄉村搖滾帝國持續壯大。但日本洋基時尚在八〇年代初期要成功的最佳途徑，或許是反衝撞的力量。當洋基風格不再流行之後，東京年輕人轉而投向經典的美式富裕世家服裝的懷抱，彷彿想徹底沖掉嘴巴裡的髮油味。

《POPEYE》雜誌總編輯木下孝浩被刊登在「The Sartorialist」街拍部落格上的穿搭照。
(Photograph by Scott Schuman)

當洋風吹拂

美國在二戰後擔起重建日本的責任,日本時尚「美國化」的趨勢自然相當明顯。日本人極度喜愛鈕領襯衫、丹寧服飾以及皮夾克,只是更進一步證明全球都落入了「可口可樂殖民化」的境地。不過,美國時尚在日本發展的真實歷史則讓這個說法更形複雜。在日本,美國化未必都是直接將美國偶像化,「脈絡重建」是日本在吸收美國文化的過程中不可或缺的一環。

MEN'S CLUB

MC

男の服飾

石津謙介・世界服飾めぐり

春の背広読本

コンチネンタル・ファッション特集

最もスマートな男の服飾の第一歩から

第18集・春

世界の流行をマスターする専門雑誌

婦人画報社

PROFILE
OF
PRINCETON UNIV.

アイビー・ルックのメッカ
プリンストン大学校庭にて

一九六〇年四月出刊的《Men's Club》第十八期，刊出VAN Jacket的石津謙介所拍攝的普林斯頓大學學生的照片，記錄了石津與常春藤風格的初次相遇。◎圖片提供：石津家

穗積和夫著名的「常春藤男孩」在日本已成為常春藤的象徵，此插畫人物最早是為這張
一九六三年的 VAN 宣傳海報所畫。（© 穗積和夫）

在年輕的狂放青年「御幸族」經常穿 VAN 推出的常春藤風格上街，《Men's Club》也曾在一九六四年的夏季號中於「街頭的常春藤聯盟生」專欄刊出的他們照片。◎照片提供：ハースト婦人画報社

A

Ametora:

How Japan Saved
American Style

一九六五年聚集於銀座的「常春藤族」，有人腳踩 VAN 推出的 VAN SNEEKER、手拿紙製購物袋，也有人開始跳脫雜誌上的穿衣規則，展現個人品味。（◎野上透）

穿著 Levi's 牛仔褲的白洲次郎，攝於一九五一年。
白洲是日本戰後促進美日關係的重要推手，他穿著牛仔褲的身姿，
鬆動了日本人對牛仔褲等於黑市舊貨的印象。
（© 片野惠介、濱谷浩アーカイプ）

一九六九年聚集於新宿車站的「瘋癲族」，T恤與牛仔褲是他們的標準穿搭。（◎每日新聞社）

一九七五年出版的《Made in U.S.A.》破天荒收錄了上百種與美式生活有關的商品，
其中就包含了經典的 Red Wing 工作靴。（© 讀賣新聞社）

HEAVY-DUTY IVY
ヘビアイ党宣言

いまここに確立された新しい世代の風俗体系――ヘビーデューティー・アイビー・ルックの全貌を発表！

構成／イラストレーション＝小林泰彦

ヘビアイ・ナンバーワンと自他ともにみとめるのがこれ　マウンテン・パーカなり　生地は言わずと知れた誇り高き60／40すなわちヘビーデューティーのシンボル　機能的にもこれ以上は改めようのない決定版であるからしてすなわち古典＝アイビーたるゆえんだ　ならばこそフードのドローコードエンドのレザーやデルリンジッパーのつけ方まで気になってあたりまえ　501ジーンズにクライミングブーツ　いやなんといってもヘビアイ青年は読書家です　デイパックの中にヘミングウエイやフォークナーは欠かせません

151

小林泰彦在一九七六年九月出刊的《Men's Club》上，正式提出了混合常春藤與堅固耐用風格的造型，其插畫上的鵝絨背心首次在雜誌上被介紹。（© 小林泰彦）

勞工階級的時尚運動「橫須賀曼波」於一九六〇年代興起，年輕人會穿著經典的曼波褲上街。照片攝於一九六七年的橫須賀。（© 東松照明）

一九七〇年代中期，市議會為阻止暴走族青年的集體行動，每逢週六便將表參道封街，但仍阻止不了年輕男女穿上最流行的搖滾風格上街漫步。照片攝於一九七七年六月。（© 每日新聞社）

一九八〇年五月號的《Hot Dog Press》雜誌比較六〇年代與八〇年代常春藤聯盟風格造型的差異，展示了美式風格在日本的不斷進化。

◎圖片提供：講談社

07 新富階級

Nouveau Riche

　　一九七〇年代初期，重松理在其他青少年之間特別突出，因為他穿的是貨真價實的美國服裝。在日本海濱小城逗子長大的他，常要求附近橫須賀的美國海軍軍人從基地內的商店幫他買東西。十九歲時，他當空服員的姊姊讓他登上飛往夏威夷的飛機，結果他在當地大肆採購家鄉買不到的衣服。日本企業在七〇年代初開始生產掛上外國品牌名的授權商品，但重松理認為，這些不算正品：「它們用了日本尺寸，所以衣服的比例平衡也跑掉了。」

　　大學畢業後，重松理察覺同儕也開始對假的外國服飾有同樣的感覺──尤其是湘南那些想穿得和加州衝浪高手一樣的衝浪客。不過那些年輕人絕對不會犧牲海灘時光，大老遠跑去阿美橫町成堆的進口服飾裡翻找想要的衣服。將真正的美式休閒服裝引進東京時髦購物區，顯然有龐大商機。重松理只需財務奧援，就能開一家店。

　　一九七五年，友人介紹他認識一位「紙箱公司的人」──新光紙器株式會社社長設樂悅三。新光紙器在日本長達二十年的出口經濟榮景之後，在一九七三年石油危機期間陷入了瓶頸；紙價上漲，出貨減少，這也就意味紙箱的市場需求量下降。為了重振公司，設樂悅三得採取多角化經營，尋找潛在獲利率更高的新事業。重松理竭力說服設樂悅三加入一項萬無一失的新創事業：在原宿販售真正的美式服飾給年輕人。設樂悅三很喜歡這個構想，但他的家人和員工對此卻充滿疑慮。這個五十六歲的紙箱公司老闆哪懂什麼時裝業？設樂悅三不顧眾人擔憂，賣掉了沒用的工廠土地，用以支付原宿一塊占地兩百一十平方英尺土地的租金。

找開店地點容易，如何取得貨源才真正困難。競爭同業 Miura & Sons（ミウラ＆サンズ）是第一家將進口商品帶出阿美橫町、引進東京時髦區域的零售商，它似乎將《Made in U.S.A.》目錄當成了商品採購指南。Miura 與進口商合作，引進 Levi's 牛仔褲、法蘭絨襯衫，以及 Red Wing 工作靴等堅固耐用風格的商品。為了尋找更富異國特色的商品，重松理得直接找上貨源。他透過空服員姊姊買到便宜機票，前往加州。他在一般零售店採購衣服，會在櫃台以大量採購為由要求折扣。

一九七六年二月一日，設樂悅三和重松理開設了他們的新店 American Life Shop BEAMS。他們將店內裝潢得像是 UCLA 的學生宿舍，陳列運動鞋、滑板、大學 T 恤、工作褲，以及寬鬆的卡其褲。BEAMS 販售日本前所未見的各種美國商品，包括《Made in U.S.A.》當中介紹過的一雙跑鞋——來自奧勒岡州比佛頓（Beaverton）的品牌 Nike。

BEAMS 在開業初始的顧客僅限於時尚產業的圈內人。《POPEYE》雜誌造型師北村勝彥在一九九八年回憶道：「七〇年代中期，美國感覺上離我們非常遙遠。我們沒辦法天天摸到真正的美國服飾或鞋子。不過，BEAMS 展售各式各樣的美國商品。在 BEAMS 出現之前，你得在阿美橫町瘋狂尋找，搞得滿身大汗，才能發現那些東西，可是現在你在原宿就能找到。」不到幾個月，其他人也迷上 BEAMS 的魔力，日漸增多的顧客和穩定的銷售業績讓設樂悅三和重松理得以在澀谷開設二店。同年，對手 Miura & Sons 也在銀座開立店名類似的下一家店 SHIPS。

到了一九七七年底，BEAMS 和 SHIPS 這樣的商店讓有錢的年輕人可以放棄日本的複製品，改為支持真正的舶來品。就連他們的父母也偏愛正品，出國採購大量奢侈品，前往海外的人數屢創新高。從一九七六到七九年，日圓強勁升值，兌換美元從三百比一變成兩百比一。一九七七年，日本政府放寬換匯管制，准許旅客最多可攜帶三千美元離開日本。這項貨幣調整措施孕育出了「

高成金」——日本的新富階級，這些人在造訪外國時富裕感油然而生。年紀較長的日本婦女到歐洲旅行，會大肆採購法國和義大利精品，Louis Vuitton 手提包和鑰匙圈因而成為分送親友的最佳伴手禮。能以低價買到精品的誘惑鼓舞了更多日本人前往海外旅遊。日本的出國人數從一九七一到七六年間，穩定停留在每年兩百萬人次左右，但在七七年，這個數字飆升到三百一十五萬人次。Louis Vuitton、Céline、Gucci 的提包開始席捲東京、大阪、神戶和橫濱的高級區域。

奢侈品最初是從成年人向下擴散到年輕女性。在繁華的港口城神戶，女大學生會在精品店消費，這些商店原本的服務對象都是當地會以「新傳統」（new trade，即ニュートラ）風格打扮的豪門世家女主人。幾年後，日本東部的港口城橫濱也發展出類似的風格：「橫濱傳統」（ハマトラ）。橫濱傳統結合了新傳統的階級意識元素，以及該市私立學校的青春活力——鑲褶邊的上衣、中長裙、膝上襪，以及運動風的整體搭配。典型的橫濱傳統單品是原宿 Trad 店家販售、帶有 logo 的 Crew's 圓領運動衫。SHIPS 和 BEAMS 都為了橫濱傳統潮流推出自家 logo 運動衫，其中 BEAMS 的版本在最初幾年甚至占其總業績的四成。

《POPEYE》在一九七八年四月號刊登「VAN 是我們的老師」報導之後，常春藤風格儼然成為日本男裝對新傳統與橫濱傳統的回應。BEAMS 利用這個常春藤風格復甦的機會，在原宿開了新店「BEAMS F」。重松理受到加州新港灘（Newport Beach）富裕年輕人的造型啟發，引進廣受美國大學生歡迎的品牌，例如 Brooks Brothers、L.L. Bean，以及 Lacoste。他也發現了麻州的高級鞋品牌 Alden，首度將商品引進日本。重松理一心想持續領先同條街上的 CAMPS 和 SEAS 等舶來品同業，因此不斷搜尋新的美國品牌來銷售。

這次的常春藤風格復甦也擄獲了成年人的心。早在一九七一年，有位日本紳士走進 J. Press 的紐約店，花了一萬五千美元，買

下店內所有胸圍三十七號的短版衣服。幾個月後，律師通知普萊詩家族，那位「短版三十七號先生」的老闆——向前樫山服飾集團——有意取得該品牌的日本市場代理權。這份授權合約條件相當優渥，品牌創辦人雅各比・普萊詩（Jacobi Press）的孫子理查・普萊詩（Richard Press）形容那彷彿是「押中俄羅斯輪盤上的號碼」。到了一九七〇年代中期，向前樫山已經將這個品牌擴展得有聲有色，全日本各年齡層的男性都能在絕大多數的百貨公司中買到忠於普萊詩常春藤風格的複製品。

隨著七〇年代進入末期，日本的高級服裝市場逐漸冷落歐洲品牌，轉而支持具傳統思維的紐約設計師，像是拉夫・羅倫（Ralph Lauren）、亞歷山大・朱利安（Alexander Julian）、亞倫・傅拉瑟（Alan Flusser），以及傑佛瑞·班克斯（Jeffrey Banks）。拜拉夫・羅倫商品線的獨家合約之賜，東京的 PARCO 百貨在澀谷獨占鰲頭。這些品牌讓 Trad 風格愛好者揚棄 MACBETH 與 NEWYORKER 等日本本土品牌，轉而支持美國進口商品和代理品牌。亞歷山大・朱利安在紐約和一批來訪的日本零售業者見過面後，開始在日本銷售其商品。「我讓他們看看我的設計，這些設計沒多少美國買家看得懂。我非常開心他們一看就懂！他們有共鳴！當場就有人要和我簽約！他們早期的瞭解、支持和成功，讓我得以在美國成長，接著擴及歐洲。日本是我事業上的伯樂。」

當 VAN Jacket 在一九七八年宣告破產，使得常春藤風格市場上留下四百億日圓（相當於二〇一五年的七億零八百萬美元）的空缺，Brooks Brothers 把握了良機，在日本開設第一家門市。就像 VAN 當初複製 Brooks Brothers 的設計一樣，這個美國品牌在計劃進軍日本時，也參考了幾項 VAN 的特色。Brooks Brothers 將青山旗艦店設在 VAN 過去的零售店內，與 VAN 昔日的總部位在同一條街上。Brooks Brothers 在一九七九年八月三十一日舉行開幕酒會，邀請到美國駐日大使麥克・曼斯菲爾德（Mike Mansfield）出席；他們將這場酒會定位成日美關係的重要時刻。營運不到一年，

在向前樫山代理 J. Press 進入日本後，具有 J. Press 特色的常春藤風格打扮在街頭隨處可見。照片攝於一九八二年的東京。（©web-across.com, PARCO Co., Ltd.）

Brooks Brothers 就建立了多達一萬人的穩定客群。

日本男性利用 J.Press 和 Brooks Brothers 等真正美國品牌到來的機會，對抗日本職場上長久以來反對展現個人風格的偏見。前 VAN 員工貞末良雄說明了延續到七〇年代末期的標準上班族服裝款式：「你得穿藏青色西裝，搭配白色正式襯衫和黑色素面皮鞋。不能穿翼紋鞋，樂福鞋也不行。你不能穿鈕領襯衫。穿粉紅色襯衫令人不解，就連藍色也是問題。」在日本，乾淨俐落的正式襯衫依然稱為「白襯衫」（ワイシャツ或Ｙシャツ），因為它們只能是白色的。

鈕領襯衫在七〇年代只占日本整體襯衫市場的百分之五，許多百貨公司更是拒絕為顧客訂做這種襯衫。然而，隨著原本的常春藤族在企業中步步高升，他們也開始挑戰嚴格的職場服裝規定。貞末良雄回憶說：「當常春藤愛好者都說：我們要穿這衣服去上班！鈕領襯衫終於在八〇年代初期獲得真正的地位。」當然，為了最溫和的理由而爭取——爭取能穿得像美國銀行經理的權利，勝利自然來得容易。從一九八〇年代起，男性可以驕傲地穿上 Brooks Brothers 的三鈕式輕便西裝，參加公司晨間呼喊精神口號的活動。配上金色鈕釦的休閒西裝外套過去曾經純屬「時尚人士」的穿著，這時已成為適合企業出差與宴會的打扮。

青少年在 BEAMS 購買 Nike 球鞋、主婦與母親提著 LV 包、中階經理穿上 J.Press 西裝，一九七〇年代末的日本時尚焦點，再度落在進口貨與外國品牌上。每個人都想要正品，而非日本本土的仿製品。不過，年輕人要的很快就不是穿上經典美國貨就好，他們想穿上和美國年輕人一模一樣的衣服。

• • •

一九七〇年代末期，年輕人的奢侈品消費增加和物質主義盛行，開始讓日本家長憂心忡忡。最能代表這項社會危機的，莫過

於田中康夫的中篇小說處女作《水晶世代》（なんとなく、クリスタル）的成功。這本一九八〇年的作品表面上是在敘述東京大學生及兼職模特兒由利的感情生活，但是沒有多少讀者會注意情節。田中康夫書中的大量附注才是真正誘人之處，單單一百零六頁的篇幅裡就有四百四十二條注釋，對熱門時裝品牌、精品店、唱片行、歌曲、餐廳、社區、私立學校，以及迪斯可舞廳提出尖銳的評論。例如：

註 112．Lacoste ——以馬球衫著稱、以鱷魚為商標的品牌。

註 115．Jaeger ——英國奢華針織品牌，受王爾德與蕭伯納喜愛，有獨特的駝色與法蘭絨灰染料。即使在日本，Jaeger 也深受懂得正品者的喜愛。

註 117．青山——你不應該告訴別人你不清楚：「我想住在南青山三丁目。」很丟臉。

它的單行本上市當天便銷售一空，最後總銷售量破一百萬本。

田中康夫企圖以作品諷刺日本年輕人熱愛購買掛上外國品牌名稱的商品。文學評論家江藤淳看懂了箇中趣味，讚揚田中康夫「解構了東京的都會空間，將它變成各種符號的堆積」。另一方面，青少年之所以想看《水晶世代》，只是為了它提到的洋洋灑灑、無所不包的時髦餐廳、服飾店、品牌，以及美國歌手柏茲‧史蓋茲（Boz Scaggs）單曲。

不久後，日本全國上下展開了一陣討論「水晶族」的對話——他們是在後石油危機年代長大的年輕人，不知貧苦為何物。更廣泛地說，媒體稱呼這一代為「新人類」，批評他們沉迷於物質。家長責怪《POPEYE》和女性雜誌《JJ》等刊物將上層階級家庭的昂貴時尚風格普通化，而且降低了流行文化層次，使之淪為一份商品清單。作家北山耕平曾在早年的《POPEYE》上撰寫文章，後來卻覺得後悔：「《POPEYE》雜誌引爆了日本的物質主義泡沫。」

事實上，常春藤是這些新人類男性的時尚風格。《Men's Club》認為，美國東岸校園時尚捲土重來就像是天賜恩典。堅固耐用風格年代的編輯會讓刊物模特兒穿上粗花呢服裝、蓄濃密鬍鬚，好讓他們關於 Trad 風格的報導更為切題。而一九七八年的常春藤風格復甦，意味著模特兒開始刮掉鬍子，也不必再隨身帶著帳棚營柱。

有了這樣回歸源頭的契機，《Men's Club》隨即又向新一代讀者介紹六〇年代的常春藤風格開山始祖。此時正在經營自己的商店 CROSS & SIMON（クロス アンド サイモン）的前 VAN 大師黑須敏之，也回鍋擔任傳統服裝專家一職。一九八〇年，他編輯自己的《Men's Club》特刊《CrossEye》。同年，由穗積和夫所畫、VAN 海報上的「常春藤男孩」成為穿衣手冊《繪本常春藤圖鑑》的主角。《Men's Club》重新印行林田昭慶的原版《Take Ivy》照片集，並以「Take Ivy」為名，籌辦每年一度的大學攝影巡迴展。就連六〇年代的街頭小子都成了英雄：一九八〇年八月號的《Men's Club》上就出現一張跨頁黑白照片，由現代模特兒重現御幸族造型。

《Men's Club》和《POPEYE》稱呼這是一次常春藤風格的復甦，但當時的青少年其實是對較年輕、較現代的常春藤形態更感興趣，那就是「Preppy」，即「學院風」。《Men's Club》捷足先登，甚至比大多數美國人還要早，就在一九七九年十二月以封面故事報導「什麼是學院風？」——他們在那年夏天之所以在偶然間發現這個概念，是因為美國維吉尼亞大學學生湯姆·薛狄艾克（Tom Shadyac）知名的諷刺海報「你是預科生嗎？」，上面出現了「奈桑尼爾·艾略特·沃辛頓三世」（Nathaniel Elliot Worthington III）這個預科生的原型形象。他戴著角框眼鏡，鈕領襯衫底下還有一件領子立起的 Izod 馬球衫、寬鬆九分褲，以及 L.L. Bean 獵鴨靴，沒穿襪子。《Men's Club》的編輯立刻看懂了學院風，接著便採取一貫作風，將美國學生最喜愛的 Top-Siders 等服飾品牌納入購

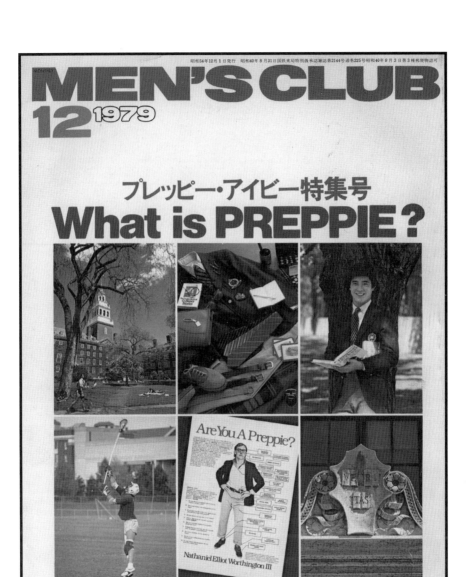

《Men's Club》在一九七九年十二月號報導學院風時尚，比麗莎·比恩巴赫的《預科生官方手冊》還早了幾個月。◎圖片提供：ハースト婦人画報社

物清單。（他們對此風格唯一質疑的一點，是穿樂福鞋時怎麼不穿襪子。）

　　一年後，隨著麗莎・比恩巴赫（Lisa Birnbach）的《預科生官方手冊》（*The Official Preppy Handbook*）在一九八〇年十一月出版，學院風在美國頓時成為主流。這本離經叛道的預科生生活指南在《紐約時報》暢銷書榜占據三十八週榜首。日文譯本在六個月後問世，賣出十萬本。比恩巴赫的這部作品檢視了預科生的生活方式——上學、禮儀、語言、生涯，以及暑假。大部分日本人只讀時尚那一章，它以《POPEYE》般的精準度，呈現正統的學院風格。比恩巴赫在男鞋的那一頁介紹 Weejuns 樂福鞋、L.L. Bean 膠底鹿皮軟鞋、Brooks Brothers 樂福鞋、Gucci 樂福鞋、白色牛津鞋、L.L. Bean 半統皮靴、Sperry Top-Siders 帆船鞋與帆布鞋、Tretorn 運動鞋、翼紋鞋，以及皮革歌劇舞鞋——多到讓一個充滿抱負的日本預科生知道接下來幾年該穿什麼鞋。

　　《POPEYE》和《Men's Club》雜誌掀起了所謂的「第四波常春藤熱潮」，不過這股熱情隨著《Hot Dog Press》雜誌擴大到了新讀者間。《Hot Dog Press》是講談社在一九七九年推出的年輕男性雜誌，它全面仿效《POPEYE》，小至專欄格式和卡通風格的刊名都不例外。《Hot Dog Press》基本上是一本模仿刊物，但它鎖定高中生，不是僅限於大學生，因而開發出新讀者群。總編輯花房孝典決定提供一種悠閒版的美國東岸風格：「《Hot Dog Press》的高中生與大學生讀者完全不認識六〇年代的常春藤熱潮，所以我們決定在時尚單元介紹常春藤風格。但我們不想淪為《Men's Club》那樣的教條模式。」一九八〇年代之始，日本的三本年輕男性時尚雜誌——《Men's Club》、《POPEYE》和《Hot Dog Press》——每個月都在報攤上，告訴日本年輕男性如何穿搭美式傳統服裝。

　　儘管編輯們懷念六〇年代的 VAN，八〇年代的年輕人卻更關注比恩巴赫的學院風。一九八〇年五月號的《Hot Dog Press》就呈現了這種風格上的轉變。一張代表「六〇年代常春藤風格」的照

片，顯示出一名姿勢僵硬的男子頂著頭髮全朝後梳的油頭，身穿鈕釦位置較高的三釦式西裝、白色鈕領牛津襯衫、深色絲質針織領帶、正式的白色口袋方巾、黑色素面牛津鞋、硬角公事包，以及細長黑傘。另一個比較輕鬆的「八〇年代常春藤風格」男子則從寫著「你是預科生嗎？」的海報上直視前方：他穿著寬鬆的休閒西裝外套、深色馬球衫外搭配一件鈕領牛津襯衫、褲管捲起的打褶卡其褲，以及 L.L. Bean 獵鴨靴，沒穿襪子。老常春藤風格看起來就像是高中生話劇扮演《推銷員之死》（*Death of a Salesman*）中的人物，新風格則像是你會希望他出現在派對上的人。

　　日式學院風雖是移借自美國的風格，它還是有自己的創新——那就是迷你領結和頂上有毛絨球的「針織帽」（正ちゃん帽）。然而，兩國風格主要的差異在於社會脈絡。日本青少年穿學院風服裝的環境是在都市街頭，而不是瀰漫鄉村氣息的大學校園的成蔭巷弄裡。每個星期天，日本學院風愛好者會在主要城市的購物區聚集，往往與朋友成群結隊，穿著一模一樣的休閒西裝外套，或者跟女友穿上互相搭配的格紋與粉色牛津布服裝。

　　脫離了原有脈絡，進入都會環境，學院風服裝不再是基本的學生服飾，而是成了國際性強烈風格與競爭性購物的結果。年輕人會在青山大排長龍，等待數小時只為購買日本品牌 SHIPS 的航海主題 T 恤和運動衫。他們也會湧入 BEAMS F，搶購最新進口商品：一九八一年底，重松理發現他的 Trad 商店每月營收達到兩千萬日圓（相當於二〇一五年的二十五萬美元）。重度的學院風愛好者仿效搖滾族，成立正式的組織。一九八三年，日本各地共有六十多個 Trad 主題的社團，名稱包括三件式西裝、平結、南塔克特（Nantucket），以及大綠常春藤隊等等。

　　學院風年代最重要的時尚大師是此時七十歲的石津謙介，拜《POPEYE》的 VAN 專題之賜，這個一度失去光采的生意人又奪回他常春藤風格最高權威的地位。一九八二年一月二十五日《Hot Dog Press》上刊出的「石津謙介的新常春藤字典」，讓雜誌銷量首

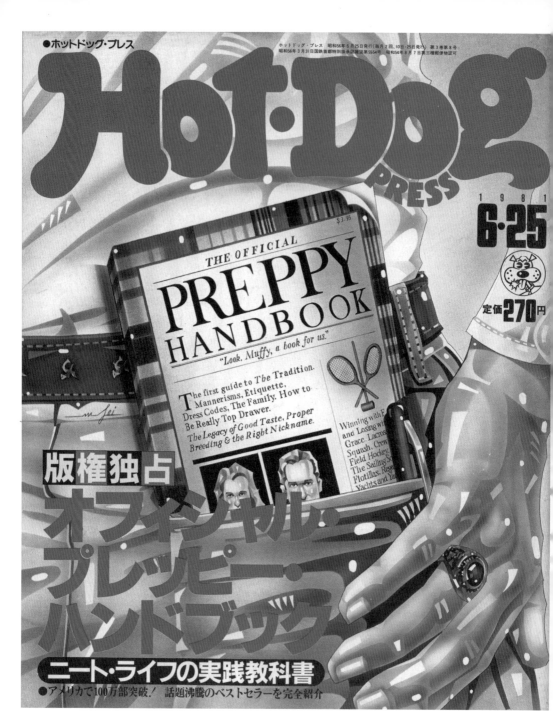

一九八一年六月二十五日出版的《Hot Dog Press》獨家介紹了麗莎‧比恩巴赫的《預科生官方手冊》。
◎圖片提供：講談社

度超越了對手《POPEYE》。石津謙介跟過去一樣，希望年輕人將常春藤與學院風服裝當成一種全面的生活方式，而不是一種膚淺的時尚潮流。不過，他再度慘敗。

青少年的生活開始繞著購物打轉。一九八三年，二十至二十四歲男性的購衣量比一般日本人高出百分之四十六，同齡女性則多買了百分之六十九。成年人痛斥年輕人過度相信雜誌上的生活訣竅，為他們冠上「手冊世代」的稱號。青少年乖乖遵照《POPEYE》和《Hot Dog Press》上的指示打扮、運動，甚至約會。這些雜誌推崇常春藤風格，年輕人就穿起常春藤服飾；改推崇學院風時，大家就穿起學院風服飾。女性抱怨約會對象都帶她們去一模一樣的餐廳、夜店，然後上同樣的賓館，根據相同的順序執行相同的浪漫計畫。

一九八三年，相當於美國《國家諷諷》雜誌（*National Lampoon*）日本版的 Hoichoi Productions 在《MIE 官方手冊》一書中諷刺這些青少年（mie 即「ミー」，在日文中代表「好看」之意）。作者解釋：「現今年輕人過日子的方式，去思考『我應該如何讓自己成功？』沒有太大意義。重要的問題是：『其他人如何看我？』」八〇年代的年輕人對政治無感，對於環境、「發現日本」也興趣缺缺。他們只注重外表、融入同儕，以及享樂。金錢成為社交活動的必要元素。該書一針見血地指出，滑雪最初傳到日本時，是一種孤獨的運動，你在滑雪過程得力抗積雪的環境。一九八〇年代，滑雪反而成為女性假裝在滑下坡時害怕尖叫的藉口，如此一來，她們才能在事後有個說笑的話題。

學院風或許缺少較深層的心靈共鳴，但它至今仍是一個重要的里程碑時刻，也就是日本文化開始同步體驗全球趨勢。前 BEAMS 員工、UNITED ARROWS 資深創意指導顧問栗野宏文解釋道：「最有趣的是，日本和美國當時的時尚狂熱完全相同。沒有落後、沒有差距。《POPEYE》在『城市男孩』這個名詞的創造上扮演了重要的角色。紐約、巴黎、倫敦、米蘭和東京都是城市，

對吧？在那之前，整體架構都是以『國家』為主。但是如今城市超越了國家。那就是現在所謂全球主義的開端。」

「城市男孩」的鬆散概念在精神上將東京年輕菁英與世界其他的都會菁英青年連結起來，但日本這些城市男孩需要仰賴精心運作的媒體網絡（例如《POPEYE》）與 BEAMS 等進口商提供最新的資訊與服飾，才能跟上全球潮流。學院風在日本與美國同步流行，這都要歸功於日本雜誌不斷積極搜尋美國大學時尚的最新發展。事實上，相較於由動作較慢的傳統出版社所出版的《預科生官方手冊》，《Men's Club》雜誌可說領先了整整一年，率先有系統地介紹學院風造型。

日本青少年能夠跟上世界其他地方的腳步之後，當地時尚產業便開始思考如何領先潮流。隨著一九八〇年代繼續前進，日本的富裕年輕人開始對模仿簡單、休閒的美國大學生服飾產生厭倦。他們需要更先進的服裝指引。

• • •

一九八一年，BEAMS 利用販售美國 Trad 服飾賺得的利潤開設了 International Gallery BEAMS，地點就在原店樓上。這家新店銷售過去在日本不具知名度的高級設計師品牌，包括英國的 Paul Smith 和義大利的 Giorgio Armani。相較於 BEAMS 本店，這間新店商品的價位多了一位數。想購買加州運動服的年輕男子會閒逛到樓上，在看到西裝上的標價後會心靈受創地奔出店外。

過去從來沒有日本舶來品店嘗試過銷售歐洲設計師服飾，而且跟所有的 BEAMS 商店一樣，消費者也是花了幾年時間才追上重松理的眼光。然而，到了一九八三年，重松理看來已有先見之明，知道日本年輕人對美式服飾生厭了。專攻女性市場的 Trad 商店原本讓情侶穿上彼此能相互搭配的馬德拉斯平紋棉布休閒西裝外套和黃色鈕領牛津襯衫，此時卻成了學院風造型走向末路的開端。

女裝的流行趨勢循環速度比男裝快上許多，因此當女性時尚媒體開始告訴常春藤女孩該放棄笨重的學院風造型、改做更刺激的打扮時，女友就拖著男友一起嘗試。作家馬場康夫在一九八二年底就已經表示：「學院風悄悄、悄悄地消失，宛如從來未曾存在過。那到底是什麼？」

　　為了提早因應這個巨大的轉變，《Hot Dog Press》和《POPEYE》擴大了常春藤的定義，從過去僅指美國東岸大學生服裝，改為包含所有傳統美式或歐洲風格──「英國常春藤」、「法國常春藤」，甚至「義大利常春藤」。編輯用活潑的圖案、不協調的布料，以及概念性設計，取代狹隘的鈕領襯衫和卡其褲。在奇特的一九八三年新世界裡，穿格紋法蘭絨休閒西裝外套、人字紋襯衫，以及高腰打褶工裝短褲，還是可能被視為「常春藤風格」。紅色吊褲帶可以用來搭配米白色漁人毛衣和錐形蘇格蘭格紋褲。不過幾年光景，日本雜誌上推廣的風格就從近似布朗大學新鮮人的服裝，變成美國女大學生會開玩笑地穿去參加「惡趣味」主題舞會的東西。

　　常春藤風格日益古怪其來有自，我們可以回頭看看在歐洲爆發的日本時尚革命。川久保玲和山本耀司這兩位前衛設計師，一九八一年首度於巴黎舉行聯合發表會，主題是「貧困」。他們的不對稱線條、刻意呈現的瑕疵，以及經過撕扯、單一黑色調的工業級布料，震驚了歐洲時尚圈。這兩位設計師成功將「日本時尚」推上全球舞台，也讓大眾開始關注創意十足的前輩三宅一生與高田賢三。川久保玲與山本耀司來到巴黎之前，在日本的事業規模差強人意，但來自海外的關注使他們搖身一變成為日本國內的超級巨星。從一九七九至八二年，Comme des Garçons 的業績增為三倍，全球收益達到兩千七百萬美元（相當於二○一五年的六千六百萬美元）。這四名設計師都因為「逆輸入」而獲利。就如同外國商品進入日本時都會自動出現光環，這幾位設計師拜在巴黎獲得的佳評之賜，也在自己故鄉成為地位崇高的神級人物。

ツイードのジャケット¥41,000
ユーブ・シャツ¥25,000スギャ
ティ・オーク クルカ・ショー
¥14,800サンタモニカ サスペ
ター¥6,500エイボン・ハウス
他¥14,000白山服飾店

在一九八三年十月出版的《石津謙介的新常春藤風格之書》裡，
常春藤風格增添了前衛色彩。◎圖片提供：講談社

到了一九八三年，山本耀司與川久保玲的死忠崇拜者經常從頭到腳都穿他們的作品，在東京與大阪四處出沒。他們一層層的純黑服裝、不對稱的髮型、大膽卻自然的妝容，以及平底鞋，使得媒體將他們封為「烏鴉族」（カラス族）。過去日本女性除了參加葬禮之外，不曾穿上這麼多黑色。女性雜誌迅速做出回應，報導重點從橫濱傳統、常春藤和學院風的粉嫩女學生造型，轉向巴黎日本風。隨著東京最時尚的女性紛紛採行歐洲前衛設計的打扮，美式服裝相對也顯得過時且幼稚。

　　就在日本設計師時裝出現的同時，主流媒體正好突然對「新學院派」產生興趣；這個流派試圖探索複雜的後現代理論。一九八三年，二十六歲的京都大學助理教授淺田彰的著作《結構與力量：跨越符號學》（構造と力—記号論を超えて）賣出八萬本——它「率先有系統地介紹法國哲學思想的某些流派，一開始探討拉岡（Lacan）與阿圖塞（Althusser），繼而是德勒茲（Deleuze）和瓜達希（Guattari）」。讀來並不輕鬆。同樣地，西武百貨與PARCO百貨的母公司季節零售集團負責人堤清二誠懇地向股東說明，他的商業策略是「一種擁抱幻象與嘲諷的布希亞實踐」。大學生將這些艱澀的學識概念當成刺激的新時尚潮流，儘管罕有人真正瞭解德希達（Derrida）與傅科（Foucault）的差異。撇開理解與否不談，一九八四年的思潮非常高水準，遠遠超出虛假模仿出來的美國學生生活。

　　一九八五年，烏鴉族以設計師為中心的時尚態度已經席捲整個市場，形成所謂的「DC熱潮」時期。DC即「設計師與個性品牌」（Designer and Character brands），涵蓋了全球性名牌Comme des Garçons與Y's，也有日本人最喜愛的BIGI、Pink House，以及名稱似曾相識的Comme ça du Mode。DC熱潮從女裝開始，但很快就跨越了性別界線。川久保玲與山本耀司的前衛時尚概念為日本設計師打開大門，他們開始揚棄傳統的輪廓、布料，以及協調感。先前的標準單色系統最後擴大成一種更大膽的不協調色彩組合。

中產階級青少年這時把錢省下來，在原宿購買設計師商品，如同過去買 VAN 或奶油蘇打一樣。只不過，現在年輕人買的前衛服飾過去一度僅在富有的藝術界人士之間流通。Comme des Garçons 遠比 VAN 昂貴，然而經濟繁榮與增長快速的信用卡使得高級品牌同樣普及大眾間。

DC 熱潮期間，對設計師服飾的渴求也擴大到了進口品牌。曾經走在最尖端的 International Gallery BEAMS，在一九八六年這時已顯得古怪。東京能找到 agnès b、Jean Paul Gaultier、Michel Faret、Joseph、Margaret Howell，以及 Katharine Hamnett 的獨立精品門市。十年前，唯一能買到 Lacoste 馬球衫的地方是阿美橫町發霉的小巷裡。如今，好奇的青少年想要的任何外國服裝，原宿和表參道幾乎都買得到，而且每件都展示在宛如珍貴藝術品的豪華精品店裡。

一九八六年五月，一本新的時尚雜誌誕生了，那就是《MEN'S NON-NO》，它的焦點是日本與巴黎時尚，而非傳統風格。《POPEYE》與《Hot Dog Press》也與時俱進，追隨新對手的腳步，報導 DC 熱潮。由於太多青少年穿著日本設計師的服裝，編輯和消費者一樣不再到海外尋找「正確」的時尚構想。因為對自己的經濟與文化有了新信心，他們開始支持、讚揚源自日本國內的創意。日本東京到了八〇年代中期的時尚發展臻至成熟，不只「趕上」了美式時尚，甚至遠遠超越。

一九八五年的幾起事件，讓日本這些以國家為榮的情感更形濃烈。九月二十二日，全球主要經濟體在紐約廣場飯店開會，商討如何因應美元貶值。隨後兩年，日圓兌換美元的匯率從兩百升值到一百五十。後續日本出口價格增加，導致經濟些微衰退，但政府採行擴張性貨幣政策作為因應。資產價格泡沫因而形成，大城市地價狂飆，每個人都覺得自己發了大財，尤其是地主和大企業的員工。東京皇居內的房地產比整個加州還要值錢。日本這個一度貧窮的戰敗國在一夜之間暴富，坐擁前所未見的驚人財富。

一九八〇年代後半於是成為所謂的「泡沫年代」，毫無節制

的經濟樂觀主義造就出奢侈頹廢的生活。就在美國飽受工業衰退、古柯鹼及愛滋病肆虐折磨之際，日本卻事事如意——哈佛大學教授傅高義（Ezra Vogel）在一九七九年的暢銷書《日本第一》（*Japan as Number One*）中如是說。結果日本的反應是集體放棄戰後錙銖必較的生活方式，恣意消費購物。索尼併購了哥倫比亞影業，三菱買下紐約洛克斐勒中心，一名日本保險大亨以將近四千萬美元買入一幅梵谷畫作，一名日本商人付出八億四千一百萬美元，取得加州的圓石灘高爾夫球場。（向前樫山集團同樣在一九八六年全數收購 J.Press。）東京淪為《大亨小傳》裡那種狂歡作樂、但品味有待商榷之人。企業大幅提高娛樂預算，讓新的國際餐廳和高級酒店裡夜夜笙歌，顧客酒足飯飽後接著再到祕密夜店，跟穿著火辣緊身服的女孩隨著歐洲舞曲盡情搖擺。

泡沫年代讓時尚產業尤其受惠。BEAMS 的業績在一九八七到八八年之間倍增。日圓的強勢使得進口商品價格更顯親民，因而更提高社會對於高消費的期待。由於各階層的青少年突然需要有人指導如何打扮，雜誌發行量因此暴增。編輯們主張，高價的歐洲設計師與日本 DC 品牌，遠比樸素的美國或英國傳統服飾更適合「第一」的日本。到了一九八〇年代末，過半數的日本人都擁有進口服飾，這比十年前增加了一倍以上。

一九八七年，《Men's Club》發行了《ジャッピー》（Juppie，「Japan yuppie」的縮寫，即日本雅痞），將這種驕傲新富男性的穿衣風格分成四大類。在他們的研究調查中，百分之四十二的日本雅痞喜歡美國 Trad 服裝，百分之二十七愛穿山本耀司等日本設計師的時髦衣服，百分之十八偏好義大利西裝，百分之十三獨鍾 Paul Smith 的英倫造型。因為這項調查是由《Men's Club》所做，Trad 風格會占多數自然不意外，不過值得注意的是，半數以上的富裕男性此時拋棄了美式經典，轉投歐洲與前衛西裝的刺激世界。經濟、國家自信與文化群全以快速密集的步伐前進，日本的意氣風發也意味美式風格跌落至新低點。美國正值衰退，日本步步高

升，而你怎麼會想穿得像個輸家呢？

•••

　　富裕世家討厭新富階級，而泡沫年代卻造就出許多新富階級。因此，反對日本新富風格的力量並非來自放蕩不羈的反文化，而是東京富裕郊區世田谷和目黑的年輕人。這兩個區域的私校學生會嘲笑鄉下青少年盲目喜愛那些沒沒無名的原宿設計師服裝。富有的東京人無需研究雜誌上的時尚，他們都是從父兄身上懂得所謂的好風格（父兄則當然是從《Men's Club》上得知的）。

　　為了與設計師和個性品牌保持距離，東京富裕郊區的青少年在八〇年代中期設計出一了種新風格「阿美咔嘰」（American Casual，日文寫作「アメカジ」），意指「美式休閒」──來自Brook Brothers、Levi's，以及Nike等經典品牌的舒適服裝。阿美咔嘰回歸美式基本款，但比學院風更寬鬆、更具運動風。富裕的東京年輕人穿得就像真正的美國都市人，印花T恤、運動長褲以及運動鞋，加上一些來自流行文化、象徵地位的重要單品，例如電影《捍衛戰士》（*Top Gun*）的海軍G-1飛行夾克，以及嘻哈樂團Run DMC的adidas Superstar運動鞋款。比較陽剛的人會穿皮夾克，內搭白色Hanes T恤、石洗Levi's 501，以及騎士靴。

　　在成功引領學院風和歐洲設計師狂潮之後，BEAMS也成為阿美咔嘰的引導者。這個連鎖店系統不再是「舶來品店」，而是「複合品牌店」，它讓年輕人得以混搭自己的服飾，而非從頭到腳都穿同一個設計師的商品。UNITED ARROWS的栗野宏文解釋：「主流觀念變成你用自己希望的方式，穿上你想穿的服裝。當時，複合品牌店扮演了重要的角色，成為你的夥伴，協助你挑選你想穿的服裝。」在阿美咔嘰的世界裡，任何美式服飾都能相互搭配：東岸學院風、西岸運動風、嘻哈、好萊塢，以及美洲原住民首飾。（不過，美國《時代》雜誌還是認為這種造型太僵固：「呈現美

式風格的終極方式，或許是讓它看起來完全不像美式風格。」）

　　位於 BEAMS 和 PARCO 百貨內的 Ralph Lauren Polo 店之間，東京的澀谷區成為阿美咔嘰潮流的總部。時尚菁英從來沒將澀谷視為主要購物區，但大多數的私校學生回家時都會經過這一區。相較於以服飾為主的原宿，澀谷的消費場所更多樣，有百貨公司、餐廳、速食店，也有酒吧。

　　一九八〇年代中期，幾個有生意頭腦的高中生開始在澀谷的夜店舉辦畢業主題舞會，模仿美國電影裡的畢業舞會。舞會籌辦人組成正式的「團隊」，並取了放克、贏家、微風、戰士，以及洋基等名稱。這些成員成了所謂的「隊員」。就像那個年代任何值得尊敬的夜店一樣，他們也穿上相配的制服，通常都是美式大學運動夾克，背部有許多補丁和團隊標誌。

　　到了一九八八年，阿美咔嘰蛻變成更獨特的「澀休」（shibukaji，日文寫作「渋カジ」），即澀谷休閒。這個風格的原型是一種工整的搭配：馬球衫、連帽外套、羽絨背心、褲管捲起的 Levi's 501、鹿皮軟鞋，以及民族風的銀項鍊。澀休正好崛起於 DC 熱潮消退之際。購買設計師品牌三年後，消費族群廣及大眾與特價銷售扼殺了設計師品牌原有的特色。因為急需找到新造型來推廣，《Hot Dog Press》和《POPEYE》的編輯們聚集在澀谷尋找靈感。第一篇主流報導在一九八九年一月出現，《Checkmate》（チェックメイト）雜誌以「完美駕馭澀休！」為封面故事，接下來則是同年四月《Hot Dog Press》的「澀休全面解析手冊」，以及《POPEYE》的「澀休搭配圖集」。

　　媒體報導將富裕的澀谷青少年的無意識風格進行分類、系統化，以及傳播。澀休在本質上與美式學院風類似，是天生具有好品味的富裕青少年所穿的休閒服裝。然而，青少年的滿滿自信最後使得這個執迷於地位的國家相信，澀休是一個比 DC 品牌更需要金錢堆砌的風格。這個風格的社經背景並沒有從雜誌上消失，它們不但解析如何穿搭澀休服裝，還列出所有孕育出這種造型的

《Hot Dog Press》的「澀休全面解析手冊」以插畫介紹澀休風格的細節，
例如以連帽外套搭配馬球衫。（© 片岡修壱）

私立學校。這樣的地位幫助澀休保留了 DC 對於日本本土時尚正統性的關注，即使那元素還是進口的。一如社會學家難波功士所言：「澀休之所以酷，原因在於澀谷，而不是美國。澀休的所有時尚單品都屬美式風格，但是『美國』卻不存在它們之上。它是同一個層次的東西。」

一獲得媒體的認可，澀休風格就成為日本最火紅的造型。原宿的整體經濟一夜瓦解。超時尚的感性退位，金錢至上的冷漠當道。沒有人在乎設計師，也沒有人想從頭到腳都穿著同一個品牌。澀休的準則就是選對品牌，別讓自己看起來一臉的確很關注時尚的模樣。經典美國品牌、寬鬆的服裝，加上運動鞋的簡單組合，最後比以前吸引到更多人進入服飾市場。與 DC 熱潮不同的是，青少年不需要專門知識、信用卡，也不需要放棄個人的舒適感。時髦有型的標準從來沒這麼低過。

澀谷的這種造型在一九八九年底因為「キレカジ」（kirekaji，日文全稱為「きれいめカジュアル」），即清爽舒適的休閒風格，而在檔次上稍微提升了一點——白色的 Brooks Brothers 釦領襯衫、樂福鞋，以及藏青色休閒西裝外套。然而，這肩膀寬大、剪裁寬鬆的效果與常春藤風格截然不同。澀谷供應這種整齊休閒造型的主要商店之一是 UNITED ARROWS，由前 BEAMS 員工重松理所創立的新複合品牌店。一九八八年，設樂悅三從 BEAMS 退休前指定兒子設樂洋接棒擔任新社長。該公司於是分裂成兩個派別，一九八九年夏天，一半的員工跟隨重松理出走，成立 UNITED ARROWS。UNITED ARROWS 第一家店企圖讓市場眼睛為之一亮。重松理記得：「我們開的那家店屬於後澀休風格，會以牛仔褲搭配休閒西裝外套。就像澀休造型的哥哥版，穿的是西裝。」澀谷蓬勃的服飾市場幫助 UNITED ARROWS 迅速成功，而 BEAMS 雖然流失了大部分資深員工，卻也很快東山再起。

BEAMS、UNITED ARROWS 及 SHIPS 等複合品牌店，在八〇年代大半時間稱霸了日本零售市場，但它們向海外品牌下季節

訂單的過程緩慢，滿足不了消費者對美國進口商品日益強烈的需求。為了填補這個空缺，澀谷每週都有新的阿美咔嘰商店出現。由於大部分正式進口商都維持高昂的價格，這些小店在「平行輸入」上找到了有利可圖的機會。

這些店家的老闆會買學生優惠機票飛往美國，在當地店裡以零售價採購商品。他們搜刮 Levi's、Lee、Banana Republic、Gap、L.L. Bean、Oshkosh、Wrangler、Raybans、Timex，以及美國運動隊伍的球衣，並在登機時盡可能將最多商品穿在身上，以規避進口稅。為了尋找折扣，他們如蝗蟲過境，前往 Ralph Lauren Polo 的工廠暢貨中心和郊區購物中心的運動鞋店。美國零售商最後意識到這種手法，於是開始限制每個人的購買量。但就算在美國一般商店的零售價上再加進利潤，還是可能比經由正式經銷管道取的商品便宜。這些商品於是成為日文中的「手持ち」，來自英文的「hand carry」。

小型舶來品店讓澀谷成為更受歡迎的購物聖地。然而年輕人湧進此區，在帶來自己的品味和喜好之際，也改變了澀休風格的特質。第二波採用澀休風格的人偏好較具叛逆色彩的阿美咔嘰，混合了銀飾、粗獷衝浪風格的影響，以及樂團槍與玫瑰（Guns N' Roses）的硬搖滾與日落大道夜店的特色。從狂野的第二代「隊員」身上，能看見風格比較凶悍的阿美咔嘰，他們在舉辦畢業舞會的過程中快速社會化，涉入毒品交易。暴力於焉爆發。第一起重大事件發生在一九八九年，有兩所菁英高中的學生因爭風吃醋而持刀械鬥，結果只有一人生還。這樣的暴戾之氣接下來吸引了東京都會區混亂區域的青少年——如果是在十年前，他們就會成為暴走族或「洋基族」。

新一代的「隊員」開著四輪驅動休旅車在他們澀谷的那一小塊領域穿梭，攻擊侵入地盤的敵隊。受到一九八八年的電影《彩色響尾蛇》（Colors）所影響，他們開始揮舞蝴蝶刀，頭綁印花頭巾，以代表他們的團體。作家速水健朗認為，美國電影明顯發揮

了影響力：「日本沒有青少年開車兜風的文化。澀谷的那些人一開始只是在模仿電影《小教父》（The Outsiders）。」執法人員嚴厲掃蕩整個區域，強迫夜店終止與未成年的舞會籌辦人合作。到了一九九三年，偏差的「隊員」形象已經徹底破壞了澀休過去金錢至上的調性。時髦的青少年此時就跟四年前逃離原宿一樣，紛紛離開澀谷。

澀谷休閒風格的興衰不幸呼應了日本整體經濟的起落。一九九一年十二月，日本股市崩盤，隔年，東京地價暴跌。泡沫破裂，個人與企業都背負了難以償還的龐大債務。然而，奢侈浪費的文化卻絲毫沒有停歇，因為收入依然上漲。不過到了一九九三年，日本消費者開始清醒。當時無人知道經濟衰退情況會持續多久，不過它最終帶著日本走入「失落的十年」，經濟成長停滯，社會陷入抑鬱氣氛。

日本的時尚產業銷售額在一九九一年達到了史上最高峰，創下十九點八八兆日圓（相當於二〇一五年的兩千五百三十億美元）的紀錄，此後便開始下滑。相形之下，BEAMS、UNITED ARROWS 和 SHIPS 等複合品牌店則在九〇年代繼續強勁成長。它們整合挑選國際品牌，以宛如「編輯」的經營形態讓自身得以隨著不斷變化的風格調整方向，始終是消費者購買基本單品的最佳去處。

在失落十年的前幾年，DC 熱潮和澀休都從時尚圈消失無蹤，被當成是一個鍍金年代的過時遺物，慘遭丟棄。然而，這些風格卻也引進了兩個預測九〇年代趨勢的重要特色。年輕人喜愛 DC 熱潮中原宿設計師時尚的獨特性與品牌力量，而後又在澀谷輕鬆的美式休閒風格中發現了同樣迷人的對比。一九九〇年代能結合這兩種特色的品牌將會達到驚人的成功——不只在日本，而是全世界。

08 | 從原宿到世界各地
From Harajuku to Everywhere

　　一九七〇年代晚期，藤原浩是三重縣最酷的少年——溜著自製滑板到處玩、聽性手槍（Sex Pistols）樂團的歌、在鄉村搖滾樂團裡演奏。說不定他是全西日本最酷的年輕人。當然，他也是唯一寫信到大阪的服飾店，要求購買薇薇安・魏斯伍德的「叛亂分子」（Seditionaries）系列商品的高中生。他實在太酷了，因此十八歲遷居東京後，在地下派對「倫敦之夜」上獲選為「最佳穿著」，得到一趟免費的倫敦行。他在倫敦遇見心目中的英雄薇薇安，以及她的伴侶馬爾坎・麥克拉倫。一年後重返英國時，藤原浩就到他們的商店「世界盡頭」（World's End）工作。

　　麥克拉倫要藤原浩拋掉龐克和新浪潮音樂，指引他一種從紐約街頭興起的新音樂類型：嘻哈。藤原浩在二〇一〇年接受《Interview》雜誌訪問時，回想起他這趟後續的旅程：「夜店 The Roxy 當紅——阿菲卡・伊斯蘭（Afrika Islam）、酷藍女士（Kool Lady Blue）都炙手可熱。我對當 DJ 很感興趣。」他帶著第一箱嘻哈唱片回到東京，將音樂分享給日本。接著，他讓當地夜店界見識如何利用兩組唱片轉盤刷刮唱片。不過，藤原浩不甘心只當個DJ，於是他在一九八五年與高木完組成嘻哈團體 Tiny Panx（意即小龐克）。這是早期日本饒舌樂界不可或缺的一個團體，他們在一九八七年為野獸男孩（Beastie Boys）的東京演唱會暖場，還共同創立日本首家嘻哈音樂廠牌 Major Force。

　　憑藉著在倫敦及紐約潮流圈的良好人脈關係，藤原浩每個月都會出現在日本雜誌上，介紹全球最新流行趨勢。一九八七年，藤原浩與高木完在次文化雜誌《寶島》開設「最後縱欲」專欄，

將滑板、龐克搖滾、藝術電影、高級時尚及嘻哈樂混合在一起，融合成一種後來被正式歸為「街頭文化」的世界觀。藤原浩與高木完每個月都會介紹自己最喜歡的饒舌歌手、單曲、服裝、電影，以及 DJ 設備。藤原浩才二十出頭就成了傳奇人物，同時身兼文化評論家、DJ、饒舌歌手、霹靂舞者，以及模特兒。

全日本有一小批年輕人開始將「最後縱欲」專欄的字字句句奉為聖經，其中包括群馬縣純樸首府前橋市的高中生長尾智明；詭異的是，他的容貌也神似藤原浩。長尾智明鍾情的音樂很快就從搖滾轉變為嘻哈。他和朋友每週都會錄下深夜電視節目《FM-TV》中的「最後縱欲」單元，反覆觀賞。當 Tiny Panx 巡迴演出來到群馬縣時，長尾智明還特別留到結束後，希望拿到藤原浩的簽名。

為了跟偶像藤原浩一樣成為媒體大師，長尾智明搬到東京，在頂尖的時尚學府文化服裝學院參加一個雜誌編輯的培訓課程。他在學校的音樂社團裡認識了外號「ジョニオ」（Jonio）的新銳設計師高橋盾，高橋盾在「倫敦之夜」上把長尾智明介紹給多年來他在雜誌上讀到的許多人物。龐克鄉村搖滾精品店 A Store Robot 的經理也是在那裡注意到長尾智明與藤原浩有多麼相像，因此為他取了日後長期跟著他的綽號：「Fujiwara Hiroshi Nigo」（藤原浩二號）。儘管這稱號略帶嘲諷意味，但年輕的長尾智明還是很喜歡。他在朋友之間再也不叫小智，而是「NIGO」。

不到幾週後，藤原浩二號遇見他的英雄藤原浩本尊，成為他的個人助理之一。NIGO 打進藤原浩的網絡後，在《POPEYE》雜誌找到兼職工作，與高橋盾共同撰寫一個叫「最後縱欲 2」的專欄，為樂手和藝人做造型，也在藤原浩每週的派對上擔任 DJ。才二十一歲，NIGO 就已經不負「藤原浩二號」之名。

在過去，代表性的文化人物是靠個人的創作能力成名，但藤原浩與他的年輕子弟兵卻是藉「策劃」而成功──為雜誌挑選最好的音樂、時尚、書籍與商品。日本媒體知道如何在美國東岸校

園和巴黎伸展台發掘潮流，但八〇年代中期的編輯們要追上街頭文化的興起卻很吃力。知識淵博、人脈廣的藤原浩是解決他們所有問題的關鍵。但藤原浩若想在文化上留下長遠影響，就不能僅只擔任文化情報交流所的角色。他和他的團隊必須創造出自己的作品。

•••

　　藤原浩是國際史杜希族（International Stüssy Tribe）的首位日本成員；這是一個由想法接近的創作人所組成的鬆散網絡，他們均因尚恩・史杜希（Shawn Stüssy）的街頭服飾品牌而凝聚起來。藤原浩在一九八六年為《寶島》雜誌訪問史杜希之後，就與對方成為朋友，接著他就開始收到一盒盒的史杜希服飾。

　　藤原浩的門徒、外號「Sk8thing」的平面設計師中村晉一郎有意依循史杜希模式，推出一個原創 T 恤系列。藤原浩喜歡這個創立街頭服飾品牌的想法，但也希望能一步到位。於是他找上一個年輕的店主、綽號「TORUEYE」的岩井徹幫忙，他是藤原浩到九州的港口城市小倉旅行時認識的。岩井徹協助藤原浩成立品牌，並介紹自己在當地的贊助人大鍛冶信明給他。大鍛冶信明同意資助藤原浩的計畫，並提供多年銷售 VAN 與美國二手服飾所累積的時裝業經營方法。

　　有了如此後援，藤原浩、中村晉一郎與岩井徹推出了日本第一個真正的街頭服飾品牌 GOODENOUGH。推出的時間點是一九九〇年，在全球街頭服飾史上相對較早，大約與先驅廠牌 FUCT 和 SSUR 同時，但早於 X-Large 等其他同類型的美國品牌。GOODENOUGH 仿效史杜希模式，專注於印有大膽印花的高品質 T 恤和運動服裝。在《POPEYE》和《Hot Dog Press》將該品牌列為九一年滑板時尚潮流的一環後，它在日本旋即一炮而紅。

　　藤原浩每個月都會穿上 GOODENOUGH 的服裝登上雜誌，

但他隱瞞了自己在該品牌當中的管理角色。他向傳記作家川勝正幸解釋道：「如果我說我在經營這個品牌，就不會有人認真看衣服。原本會買的人就會買，討厭我的人則會視而不見。」由於品牌來源模糊，GOODENOUGH 看起來就跟 Stüssy、Freshjive 或 FUCT 一樣像是美國進口貨。在此之後，有許多日本年輕觀光客為了找到 GOODENOUGH 的「創始店」，甚至在洛杉磯迷了路。

GOODENOUGH 的成功讓藤原浩趁勝追擊，挑選 NIGO 和 Jonio 成立集團的下一家服飾公司。這兩個年紀二十多歲的年輕人選在原宿一個安靜的非商業地段開店，地點就在表參道附近，但遠離明治通和竹下通等要道。他們稱這個寧靜的區域為「裏原宿」。原宿區依然受到搖滾與 DC 熱潮消退的衝擊，NIGO 和高橋盾則代表能吸引青少年回流這個經濟衰退區域的新世代。一九九三年四月，他們開設了 NOWHERE，一家分成兩部分的不起眼小店。高橋盾在一邊販售個人的龐克品牌 UNDERCOVER，NIGO 則在另一邊銷售各種進口街頭服飾。

在各雜誌封它為「新龐克」潮流之後，UNDERCOVER立刻來客洶湧。但是店的另外一邊依然悄然無聲。NIGO很快就意識到，他若要成功，有賴創立一個原創品牌。Sk8thing開始為這個品牌構思，結果在看到電視上馬拉松連播五部《浩劫餘生》（*Planet of the Apes*）系列電影後，他有了概念。他將電影的招牌猩猩臉孔當作商標，加上一句英文廣告口號：泡溫水的人猿（A Bathing Ape in Lukewater）——取自地下漫畫家根本敬某部漫畫中一個老人「像泡在溫水中的人猿」的描述。NIGO取前三字作為正式品牌名稱——A BATHING APE——並以復古美式服飾風格印製了幾件T恤和夾克。

一九九四年九月，藤原浩、NIGO 和高橋盾在日本第一本街頭文化雜誌《Asayan》上推出一個新專欄「最後縱欲3」。如同先前的做法，他們利用這個媒體介紹最新的海外商品。不過既然現在有了自己的品牌和零售空間，雜誌很快就變成每月的自我推銷活

A BATHING APE 早年的人猿圖案迷彩夾克和猿頭商標運動衫。（©NOWHERE Co., Ltd.）

動。例如，一九九四年十月第二期中的專欄就在慶祝 NOWHERE LIMITED 於原宿開幕，它是 UNDERCOVER 女裝系列的新店面。如此的媒體曝光使得店內業績立刻上揚。拜《asayan》雜誌讀者之賜，藤原浩與高橋盾的限量版 AFFA（Anarchy Forever Forever Anarchy）印有左派政治口號的 MA-1 尼龍飛行員夾克立即銷售一空。

隨著GOODENOUGH、UNDERCOVER，以及A BATHING APE鞏固了穩定的愛用者群，有更多藤原浩團隊的成員陸續創立自己的時裝系列。前Major Force員工瀧澤伸介在一九九四年十月成立龐克與摩托車騎士主題的品牌NEIGHBORHOOD，一個月後，綽號「ヨッピー」（Yoppi）的二十一歲職業滑板選手江川芳文創立運動系列HECTIC。再過六個月，高橋盾的前樂團團友岩永光開了龐克搖滾玩具店BOUNTY HUNTER。

為了在同儕中脫穎而出，NIGO 讓 A BATHING APE 與獨立嘻哈樂界密切合作。他提供服裝給饒舌團體 Scha Dara Parr 的朋友，他們也正好以熱門單曲〈今晚是 Boogie Back〉（今夜はブギーバック）打進主流市場。這首歌開啟了日本對嘻哈的喜愛，當一九九五年初饒舌團體 East End X Yuri 的單曲〈DA.YO.NE〉賣破一百萬張，這股嘻哈熱潮更達到顛峰。該團的女團員市井由理成為媒體寵兒時，NIGO 讓她穿上 A BATHING APE 的 T 恤、夾克，以及毛衣。A BATHING APE 也為小山田圭吾提供服裝；他的藝名「Cornelius」正出自九三年催生出 A BATHING APE 的電影《浩劫餘生》當中的角色。一九九五年十月，NIGO 生產 Cornelius 的巡迴演唱會 T 恤，歌迷為了追隨偶像的時尚選擇，瘋狂搶購 A BATHING APE 設計的商品。

NIGO 透過倫敦的 Trip-hop 唱片廠牌 Mo Wax，首度與國際接軌。從 NIGO 見到該廠牌老闆詹姆斯・拉維爾（James Lavelle）的那天起，這位英國獨立音樂教父就開始幾乎天天穿上 A BATHING APE。A BATHING APE 與 Mo Wax 旗下藝人 DJ Shadow 和 Money

Mark 的關係，大大提升了品牌在樂迷心中的地位。拉維爾也把
NIGO 介紹給紐約塗鴉界的傳奇人物 Futura 2000 和 STASH。他們
在一九九五年七月將 T 恤的設計傳真到東京，後來透過藤原浩的
人脈，也在原宿開設了自己的店。

這些與音樂界的結盟提高了 A BATHING APE 的銷售業績，
也幫助裏原宿規模不大、但熱情十足的街頭時尚運動打入主流。
一九九六年，NIGO 和高橋盾在 NOWHERE 原店附近轉角開了一
家更大的店，吸引大批消費者前來排隊，人龍蜿蜒過後街，一路
延伸到原宿的主要幹道。

澀谷休閒在一九九一年消退後，媒體在九〇年代剩餘的時間
裡試圖為那個年代界定出一個代表造型。單一完整的潮流分裂成各
種男裝風格，全都以「系」來分門別類，其中包括滑板系、衝浪系、
街頭系、時髦系，以及軍事系。《Hot Dog Press》與《POPEYE》
將 GOODENOUGH、UNDERCOVER 及 A BATHING APE 歸入它
們自成一格的類型：裏原宿系。裏原宿系回歸根本，以整齊面貌
呈現經典美式休閒單品：迷彩夾克、鮮明的品牌商標 T 恤或條紋
滑板 T 恤、質地堅硬的深色丹寧、Clarks 袋鼠鞋、adidas Superstar
鞋款、Nike Air Max '95 鞋，以及高科技背包。這種風格輕鬆的運
動風是少男玩樂服裝的時尚版。然而，相較於其他休閒造型，裏
原宿系的背景故事更引人注目：仔細定義的品牌、明星加持，與
音樂人結合。

到了一九九六年底，GOODENOUGH、UNDERCOVER 和
A BATHING APE 規模都已經大到足以在雜誌調查的讀者最喜愛
品牌中名列前茅。在《asayan》於一九九六年八月做的調查中，讀
者最欣賞的男性名人並沒有電影明星或流行歌手，而是藤原浩、
高橋盾與小山田圭吾。NOWHERE 則是最受歡迎的店家。媒體稱
呼藤原浩和他的團隊有著「カリスマ」（karisuma，來自英文字
「Charisma」，即「魅力」），意指他們具有近乎超自然的力量，
能讓追隨者購買他們推薦的任何東西。社會學家難波功士就表示：

「大眾不見得會去模仿藤原浩的個人風格，但只要是他說好的東西，他們都會照單全收。」

一九九七年，裏原宿正式脫離只有特定愛好者的次文化範疇，徹底獨霸了全日本的男性時尚市場。在《Hot Dog Press》一九九七年九月的讀者調查中，裏原宿系高居全日本最受歡迎的風格。儘管 GOODENOUGH 與 UNDERCOVER 成為潮流領導者的時間比較早，A BATHING APE 卻變成時尚新手的必備品牌。相較於 UNDERCOVER 的綑綁皮褲，年輕人更容易瞭解 T 恤上以《浩劫餘生》為靈感來源的圖樣。而且，只有狂熱的粉絲才買得到極限量的 GOODENOUGH。

A BATHING APE 如今成為眾所矚目的焦點，NIGO 也開始每季生產完整的服裝系列。他迅速得到回報：據一九九七年十一月《Hot Dog Press》在東京與大阪進行的調查顯示，A BATHING APE 是讀者心目中第一名的品牌。在各時尚雜誌每個月的街拍頁上，全日本各地的年輕人都驕傲地穿著他們的 APE T 恤，說他們「崇拜」NIGO。

對於裏原宿品牌，九〇年代的時髦青少年喜歡的不只是品牌設計，他們也熱愛搜尋的過程。藤原浩和門徒遵循史杜希的模式，產品量極少，銷售店家數極低。但是這些策略非但沒有造成消費者不滿，反而讓幸運買到商品的粉絲興奮不已。大眾至今依然熱烈爭辯，該品牌刻意供不應求，是精心算計的行銷手段，還是維持地下風格的自然之舉。事實介於兩者之間。藤原浩從來無意創造一個大眾市場品牌或經營一家大公司，這一點常讓他的事業夥伴氣惱。一九九五年，GOODENOUGH 正值市場顛峰，藤原浩卻做了一個任性的決定，讓該品牌暫停營運六個月。他還決定將零售商的數量從四十家減至十家。NIGO 和高橋盾從此一舉動上得到啟發，也讓自己的品牌退出其他城市的商店，僅限於自己的直營店內銷售。

雖然這種零售方式對一個熱門品牌而言似乎有違直覺，卻是

品牌維持獨特形象的必要手段。像 Comme des Garçons 等設計師的系列商品就採用前衛設計與高單價，讓產品與一般大眾保持距離。另一方面，裏原宿廠牌販賣的是相對讓人負擔得起的基本休閒產品。如果每個想買的人都買得到 GOODENOUGH 或 A BATHING APE，將會破壞品牌的特殊性。顯而易見的解決辦法就是減少產量。

所以，藤原浩、高橋盾以及 NIGO 生產的商品數量遠低於市場需求量。如此一來，品牌既可限制在特定的族群內流通，同時又能創造強烈的消費者狂熱。他們將少量產品稱為「限量版」，刺激青少年不只穿上他們的服裝，還要蒐集。

當裏原宿系變成日本第一風格之後，粉絲天天在 NOWHERE 和其他品牌的門市前大排長龍。藤原浩在一九九七年開設了一個原宿零售基地 READYMADE，銷售自己的品牌，結果有數百名顧客天還沒亮就抵達現場。到了當天下午，年輕人已將店內存貨徹底搶購一空。該店銷售業績光是前兩天就高達二十萬美元，迫使藤原浩不得不號召一大批志願幫忙的朋友，將現金送往銀行。

不斷推出的限量版商品不但讓藤原浩及門徒們荷包滿滿，也讓數百個轉售的個人賣家賺上一筆。惡名昭彰的排隊人龍裡自然包括來自鄉下小店的買家，他們以零售價買進商品，再以更高價轉售。不過，這樣的地下市場反而持續拉高了品牌的獨特性。原宿竹下通外的攤販，以原價的五倍銷售未拆封、狀況良好的 A BATHING APE T 恤。上市三年的 AFFA T 恤在一九九七年要價七萬九千日圓（相當於二〇一五年的九百美元）。T 恤在三十年前被認為與內衣無異，如今卻成了罕見的藝術珍品。高昂的未來轉售價值不過是鼓勵了更進一步的消費。一名青少年在一九九七年告訴《朝日新聞》：「我不在乎價格。如果我看膩了，把東西賣掉就好。」

表面上看來，裏原宿服飾與過去受美國啟發的休閒時尚很類似，但兩者之間有一項根本的差異：年輕人最夢寐以求的品牌已

不再來自美國，而是源自東京的一個特定區域。九〇年代的年輕人幾乎能選購世界上的任何品牌，但他們卻偏好日本品牌。裏原宿系提供了澀休與 DC 品牌之間的完美折衷方案，那就是具有獨特性的休閒服飾。

澀休熱潮在八〇年代末將原宿變成一片購物荒地。不到十年後，裏原宿卻成了日本、甚至是全球最時尚的地方。當然，日本街頭服飾品牌的業績自然高於美國的類似品牌。藤原浩點石成金，他的門徒成了日本年輕人心目中的英雄。然而，財源滾滾而來之際，這些年輕大亨也開始思考他們在本質上的二元性：他們高居世界顛峰，該如何繼續維持「地下」的特質？

• • •

一九九八年夏季，兩百多個日本年輕人在烈日下耐心排隊，等著進入 NIGO 的 BUSY WORK SHOP 原宿店，A BATHING APE 員工此時正引領一名貴賓進入店內——滿臉笑容的偶像團體 V6 成員三宅健。當時，三宅健和另一名團員森田剛在許多電視節目和雜誌上亮相時都穿 A BATHING APE（此時開始簡稱為 BAPE）的上衣。此外，NIGO 的造型師朋友也讓當時最受歡迎的男偶像不斷穿上 A BATHING APE，那就是 SMAP 的木村拓哉。

這些新的 BAPE 名人大使與獨立音樂傳奇人物小山田圭吾及詹姆斯・拉維爾相去甚遠，是否有才華亦見仁見智，但他們的迷人臉孔每晚出現在少女最喜歡的綜藝節目上。他們讓 A BATHING APE 大量曝光，吸引到連一期《asayan》都沒看過、遑論《Hot Dog Press》的青少年。木村拓哉改穿裏原宿時尚之後幾個月，警方在茨城縣逮捕兩名生產 A BATHING APE 仿冒品的男子，他們只知道這個品牌是「木村拓哉穿的牌子」。

A BATHING APE 在日本娛樂圈內獲得注意，NIGO 卻面臨了嚴峻的抉擇——是要像他師父藤原浩那樣低調神隱，還是全力推

動事業，邁向主流成功。二十八歲時，NIGO 決定放棄限量生產與限定特定對象購買的銷售手法，企圖將 A BATHING APE 打造成史上市場最廣、最奢華的街頭服飾品牌。

因為需要新的零售策略，NIGO 聘請備受好評的 Wonderwall 設計公司建築師片山正通，設計全日本各地一系列完全統一的 BUSY WORK SHOP。NIGO 運用他空前的高營收，打造在美國或英國都不曾出現的奢華連鎖店。這些店的設計以現代主義為主題——白牆、未經裝飾的混凝土、光滑玻璃、拉絲鋼，以及明亮的燈光。相較於原本 NOWHERE 簡單原木屋的造型，新店面更像是造訪烏托邦式的未來。

一九九八年，NIGO 在大阪、名古屋、仙台，以及極為鄉下的青森開設 BUSY WORK SHOP 門市，也在家鄉群馬縣設立一家 NOWHERE 旗艦店。這些門市促使品牌的銷售業績在一九九九年達到二十億日圓（相當於二〇一五年的兩千兩百萬美元），同年開幕的新店還包括松山、福岡、京都以及廣島。一年後，NIGO 以一家新的旗艦店 BAPEXCLUSIVE 讓品牌再升級，地點就坐落在東京青山，和 Comme des Garçons 與 Issey Miyake 門市位在同一條街上。二〇〇一年，NIGO 更透過新品牌 Bapy，將服飾帝國擴大到女裝領域。

儘管 BAPE 於世紀之交在日本的零售市場已達飽和，但裏原宿現象依然僅限於日本境內。西方會穿 GOODENOUGH、UNDERCOVER 或 A BATHING APE 的人只有 NIGO 的朋友，或是在西方巡迴演出的日本樂手。紐約精品店 Recon 或是倫敦商店 Hideout 偶爾會出現幾件 T 恤，但貨源並不穩定。不過就像在日本，這樣的缺貨狀況反而讓品牌在英美自詡為時尚行家的人之間更顯炙手可熱。《紐約時報》在一九九九年八月的一篇文章中，介紹 A BATHING APE 是世界上最獨特的「限量版」商品之一，並引述特地到倫敦購買該品牌迷彩夾克的某位雜誌藝術總監的說法：「很值得，因為我所有朋友都想要，但我搶先拿到。」同月，英國雜

誌《The Face》將 A BATHING APE 列為它的史上最偉大商標品牌排行榜，稱它「著實非常地下」。結果藤原浩和 NIGO 的反應是什麼？毫無反應。隨著日本逐漸成為世界上最成熟的街頭服飾市場，他們沒有興趣去迎合外國閱聽人。

品牌擴張到國際市場的第一步出現在一九九九年。香港饒舌歌手葛民輝和喜劇演員兼 DJ 林海峰說服了 NIGO 在香港開設一家 BUSY WORK SHOP。BAPE 要求當地潛在顧客利用香港護照申請商店會員卡，解決了水貨反向輸入日本的問題。顧客不准直接走進店裡消費，必須事先預約。儘管採取這些排他措施，在香港展店還是讓品牌躍進廣大的亞洲市場，不到幾個月，整個華人世界都渴望買到 A BATHING APE T 恤。香港青少年瘋狂搶購 Baby Milo 系列的可愛卡通圖案 T 恤，還引來電視台報導這個現象。不過，簡單的經濟原理還是掌控了大局：嚴重缺貨刺激了亞洲所有經驗老到的仿冒商開始大量生產 A BATHING APE 仿冒品。到了二〇〇一年，eBay 就出現了數百件「正版 BAPE」T 恤，每件要價不過十五美元，上面還有「專為韓國市場製造」這種可疑的敘述。

隨著 BAPE 成為全球性品牌，NIGO 再也無法掌控全局或維持「獨特」，只能往「更大」邁進。二〇〇一年底，NIGO 與日本百事可樂合作，將每罐汽水都包上 BAPE 的迷彩圖案。不過四年前，年輕人要購買品牌商品還得到原宿那家店苦苦排隊，如今，他們凌晨三點在荒涼的鄉下路旁看到閃著亮光的販賣機，用幾枚銅板就買得到 BAPE 設計的東西。

NIGO 接著進入拿破崙層級的擴張，BAPE 突然間處處可見。二〇〇二年，在悄悄為 Converse 的 Chuck Taylors 鞋款作嫁數年後，A BATHING APE 開始生產糖果色的運動鞋 Bapesta，向 Nike Air Force 1 致意。NIGO 在創新連鎖店 Foot Soldier 銷售該鞋款；這家店把鞋子放在輸送帶上展示。二〇〇三年，NIGO 投資一家名為 BAPE CUTS 的髮廊，以及 BAPE CAFÉ?! 餐廳。他也開設童裝店 BAPE KIDS，還有一家壽命不長、專門銷售 Baby Milo 商品的店。

隨著新世紀繼續前進，日本各個偏遠地區似乎都見得到 BAPE 店的蹤跡——金澤、新潟、靜岡、鹿兒島以及熊本。光是在東京，只要走一圈原宿，就能在二十分鐘內看到至少五家 A BATHING APE 門市。在原宿主要的十字路口，超大型螢幕上不斷播放著 NIGO 的有線電視節目《BAPE TV》的廣告片。

二〇〇三年，NIGO 耗資數百萬美元打造的房屋完工——由數十台監視器護衛著的五層樓混凝土碉堡。他將該空間闢為一座二十世紀晚期流行文化博物館——有整個房間專門展示里肯巴克（Rickenbacker）吉他，以及世界上規模最龐大的《浩劫餘生》玩具收藏。他的車庫鋪上木地板，牆面則用玻璃製成，如此從屋內就能看見他的賓士 SLR、保時捷、勞斯萊斯以及賓利汽車。

相對於 NIGO 的過度曝光和張揚的鋪張，藤原浩找到一個自在的位置，靜靜地當他的街頭服飾教父。GOODENOUGH 始終沒有偏離草創時期的初衷，成立十年後，藤原浩個人更切斷與該品牌的所有關聯。他個人的財富來自與日本包包廠商吉田合作創立的 Head Porter，這是以與美式 MA-1 飛行夾克採用相同尼龍布製成的一系列包包。Head Porter 成為裏原宿粉絲喜愛的包包、皮夾與腰包品牌，顧客甚至包括從來沒聽過 GOODENOUGH 或藤原浩的青少年族群。然而，Head Porter 成為全國性的現象之後，一向維持孤狼路線的藤原浩又將管理權轉交給朋友。他在二〇〇五年告訴《Theme》雜誌：「我不太希望有太多人替我工作，因為我得照顧他們。」

二十世紀末，藤原浩一號與二號已將他們的事業帶往截然不同的兩個方向。二〇〇〇年，藤原浩是兩人當中營收較高的——繳稅金額達到五千四百七十萬日圓（相當於二〇一五年的七十萬美元），相較之下，NIGO 繳稅四千五百三十萬日圓（相當於二〇一五年的五十八萬兩千美元）。不過藤原浩在〇三年搬進豪華公寓六本木之丘住宅大樓接近頂樓的一間公寓時，NIGO 買的則是閣樓。

NIGO 每晚從那間公寓俯瞰他所征服的城市。他在日本所向披靡，但世上其他地方仍等著他去攻城掠地。

• • •

二〇〇三年，NIGO 在倫敦開設第一家 BAPE 門市。當時 Bapesta 鞋開始在西方走紅，但因掌握全球趨勢而建立事業版圖的 NIGO 卻覺得與全球市場脫節。前 Mo Wax 經理及律師托比・費特威爾（Toby Feltwell）此時加入了 BAPE，擔任 NIGO 海外事業的顧問。費特威爾的第一步是協助這位 APE 總司令重燃對美國嘻哈的熱情。

費特威爾和 NIGO 最喜歡的配件設計師雅各首飾（Jacob the Jeweler）媒合 NIGO 與當代音樂製作人菲瑞・威廉斯（Pharrell Williams）。二〇〇三年，NIGO 提供他的 APE 錄音室給威廉斯使用，讓他在東京完成錄音。威廉斯對 Bapesta 鞋有模糊印象，但看到 BAPE 帝國的完整規模時，他驚訝得目瞪口呆。他在二〇一三年告訴《Complex》雜誌：「我踏進 NIGO 的展示間，那是我有生以來見過最驚人的東西。我簡直快瘋了，他還讓我拿任何我想要的東西。」儘管透過翻譯才能溝通，NIGO 和威廉斯還是成為好友，不到幾個小時，兩人就規劃出一連串的合作計畫。

首先，NIGO 出手協助設計威廉斯的 ICECREAM 鞋款，最後在 BUSY WORK SHOP 原宿店樓上為該品牌開了一家店。接著 NIGO 與 Sk8thing 將威廉斯的 Billionaire Boys Club 服裝系列計畫付諸實現，結合裏原宿高超的零售技巧與美式活力。菲瑞投桃報李，引領 NIGO 打進美國主流的嘻哈樂壇。結交到 Jay Z 與肯伊・威斯特（Kanye West）等新朋友之後，NIGO 終於覺得有必要在美國建立零售據點。NIGO 在二〇〇六年告訴《Nylon Guys》雜誌：「最初是 RUN DMC 吸引我進入時尚領域。我熱愛美式休閒風格。我到了英國是因為厭倦了美國。我想我終於回來了。」

他於二〇〇四年底開設 BUSY WORK SHOP 紐約店，向一整個美國年輕世代介紹他的品牌。這家店開幕時，BAPE 已經以一系列的創新迷彩連帽外套和粉色 Bapesta 鞋取代了經典的九〇年代橄欖綠迷彩花色和標準商標 T 恤。亞洲消費者當然大排長龍，但是 NIGO 與菲瑞的關係也有助於讓這家店成為嘻哈明星的熱點。為了看起來就像是真的屬於嘻哈界的一分子，NIGO 請雅各首飾為他製作一系列鑲鑽配件，好在紐約出沒時配戴——一只手錶、一只具風味弗拉福（Flavor Flav）風格的古怪掛錶，以及最重要的一口鑲鑽牙套。

　　在創新產品與名人加持下，A BATHING APE 迅速成為美國最搶手的品牌。二〇〇〇年代中期有整整四年，MTV 頻道儼然成了穿 BAPE 的饒舌歌手的作品大會串。（NIGO 本人曾客串演出菲瑞的〈Frontin'〉MV。）有數十首嘻哈歌曲都刻意在歌詞裡提到 Bape，這股熱潮從東岸開始，迅速擴大到地方性的爆紅人物。密西西比州的醬爆弟弟（Soulja Boy）在網路上瘋傳的 YouTube 熱門歌曲中吹噓，「酸民氣瘋了，因為我有 Bathing Apes。」

　　此時穩坐全球巨星寶座的 NIGO 開始登上《浮華世界》和《風尚》雜誌的社交單元，與卡爾・拉格斐及大衛・貝克漢等傑出人物一起入鏡。二〇〇五年，NIGO 登上《Interview》雜誌封面，嘴裡還咬著鑲鑽十字架。一年後，NIGO 和菲瑞穿戴互相搭配的紅色帽子、白 T 恤，以及沈甸甸的黃金繩鍊，一起參加 MTV 音樂錄影帶大獎頒獎典禮。不過，他在美國成功最明顯的證據或許是坊間大量出現仿冒商品——一般稱之為「fape」。全美各地購物中心不老實的街頭服飾店裡掛滿數百件仿冒的 BAPE 上衣。費特維爾有一天接到美國海關通知，有兩大貨櫃的 BAPE 仿冒品正停在佛羅里達州邁阿密外海。

　　在二次世界大戰過後六十年，美國人就像先前十年日本人著迷於美式風格一樣，瘋狂愛上日本品牌 A BATHING APE。然而，這項驚人成就在日本年輕人身上完全沒發生。日本從九〇年代開

252

始出現一小批的次文化嘻哈迷，他們模仿美國黑人饒舌歌手，穿上色彩鮮豔的寬鬆衣服。不過，當他們心目中的美國英雄開始穿起日本品牌時，他們卻努力抗拒那種認知上的失調感，而與 BAPE 保持距離。更廣泛來說，「逆輸入」的年代結束了，沒有日本人因為 A BATHING APE 在海外炙手可熱而關心它。非常諷刺的是，青少年從裏原宿團隊身上學會珍惜本土商品，而非全球性品牌；比起海外的品牌，日本品牌給了他們更高品質、更時髦有型的產品。

　　儘管在日本陷入停滯，BAPE 在海外受歡迎的程度還是在二〇〇七的會計年度為品牌挹注了六千三百萬美元的業績。然而，當美國的 BAPE 熱潮一退，它的財務狀況便開始迅速惡化。經過兩年業績下滑與債務增加的慘況後，NIGO 在二〇〇九年卸下 NOWHERE 執行長一職，將 BAPE 交棒給先前日本最大時裝零售商 World 一名行事穩重的高層主管。BUSY WORK SHOP 在上海、北京、台北以及新加坡開店，使得 BAPE 在亞洲與全球大品牌 Nike 或 adidas 一樣常見。可惜的是，這個品牌在它最初的市場陷入苦戰，位置偏遠的熊本與鹿兒島店關門大吉，洛杉磯店隨後也結束營業。

　　二〇一一年二月一日，香港零售商 I.T. 集團以僅僅兩億三千萬日圓買下 A BATHING APE 母公司 NOWHERE 九成股權的消息傳到了日本。對一家年營收仍有五十億日圓（六千兩百五十萬美元）的公司而言，這筆錢只能算是九牛一毛。重點在於，I.T. 集團同意承接 NOWHERE 高達四十三億一千萬日圓（五千兩百七十九萬美元）的債務。NIGO 原本可能會走上石津謙介和 VAN Jacket 的老路，宣告破產，不過這起併購案卻讓他能以較優雅的姿態退場。當時他告訴《女裝日報》：「我實在不想在《民事再生法》之下宣告破產，也不想傷害這個品牌。我有一種強烈的感覺，希望品牌繼續生存下去，所以重點是在思考如何解決這個問題。我花了二十年建立這個品牌，如果它消失的話會非常可惜。」

與 I.T. 集團的協議對 NIGO 來說是好壞參半，但對於日本時裝業的全球化而言，這卻是一個重大時刻。文化交流再也不是只有從美國輸往日本的單向發展。A BATHING APE 不但直接深入美國流行文化的核心，也開啟了日本時尚在亞洲的長期獨霸地位，反映出美國曾經影響日本的那種模式。大中華地區的企業投下大筆資金，爭取銷售日本品牌的權利。熟悉網路的亞洲消費者也在全球街頭服飾市場的現代化過程中扮演了重要角色。他們將街頭服飾的生態系統從一個出現在雜誌上、遙不可及的封閉日本品牌世界，轉變成許多以香港為基地的部落格，例如「Hypebeast」每天推出最新產品的評論，而這些產品隨時隨地都能經由電子商務買到。

　　BAPE 瀕臨破產一事明確宣告了裏原宿時代的結束，但這項運動的英雄人物依然對全球文化發揮了不可小覷的影響力。NIGO 很快就重新振作，創立兩個規模較小的品牌：HUMAN MADE，以及複製 VAN 模式的 MR. BATHING APE。接著他擔任 UNIQLO UT 系列的創意總監，又在二〇一四年成為 adidas Originals 的顧問。而高橋盾自從二〇〇二年將他呈現怪誕哥德風格的時裝秀搬到巴黎之後，就以 UNDERCOVER 不斷贏得好評。後來，高橋盾更與 Nike 合作前衛慢跑系列「Gyakusou」（逆走），以及與 UNIQLO 合作 UU 系列。

　　藤原浩目前是眾所周知的 Nike 創意顧問，針對特別計畫直接與執行長馬克・帕克（Mark Parker）合作。當日本主流時尚雜誌不再追蹤藤原浩團隊的豐功偉業時，他創辦了精選各部落格內容的線上雜誌 Honeyee.com。然而整體而言，藤原浩對於全球化的網際網路感受依然複雜——這個媒體奪走了他一度獨家引介外國潮流到日本的壟斷地位。他在二〇一〇年告訴《Interview》雜誌，這個隨時相互連結的世界「非常方便，但有點無聊」。

　　相較之下，真實的裏原宿區域已然沒落：NOWHERE、

READYMADE，以及REAL MAD HECTIC等門市均已消失，由二流品牌和可疑的街頭服飾轉售賣家取而代之。然而，裏原宿運動的精神在全球依然不滅——它存在於數百款的限量版Nike運動鞋、不起眼空間裡的快閃店、街頭時尚網路論壇熱烈的評論群組，以及在紐約Supreme店前大排長龍、等待機會購買一件T恤的消費者。前Stüssy創意總監與adidas Originals創意總監保羅・米特曼（Paul Mittleman）對於日本街頭風格在歷史上的重要性向來直言不諱：「如果說Stüssy開創了街頭服飾，那麼BAPE就他媽的超越了它，比它更受歡迎。」

儘管歷經幾十年的大風大浪和努力贏得的成功，藤原浩與NIGO在八〇年代晚期第一次見面那天所締結的師徒關係，依舊堅不可催。二〇一四年，NIGO在Instagram上貼出一張兩人合照，加上一句以《星際大戰》為靈感來源的圖說：「浩大師與絕地學徒NIGO。」他們兩人都以自己的方式改變了全球時尚的面貌。藤原浩將地下時尚帶進日本主流文化，也讓全球文化菁英開始關注日本。A BATHING APE讓美國人知道，他們可以花大錢購買日本製的美式風格商品。拜兩人之賜，世界上的文化領袖發現，想要追上潮流，就必須緊盯日本的一舉一動。

古著與復刻

Vintage and Replica

　　整個一九八二年，二十六歲、人在洛杉磯的大坪洋介每週都從銀行裡提出現金，把一疊鈔票藏進襪子裡，接著開車前往較不為人知的南門區（South Gate），造訪他最喜歡的服飾店格林斯班（Greenspan's）。這間店裡積著灰塵的貨架上陳列著數不盡的過往年代服飾：被人遺忘的 Levi's 牛仔褲、褪色的丹寧夾克、一九五〇年代的襪子。這些全是滯銷貨，是製造商不再生產、也沒人穿過的舊商品。大坪洋介每次造訪都會發現新寶貝，他在該年也成了格林斯班家族最喜歡的顧客。他會把自己在店內尋寶時造成的髒亂清理乾淨，而且一律付現──直接從襪子裡掏錢。

　　大坪洋介每週會把買到的貨品寄往東京阿美橫町一家叫 Crisp 的小店。Crisp 將貨品的美國標價提高百分之一百作為店內售價。一件進價九美元的 Levi's 501 牛仔褲在店內售價為三千六百日圓。因為價格合理，讀過《POPEYE》雜誌的年輕消費者每週都會將店內大部分商品搶購一空，Crisp 因此需要不斷補貨。

　　大坪洋介在玫瑰盃跳蚤市場（Rose Bowl Flea Market）街上看見復古打扮的路人，就會掏出襪子裡的現金，向路人多買些商品。他回憶道：「他們都會說，不行，這是我的第二層皮膚。可是要是掏出一百美元，每個人都會把自己的寶貝賣給我。」不到幾年，日本的古著需求量大幅激增，大坪洋介不得不在科羅拉多州和加州招募一批「挑貨員」，開始在各自的區域為他尋找貨源。

　　美國東岸也有類似的活動正在進行。一九八三年，學生日下部耕司收到東京一家二手服飾店委託的任務，要他前往全美各地蒐購美式古著。隨後十年，日下部耕司開車行遍全美五十州中

的四十九州，到生意清淡的百貨公司和逐漸沒落的西部服飾店，搜尋店中滯銷商品。日下部耕司承認：「我對服飾一竅不通，但我熱愛旅行。」但他至少知道怎麼找到最重要的商品——背後皮標上有「XX」的舊 Levi's 501 直筒牛仔褲，以及沒人穿過的經典 Converse 與 Keds 運動鞋。

大坪洋介、日下部耕司和八〇年代的其他日本買家，都在日本服飾業一個逐漸成長的領域發展過程中扮演了重要角色，那領域就是古著店。山崎真行的奶油蘇打和車庫天堂在七〇年代中期販售五〇年代的滯銷貨，成為該領域的開路先驅。在一九七〇年代末，原宿出現了 Santa Monica、DEPT、banana boat、VOICE，以及 CHICAGO 等商店，為日本提供了古著店的原型。相較於 BEAMS 和 SHIPS 銷售昂貴的進口新品，這些商店則供應出現在一九七五年《Made in U.S.A.》目錄與每個月《POPEYE》雜誌上商品的廉價舊版本。

為了維持貨源充足，古著店仰賴大坪洋介和日下部耕司這樣的個人在太平洋彼端搜尋稀有貨品，再以船運定期送回日本。在那個美國人湧向耀眼、簇新的購物中心血拚的年代，這些日本買家卻常在美國心臟地帶最陳舊、獲利最少的零售商店裡出沒。老舊商品只能在沒有電腦存貨系統的商店裡找到。不過，這些奄奄一息的零售商卻大多都不願意割捨那些幾十年都賣不出去的牛仔褲和鞋子。日下部耕司記得：「有時候，老闆不肯承認店內商品是舊貨。有些地方只賣給當地人。還有一間店一次只肯讓我買個四、五件，所以我只好重返三十趟，才買齊我要的商品。」

日本買家都懷抱相同的夢，希望能自由進出店家的地下室。每家店都有可能是一座金礦，堆著仍維持原始狀態的古著，四周則圍繞著散發霉味的雪紡睡衣和過時的小禮服。以古著為靈感來源的品牌 POST O'ALLS 設計師大淵毅就曾經當過這種買家。他在八〇年代晚期曾懷疑紐澤西州雷德班克（Red Bank）一家百貨公司的地下室內有大量的滯銷服飾。他回想：「我得請員工幫我一

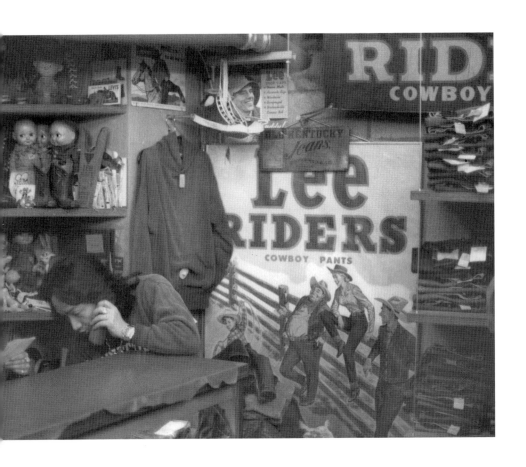

一九七〇年代末，古著店於原宿開枝散葉，販賣源自美國的二手牛仔褲與夾克，掀起服飾業的新潮流。◎照片提供：Eric Kvatek

批批把衣服拿上來。老闆情緒非常不穩，喜怒無常，好像她不缺錢似的。我不得不來來回回二十幾趟。」大淵毅最後用一盒盒的GODIVA巧克力討她歡心，才如願以償。

　　牛仔褲古著一向是買家最有利可圖的服裝。到了八〇年代中期，日本的BIG JOHN、EDWIN、BISON以及BOBSON等品牌，已成功讓所有人都穿上丹寧——男女老幼，時尚、不時尚的人皆然。然而，這種普及性也使得這種一度具有神奇魔力的藍色棉褲淪為廉價商品。全日本有五千多家的獨立牛仔褲店銷售一落落的牛仔褲，各種想像得到的處理方式與款式應有盡有。厭倦了超緊身石洗牛仔褲的純粹主義者渴望回歸黃金標準——Levi's 501排釦直筒牛仔褲。當《Checkmate》等時尚雜誌報導義大利和法國都採用Levi's 501作為自己休閒風格的基本元素時，這樣的想法更是如虎添翼。

　　當日本開始對501產生興趣，美國Levi's的行銷企畫重心正好已從經典剪裁轉向，改朝緊身、燈芯絨褲及衝浪褲發展。一九八四年，日本Levi's刻意放棄這項策略，恢復以501作為行銷核心。此舉讓業績立刻提升，而日本人對經典美式風格的喜愛也啟發了美國Levi's在一九八四年洛杉磯奧運之前推出「501 Blues」廣告片，展現普通人穿著經典的直筒牛仔褲走在街上。

　　但是，儘管日本消費者喜愛Levi's 501的概念，當地零售商供應的正品卻不符其傳奇地位。一九八〇年代晚期一本《Men's Club》牛仔褲指南指出：「知名的傳統Levi's 501、Lee 200，以及Wrangler 13MWZ，在品質上有了不少變化。例如在染色過程上為節省成本也改採便宜的自由端紡紗法。此舉雖然成功提高了生產效率，但品質卻反而下降，可說得不償失。」

　　可是Levi's、Lee和Wrangler能做的並不多。從一九五〇年代開始，美國牛仔褲製造商就面臨全球需求量高漲，因此不得不加快生產速度、降低生產成本的境況。它們與紡織廠合作，放棄較慢的環錠紡線，改用速度較快的自由端紡紗線，大大改變了布料

吸收靛藍染料的方式。紡織廠也將大批細長形、動作緩慢的 Draper 梭織機換成高科技的片梭織機。一般日本消費者對這些特別的生產過程所知有限，但能感覺到現代的牛仔褲缺少了過去經典牛仔褲所有的那種神奇魅力。大淵毅回想道：「《Made in U.S.A.》的封面有一幅 Levi's 501 的插圖，所以我知道新版 501 的顏色與原版的不同。我們都在想，這差別怎麼這麼大？」

古著店讓不甚滿意的丹寧消費者有機會再度擁有 Levi's、Lee 和 Wrangler 高級的舊款式。泡沫年代的強勢日圓讓美國服飾顯得非常便宜，到了一九八九年，全日本出現了驚人的二手服飾狂熱。原本掙扎求生的生活風格雜誌《Boon》也以古著時尚為報導焦點，得以鹹魚翻身，為這項風潮增添了一本風格指南。

不過，需求大增也順勢大幅拉抬了商品價格。一九八三年，原宿古著店 banana boat 店內六〇年代款式的 Levi's 開價約兩萬兩千日圓（相當於二〇一五年的兩百三十七美元），但到了一九八〇年代末，該店在玻璃櫃裡展售的陳年 Levi's 標價十萬日圓（相當於二〇一五年的一千三百九十美元）。報紙半信半疑地報導，一件在原宿銷售的稀有 Lee 牛仔褲要價兩百萬日圓（相當於二〇一五年的兩萬八千美元）。

龐大的獲利率吸引了大批日本買手湧向美國。在赴美之前，年輕的採購新手會接受訓練，學習如何透過細微的特徵為丹寧估價。其中最明顯的記號就是褲腳內的「赤耳」——這指的是一九八三年之前美國製造的 Levi's 501 白色縫邊上的紅線。美國紡織廠舊的 Draper 梭織機所生產的丹寧會自行收邊——業界的術語叫「布邊」（selvedge）。康恩米爾斯在它丹寧的布邊上加上細微的紅線，加以區隔，而這個小細節就是區分美國製舊款牛仔褲最簡單的方法。

布邊是必備條件，但買手甚至會找尋更舊的設計元素，包括真皮皮標（一直使用到五〇年代中期）、從牛仔褲內才看得到的隱藏式鉚釘（一九三七年至一九六六年），以及紅色 Levi's 商標標

籤上的「大 E」（一九三六至六九年）。這些以細節判定丹寧年代的方法最早是透過零售商與買家之間口耳相傳，但很快地也擴散到消費者耳裡。校園裡擠滿討論如何判斷古董牛仔褲年份的青少年，好像人人都是能言善道的古著考古學家。

與此同時，美國幾乎無人瞭解舊款 Levi's 或 Lee 牛仔褲的潛在價值。美國為數不多的古著店不賣這種工作服，而是販售古典好萊塢留下的服裝——夏威夷襯衫、保齡球衫、阻特裝（zoot suit，譯按：特徵為有著誇張墊肩、長度及膝的 Oversized 西裝外套，搭配高腰卻寬垮的老爺褲），以及色彩鮮豔的錐形襯衫。紐約的二手商店（thrift store）常在夏季剪掉稀有 Levi's 的褲管，將之改造成牛仔短褲。蘇活區的古著精品店因果循環（What Comes Around Goes Around）老闆塞斯・魏瑟（Seth Weisser）告訴《紐約時報》：「在日本人加入之前，大家只會分辨四〇、五〇和六〇年代的牛仔褲，但價值不見得有什麼差別。它們都只是『二手牛仔褲』。」

攝影師艾瑞克・克瓦提（Eric Kvatek）是當時少數搜尋古著工作服的美國人。某次有人開價一千美元委託尋找一件老舊警察夾克之後，他就開始將在二手商店挖寶變成副業。克瓦提搬回俄亥俄州，那裡有大量的稀有商品正等著他。他解釋道：「就在一九九〇年代初，許多早年的工人一個個離世，他們的舊衣就被人從地下室挖出來，移到二手商店裡販賣。」俄亥俄州提供了購買古著的完美條件：大量的低價產品、適合長途駕車的便宜油價，還有要價僅十五美元的汽車旅館房間。克瓦提與北海道札幌市的一家商店簽約，那也是他的主要客戶。為了與日本老闆溝通方便，他開車穿越美國中西部時，還會邊聽日語會話錄音帶。

克瓦提在二手商店裡翻找時特別謹慎，絕對不讓櫃台後的美國人知道他真正的任務。「知識就是黃金」，買家堅守間諜般的行為準則，以免讓二手商店的老闆知道貨品的真正價值。為了解釋他為何要買下兩打各種尺寸的牛仔褲，克瓦提告訴店員，他是在「幫一支工作團隊買衣服」。他在採購舊的 Nike Air Max 95 好

艾瑞克‧克瓦提在札幌的古著店 American Sugar 前留影。◎照片提供：Eric Kvatek

為日本在九〇年代晚期的運動鞋熱潮供貨時，假裝自己是田徑教練，捏造出「六比六十」和「十比四十」之類的假比賽。

　　就在美國人眼下，日本、英國和法國買家紛紛湧向美國，買走大部分的滯銷商品，這個貨源到了九〇年代中期便所剩不多。買家接著搜刮更常見的商品，像是二手印花Ｔ恤和尼龍夾克，讓貨品不斷在「古著絲路」上流通。相較於古著，日本店家更偏愛這些二手服飾，因為選購這些東西不需要專業能力，而且能以低價大量取得。

　　到了九〇年代晚期，數千名日本年輕創業家都踏進了二手服飾市場。原宿在八〇年代最初約有十五家左右的二手服飾店，此時面臨的競爭日益激烈，區域內的二手服飾店已高達一百多家。在全日本各地，估計有五千家商店專門銷售二手美國服飾，一年營收高達數億美元。光是原宿的CHICAGO這家古著店，一九九六年的業績就高達十五億日圓（相當於二〇一五年的兩千萬美元），足足比十年前成長了一倍。

　　由於市場規模成長得實在太大，原宿主要的古著通路將它們的海外挑貨員組成名符其實的採購大軍。有一家日本連鎖古著店在美國伊利諾州租下一間公寓，作為支薪員工的辦公室；這些員工每週七天開車在中西部各地奔走，一次會採購十車的舊衣物。其他連鎖店則直接找上批發商，也就是所謂的「舊衣倉庫」──它們將二手商店不要的商品整理成可裝運的形式，送往第三世界。許多日本人特地學習西班牙語，好巴結拉丁裔工人，希望有機會取得好貨。原宿的VOICE與全美各地的十座倉庫簽約，大量買進舊衣，再在日本進行分類整理。VOICE雇用許多員工在附近的自助洗衣店清洗這些衣物，去除髒汙，修理拉鍊，縫補鬆脫的鈕釦。

　　在一九九六年的市場高峰，日本買進了總值十三億日圓的二手美國服飾（相當於二〇一五年的一千八百萬美元），而一九九一年只有兩億四千萬日圓（相當於二〇一五年的三百一十萬美元）。這些輸入日本的服飾幾乎都是美國貨。一九九五年來自美國的二

手服飾總噸數，是第二大進口來源加拿大的二十三倍。即使英國時尚一向影響日本，但英國服飾進口量遠遠不及美國貨。儘管人口僅僅相差四倍，來自美國的服飾仍足足比英國多了七十倍。

日本家長煩惱，二手美國服飾的興盛現象，透露的是一種泡沫經濟後的消極鬱悶心態。但年輕人完全不這麼想：美國古著可不是窮困的象徵，而是文化與經濟進步的徵兆。沒有東西堪比一件如假包換的五〇年代 Levi's 501XX 更真實、更美國，以及更昂貴。

古著也將一個全新的消費族群帶入服飾市場——年長男性。這些男人不看《POPEYE》或《Boon》，而是追隨一本貨真價實的消費品雜誌《mono》。它的出版者 World Photo Press 在七〇年代多出版關於美國噴射機、坦克及核子潛水艇的書籍，結果卻在九〇年代發現，拍攝舊工作服和軍事飛行員夾克有新的利基。《mono》的讀者往往將古著夾克和牛仔褲當成收藏品放在房裡，而不是穿出門。不過他們的收藏成為一項重要資源，有助《Boon》這樣的雜誌建立全面性的時間軸，呈現 Levi's 牛仔褲是如何隨著每個時代而改變。接下來，詳細的知識便向下擴散，傳向新一代的丹寧愛好者。

原宿 VOICE 的高橋健在一九九七年曾抱怨：「古著原本的優點是便宜。只要花一點點錢，任何人都能穿出美國風——那也是二手物品存在的重點。」可是，較年長的收藏家對古著的需求日益提高，進而抬高了商品價格。接著在一九九〇年代末，美國人意識到了日本的情況。較有經驗的日本買家懂得在美國店家老闆身邊要謹言慎行，但打從來自鄉下的日本年輕人跑到舊衣倉庫，指著《Boon》雜誌上珍貴商品的照片之後，這樣的計謀就被美國人識破了。舊衣倉庫的老闆注意到圖片說明上的價格，便為日本人重新調整售價，以賺取更多利潤。

大約在同一時間，艾瑞克・克瓦提、日下部耕司和大淵毅等買家，面臨到一個比行事輕率的採購菜鳥更難對付的敵人——來自猶他州奧勒姆（Orem）、積極進取的商人約翰・法利（John

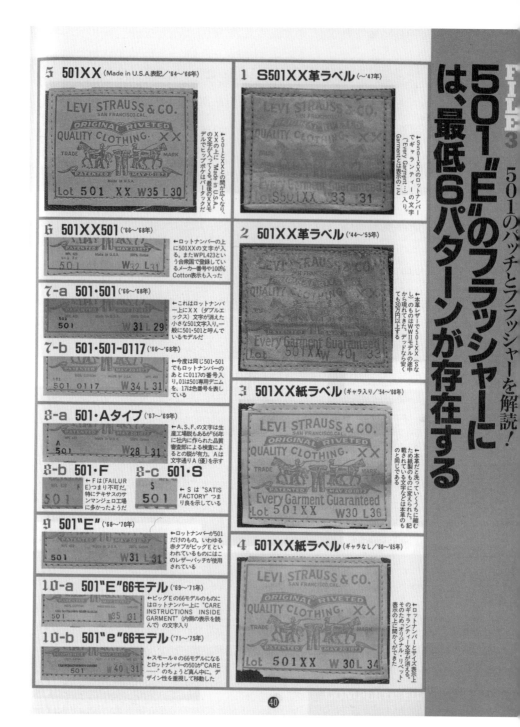

501"E"のフラッシャーには、最低6パターンが存在する

501のパッチとフラッシャーを解読！

5 501XX (Made in U.S.A.表記／'64～'66年)

←501とXXとの間が広くなり、XXの上に Made in U.S.A.の文字が入ってくる、最後のXXXモデルでヒップポケはバータックだ

Lot 501 XX W35 L30

6 501XX501 ('66～'68年)

←ロットナンバー上に501XXの文字が入る。またWPL423という合繊団に登録しているメーカー番号や100% Cotton表示も入った

501 W32 L31

7-a 501・501 ('66～'68年)

←これはロットナンバー上にXX（ダブルエックス）文字が消えた小さな501文字入り。一般に501・501と呼んでいるモデルだ

501 W31 L29

7-b 501・501-0117 ('66～'68年)

←今度は同じ501・501でもロットナンバーのあとに0117の番号入り。01は501専用デニムを、17は色番号を表している

501 0117 W34 L31

8-a 501・Aタイプ ('67～'69年)

←A, S, F, の文字は生産工場別にあるが'66年に社内に作られた品質審査部による検査によるとの脱が有力。Aは文字通りA（優）を示す

A 501 W28 L31

8-b 501・F

←Fは(FAILURE)つまり不可だ。特にテキサスのサンマンジェロ工場に多かったようだ

501

8-c 501・S

←S は "SATISFACTORY" つまり良を示している

S 501

9 501"E" ('68～'70年)

←ロットナンバーが501だけのもの。いわゆる赤タブがビッグEといわれているものにはこのレザーパッチが使用されている

501 W31 L31

10-a 501"E"66モデル ('69～'71年)

←ビッグEの66モデルのものにはロットナンバー上に "CARE INSTRUCTIONS INSIDE GARMENT" (内側の表示を読んで)の文字入り

501 W35 L31

10-b 501"e"66モデル ('71～'75年)

←スモールeの66モデルになるとロットナンバーの501がCARE……の下が真ん中に。デザイン性を重視して移動した

501 W40 L31

1 S501XX革ラベル (～'47年)

←S501XXのロットナンバーでギャランティー入り。"Every Garment…"の文字。「ギャランティー」とはメーカーの…

S501XX 33 31

2 501XX革ラベル ('44～'55年)

←本革レザーで501XX（Sなし）のものはWWIIモデルの中から現れたもので、デッドなら安くても30万円以上する

Lot 501XX W40 L33

3 501XX紙ラベル (ギャラ入り／'54～'60年)

←本紙だし洗う（…）に縮むため紙製の本ラベルに載せ替えているが変えている記されている文字などは本革のも…

Every Garment Guaranteed
Lot 501XX W30 L36

4 501XX紙ラベル (ギャラなし／'60～'65年)

←ロットナンバーとサイズ表記上のギャランティー文字が消える。そのため「オリジナル・リベット」表示の…上に間取りができた

Lot 501XX W30 L34

《Boon》雜誌在一九九五年刊出的牛仔褲指南裡，比較各種 Levi's 501 的不同價格供讀者參考。
◎圖片提供：祥傳社

Farley）。法利在八〇年代以摩門教傳教士身分長住日本時，曾接到幾個商店老闆的委託，希望他從美國寄一些古著商品來日本。結果，這項舉手之勞逐漸發展成一樁成熟的事業，即法利企業（Farley Enterprises）。他的表弟休・法利（Hugh Farley）在東岸的小鎮雷迪森（Radissons）租了一些房間，在報紙上登廣告，讓大家帶著 Levi's 舊牛仔褲與 Nike 球鞋來賣。休將舊貨運往奧勒姆給約翰，後者會在網站上接受八百名日本商店老闆競標。法利企業在一九九六年的顛峰時期，每週會將六百雙稀有的美國運動鞋運往日本，為旗下有三十名員工的公司賺進三百二十萬美元。

　　法利的超高效率經銷系統破壞了古著商人暗中到二手商店挖寶的遊戲規則。但他的招數不只如此。這位猶他州企業家使出的致命一擊，是一本名為《日本追緝令》（Wanted in Japan）的指南，他將冊子寄給全美各地的二手商店。這本小冊子詳述應該尋找什麼樣的舊服飾，並為每項單品訂立標準價格。就算最好的商品最後沒有來到法利企業，也不再成堆地掩沒在商店裡。

　　隨著法利企業崛起，眾多日本菜鳥買家向貨主透露太多資訊，eBay 等拍賣網站誕生，以及日圓重挫，日本人搜尋美國古著的行動在二十世紀末逐漸劃下句點。以原宿為根據地的頂尖連鎖古著店仍是日本時尚市場的一環，但有許多小公司卻在一夜之間消失殆盡。消費者對古著的著迷熱潮，最終引發了史上最大的服飾轉移行動，從美國到日本，規模遠超過戰後慈善捐獻活動與軍事運輸，甚至當代品牌定期訂購的新衣服。雖然目前規模縮小，這條古著絲路仍延續至今。比方說，原宿的連鎖古著店 CHICAGO 每個月仍從美國進口大量服裝，供應給旗下多個通路，因此需要在美國聖路易市區與茨城縣鄉下設立專用倉庫。

　　大坪洋介保守估計，稀有的美國服飾、尤其是丹寧和工作服類，有三分之二都落入日本人手中。特別是，「原宿古著店 BerBerJin 的地下室絕對是全世界最重要的古著牛仔褲集中地」。在那個狹小的地下房間裡，BerBerJin 若無其事地陳列出各個年代

的 Levi's；有些皮革標籤都快腐爛的一九三〇年代牛仔褲，要價一萬美元上下。此外，千葉縣有一名收藏家擁有三千件牛仔褲。古著店 banana boat 在帶動崇拜舊 Levi's 的風潮之後三十年，店內玻璃櫃裡仍然擺著數十件狀態完好的一九六六年款 Levi's 牛仔褲——目前每件要價二十萬日圓。

就這些價格來說，一般年輕人再也無力購買沒人穿過的 Levi's 501 古著。不過他們已經不在乎了。在更棒的復刻品出現後，誰還需要原版呢。

• • •

一九八〇年代中期，大阪的高中生辻田幹晴買不起 MEN'S BIGI 或 Comme des Garçons 等設計師品牌，於是衣櫃裡掛滿從大阪年輕人購物區美國村的古著店買來的法蘭絨襯衫和舊款的 Levi's 501。辻田幹晴說：「美式休閒風是不必花大錢的時尚。」他成為 LAPINE 的忠實顧客；那是大阪最早販售進口滯銷品的服飾店之一。

一九八九年初，辻田幹晴某次造訪 LAPINE 時，店經理山根英彥告訴他一個製作新牛仔褲的激進計畫，而且是要仔細複製美國古著款式的獨有特色。因為從美國採購古著的成本變得太高，山根英彥認為可以直接製作散發「舊品味」的新牛仔褲。辻田幹晴有興趣參與，於是辭去廣告公司的工作，加入 LAPINE。辻田幹晴和山根英彥都知道所有偉大古著牛仔褲的特徵——皮革標籤、銅鉚釘、以鏈狀針法縫的褶邊，當然還有車了布邊的丹寧布料。現在，他們只要設法製作出帶有這些老特徵的新牛仔褲即可。

首要任務是找到車有布邊的丹寧布料。日本工廠最早在一九七〇年代涉足丹寧生產時，是從現代的 Sulzer 片梭織機開始。因此，日本沒有製作車有布邊的丹寧布料的習慣。首度嘗試是在一九八〇年，BIG JOHN 要求布料供應商倉敷紡績使用通常用來製作帆布的舊型豐田梭織機生產丹寧布。接著，他們以布邊丹寧當

據稱，原宿古著店 BerBerJin 的地下室有著精采的古著牛仔褲收藏。照片為店經理藤原裕展示擺在地下室的一件稀有的一九四六年綠標 501。

作 BIG JOHN RARE 的賣點，生產一件要價一萬八千日圓（相當於二〇一五年的兩百二十五美元）的牛仔褲，配有進口 Talon 拉鍊、純銅鉚釘，以及傳統和紙製成的標籤。BIG JOHN RARE 售價是一般牛仔褲的三倍，實在難以吸引顧客。此外，它在市場上失利也嚇跑了其他製造商和工廠，害它們不敢拿車邊丹寧做實驗。

　　倉敷紡績於是將重心轉為重新創造經典美國丹寧的獨特觸感上。一九八五年，該公司推出「ムラ糸」，那是一種粗節紗，運用尖端科技複製大量生產年代之前常見的不平順質感。這種紗製作的丹寧布料「縱落ち」褪色後會顯露出直的線，是力求正統的牛仔褲信徒最重視的特色之一。曾在倉敷紡績工作多年的資深丹寧商人安德魯・歐拉（Andrew Olah）解釋道：「直到一九五〇年代，牛仔褲的環錠式精紡技術都還是非常落後。他們做不出直的紗，靛藍色一旦退去，布料上都看得見那些瑕疵。但是與其視之為瑕疵，日本人反而當那是產品的主要特色。所以他們刻意複製不平整的缺點。整個產業都改用自由端紡紗法，因為它比較便宜、乾淨、快速，能解決許多問題，但日本人從沒真正認同過這種織法。」

　　倉敷紡績的布料不向日本市場供貨，而是將首批「ムラ糸」丹寧賣給法國品牌 Et Vous、Chevignon，以及 Chipie。日本粗節紗丹寧讓這些歐洲品牌複製的 501 款型更臻完美。結果，這些法國款式又逆向激發日本下一次複製舊牛仔褲的企圖心。古著收藏家及資深時尚業者田垣繁晴八〇年代初在巴黎為尚－夏爾・德卡斯泰爾巴雅克（Jean-Charles de Castelbajac）與皮爾・卡登（Pierre Cardin）工作時，發現了法國的丹寧品牌。他在一九八五年回到日本後，創立了以偽法文為名的品牌 Studio D'Artisan，著手生產具有戰前款式本質的高級牛仔褲。

　　他的傑作 DO-1 於一九八六年推出，看得見在牛仔褲上數十年不見的某些特徵，例如來自一九三〇年代 Levi's 的背扣環。為了挪揄著名的 Levi's 商標，DO-1 的皮標上看到的不是馬，而是互相

拉扯著一件牛仔褲的兩隻豬。DO-1 要價兩萬九千日圓（相當於二〇一五年的兩百六十八美元），震驚了時尚業與消費者。跟六年前的 BIG JOHN RARE 一樣，Studio D'Artisan 的牛仔褲銷售成績欠佳。但是田垣繁晴繼續努力不懈——他與岡山的丹寧廠日本棉布合作，利用小巧的三呎寬布邊梭織機生產高級布料，並以傳統的天然靛藍染料「本藍染」染色。

就在同一時間，復古法國牛仔褲也啟發了東京一家規模更大的丹寧公司——日本 Levi's。該公司主管田中肇在巴黎一家商店的櫥窗發現一件經典 501 的複製品，便決定 Levi's 需要推出自己的復古重製商品系列。為了征服眼光敏銳的日本顧客，田中肇要求康恩米爾斯重新生產布邊丹寧，但總公司卻裹足不前。最後，他發現那些法國牛仔褲的丹寧布料根本就來自倉敷紡績，便要求該公司獨家供貨給他們。一九八七年，日本 Levi's 首度推出第一款復刻牛仔褲 701XX，那是有背扣環的一九三六年 501XX 複製品，比歐洲和美國生產自己的復古牛仔褲分別早了一年和兩年。

山根英彥和辻田幹晴開始為 LAPINE 設計牛仔褲時，非常清楚先前的這些努力。他們在店裡銷售 Studio D'Artisan 牛仔褲，也十分關注神戶品牌 DENIME（ドゥニーム）；後者的設計師林芳亨設計了十分接近 501 一九六六年款式的牛仔褲。不過，DENIME 與 Studio D'Artisan 是透過時髦的歐洲風情呈現他們對美國古著的欣賞之情，而山根英彥和辻田幹晴則希望製作道地經典的美式服裝。

就在 LAPINE 推出第一款復刻牛仔褲之後，山根英彥辭職，成立自己的丹寧品牌 —— EVIS。這個名字是一個可愛的小玩笑，拿掉 Levi's 的 L，拼出「惠比壽」（ebisu），日本的漁業與幸運之神。山根英彥希望製作「就像我念中學時在二手商品店買的」牛仔褲——因為腰部寬鬆，所以必須繫腰帶，腿部成錐形，底部下垂。他生產了三百件，而且為了看似有更多產品可選擇，他在半數的褲子後口袋上手繪白色的「海鷗」弧形，就在 Levi's 著名拱形

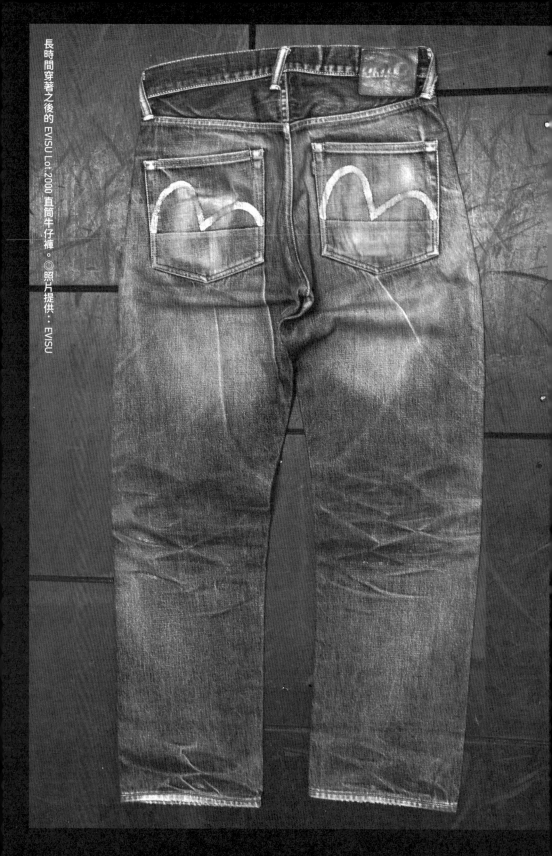

縫線所在的位置。山根英彥後來說：「那個手繪圖案是半開玩笑的。我從沒想過有人真的會買。」令他驚訝的是，手繪褲款銷售一空，於是他把其餘的褲子也都畫上海鷗弧。EVIS的業績此時步上軌道，辻田幹晴也辭去LAPINE的工作，幫助山根英彥應付暴衝的市場需求。

大阪的復古牛仔褲製造商每週都會舉行小型聚會，成員包括Studio D'Artisan的員工、DENIME的林芳亨，以及山根英彥和辻田幹晴，還有EVIS二十歲出頭的雙胞胎兄弟塩谷健一與塩谷康二，大家在山根英彥的辦公室交換生產心得。然而，時間久了，眾人的意見開始分歧。辻田幹晴和塩谷兄弟催促山根英彥製作更接近早期美國款式的牛仔褲。山根英彥為自己的設計辯解：「做得跟古著款一模一樣很簡單，誰都做得到。但那樣只是拷貝罷了。我得做一件只有我能做的原創款。」他解釋，這想法不只是「剽竊美國」，而是要「提供一種日本人眼中的『美國』的感覺」。辻田幹晴並不服氣：他不喜歡手繪海鷗，想做「更嚴肅、更純粹」的東西。

辻田幹晴開始研究他收藏在紙箱裡的復古Levi's，逐一拆解，他認為應該能從中發現為什麼它們穿起來感覺比現代牛仔褲好那麼多。他細心思考每個細節、每條縫線。拆開布料檢查紗線後，辻田幹晴最後的結論是，老牛仔褲的棉花纖維長得多了。到了一九九〇年代，工業紡紗技術可用短纖維棉花生產出高品質紗線，導致長纖維棉花成為難以負擔的頂極原料。經過認真研究後，辻田幹晴從辛巴威進口一種不太知名、且相對低價的長纖維棉花。在岡山一家紡織廠的協助下，他成為全球將這種棉花纖維製成丹寧布料的第一人。

辻田幹晴將自己的品牌命名為FULLCOUNT，第一批牛仔褲在一九九三年上市。但當時許多古著店依然對現代複製品抱持懷疑的態度。他記得：「電話裡每個人都說，我不要假貨。可是親眼見到產品後，他們又說，哇，這是什麼！」來自大阪的

FULLCOUNT 牛仔褲不只非常符合這些商店的整體商品組合，也提供容易追加訂貨的類古著產品。

　　一九九五年，前EVIS員工塩谷健一與塩谷康二創立了自己的品牌WAREHOUSE，甚至更執著於複製出古著的細節。如此一來，大阪的五大獨立牛仔褲品牌正式成軍，也就是現在所謂的「OSAKA 5」（大阪ファイブ）──Studio D'Artisan、DENIME、EVIS、FULLCOUNT，以及WAREHOUSE。在《mono》雜誌將EVIS介紹給熱愛古著的讀者之後，山根英彥每個月就開始能賣出兩千件牛仔褲。《Boon》等雜誌將大阪五大品牌的牛仔褲與裏原宿的T恤做搭配，更打響了它們的知名度。青少年不再渴望banana boat店內玻璃櫃裡要價十萬日圓的古著牛仔褲，轉而改以四分之一價格購買舒適且尺寸齊全的復刻品。

　　到了一九九六年，FULLCOUNT 的牛仔褲年銷量已經來到十萬件。EVIS 為了因應市場需求，在岡山設立自己的工廠。此時日本最大的牛仔褲製造商 EDWIN 也全力支持復古丹寧──投下數百萬美元預算強打一系列電視廣告，請來布萊德・彼特推薦「新復古」系列 505。原本原宿放眼望去都是身穿淺藍、已褪色復古 501 的年輕人，此時大家紛紛改穿僵硬、未洗、極深藍色的丹寧。

　　青少年深受小品牌與大量生產廠商的復古造型吸引，新公司則複製五口袋牛仔褲以外的老服飾，搭上這股潮流。八〇年代晚期，神戶的 THE REAL McCOY'S 做出一件幾近完美重現的美國 A-2 飛行員夾克。完成後，他們立即將之擴大成多種美軍制服與夾克。此外，東京的東洋企業也以 Buzz Rickson 之名複製了同樣逼真的美國飛行員夾克。

　　美國空軍飛行員在一九四五年轟炸日本都會區的每一吋土地時，穿的當然是同樣的夾克。這種對美國軍裝的興趣算是日本全國性的「斯德哥爾摩症候群」嗎？VOICE 原宿店的一名店員曾經這麼形容古著熱潮：「這都是因為日本打了敗仗。如果日本打贏，美國人現在應該會爭相穿上和服。」不過，這些夾克不見得是對

美式酷勁的一種下意識的支持。對某些日本中年男性而言，美國軍裝在強化一般的男子氣概之外，也引發對盟軍占領時期的懷念——那是日本史上一個代表性的時期，而美國人正好出現當中。仿飛行員夾克也讓中年男子得以對軍事事物產生「健康的」興趣，卻不至於觸碰到日本戰爭時期的禁忌。

在一九九〇年代末，日本古著店與復刻商品數量之多，讓消費者幾乎能買遍任何美式服飾，新舊皆然。大阪五大丹寧品牌和其追隨者因為極為欣賞美國丹寧，因此逐漸接受高級牛仔褲，希望能追回 Levi's 黃金年代的神奇魔力。但與此同時，許多日本人已經準備要跳脫經典美式風格的窠臼，嘗試新路線。丹寧即將變得更具日本風味。

• • •

平田俊清兒時在神戶時從沒穿過牛仔褲。他是個運動健將，對武術的興趣高過反文化：「我最討厭留長髮的人。」在一九七〇年大阪世界博覽會的空手道比賽期間，外國遊客鼓勵平田俊清到海外傳授武術，於是他登上一艘停在神戶港、即將航向巴西的船，而後在夏威夷上岸——身上卻沒有相關文件。平田俊清一開始在健身房工作，接著得到一批日僑資助，展開橫越美國的大探險。他在七〇年代初搭便車旅行的過程中體認到牛仔褲不只適合嬉皮，也適合所有人穿著，於是他替自己買了一件。

返回家鄉的平田俊清在大學畢業後認識了他太太，小倆口在一九七五年搬到女方的家鄉岡山縣兒島。平田俊清需要工作，於是到當地各大牛仔褲製造商應徵，最後落腳 Johnbull。平田俊清表示：「我對牛仔褲沒興趣，做什麼都好。」可是幾年後，他卻成為當地縫紉業的傳奇人物。然而，隨著自己的技能精進，平田也對兒島一眾廠商過度仰賴美國潮流的情況失去耐性：「各公司規模越來越大，卻繼續複製美國，我覺得很可悲。」

平田俊清婚後隨妻子回到兒島，誤打誤撞走入服裝產業，後來更成立了自己的丹寧品牌
Capital（後改名為 Kapital）。◎照片提供：Eric Kvatek

一九八五年，平田俊清離開 Johnbull，成立自己的公司 Capital，希望生產能超越美國原版的牛仔褲。相較於其他兒島廠商，他想生產「十分獨特的牛仔褲，讓人不必看後口袋上的縫線就能認出品牌」。他買下一台古老的于仁牌縫紉機，告訴朋友，他想製作一樣非常先進的產品。在以各種材料、縫紉方式及處理手法進行廣泛實驗之後，平田俊清完成了一組原型，在新牛仔褲上重現二手服飾的老舊色澤。

接著，平田俊清因為東京熱門服飾店 HOLLYWOOD RANCH MARKET 的老闆垂水元（ゲン垂水）而獲得一大突破。垂水元在七〇年代去加州流浪後，回國開設了兩間日本最早的二手服飾店——「天堂鳥」（極楽鳥）與大獲成功的 HOLLYWOOD RANCH MARKET，後者銷售各種二手美國服飾及原創品牌，而且全都帶有一種淡淡的傳統日本鄉村風味。當時石洗剛剛蔚為風潮，垂水立刻愛上平田俊清樣品的手工質感。垂水告訴他：「我們來做一樣讓大家刮目相看的日本產品。」兩人的成果是一件結合了復古美式美學及卓越日式工藝的牛仔褲，而且大為暢銷。

Capital 從一九八〇年代晚期到九〇年代初期持續成長，為 HYSTERIC GLAMOUR 等東京品牌，以及 Studio D'Artisan 和 DENIME 等關西丹寧系列生產牛仔褲。平田俊清後來發現了新歡 45rpm，一個具有獨特美學，融合美式復古、法式休閒服、義大利裁縫，以及傳統日本工藝的品牌。平田俊清的兒子平田和宏是 45rpm 的設計師，這個品牌將這些不同的風格串連在「侘寂」（wabisabi）的概念底下——在不完美當中追尋美的禪宗概念。平田事先將牛仔褲弄破，實現了 45rpm 的哲理：牛仔褲皮標上印的圖案已腐朽，破掉的丹寧上仍保有豐富的靛藍色。為了進一步強調日本原創精神，45rpm 牛仔褲款式的名稱取自古日本歷史，例如「繩文」就是公元前一萬兩千年日本列島上的採獵民族。

二〇〇〇年，45rpm 在紐約蘇活區開設了門市，販售高級丹寧服飾給美國人。在異國土地上，這個品牌更大力主打自己的日

本血統，強調採用有機布料和由工匠手工染色的過程。45rpm 邀請美國攝影師（也是前古著買家）艾瑞克‧克瓦提拍攝目錄與宣傳素材，並找來古都奈良的工匠們擔任模特兒。克瓦提回想：「為了幫助我更瞭解日本品質的精髓，他們帶我到奈良參觀神社與寺廟。我們和茶道師傅聊天，造訪天然靛藍染坊，也拜訪了日本古布料專家。」在平田父子協助下，45rpm 將仿美國古著與數百年歷史的日本工匠藝術天衣無縫地結合在一起，這兩個概念此後便形影不離。

當年稍後，平田俊清召喚兒子離開 45rpm，回到自家成立原創品牌 Kapital。位於兒島市區的 Kapital 進一步將美國波西米亞主義與日本「造物」（ものづくり）工藝技術傳統融合在一起。他們的商標是兩隻藍色的手，這是日本靛藍染師傅長期沾上染料的手掌。Kapital 一向巧妙運用日本本土認同與美式風格之間的拉鋸——採用十八世紀的「柿染」技術，生產帶有和平主義色彩的嘲諷產品：印上「FARMY」的現代美國陸軍 T 恤。自二〇〇五年起，艾瑞克‧克瓦提便為該品牌拍攝每半年出版一次的目錄，呈現模特兒穿著 Kapital 有補丁、以軍服為靈感來源、用日本布料製成的服裝，在世界各地的田園風光中歡樂嬉戲。這些目錄光從標題就建構出一個全球流浪者心目中的幻想星球——海洋吉普賽、蔚藍無政府、海底寶藏丹寧、科羅拉多嬉皮。

早在 45rpm 或 Kapital 出現之前，EVIS（後來改名 EVISU，以防 Levi's 法律團隊提告）就是以日本身分在海外銷售經典美國服飾的先鋒。早在一九九四年，山根英彥就與英國商人彼得‧卡普洛（Peter Caplowe）合夥，讓白海鷗牛仔褲成為紐約與倫敦的 DJ、名人及街頭服飾迷的必備單品。狗仔隊曾拍到大衛‧貝克漢穿著它，貝克漢後來又買了一件有金線與 18K 金鈕釦的限量款。此外，美國歌手 Jay-Z 在二〇〇一年的單曲〈Jigga at Nigga〉中向 EVISU 致敬，亞特蘭大的 Young Jeezy 則在〈Bury Me A G〉一曲中要求穿著 EVISU 被埋葬。

EVISU 的訣竅是運用東方設計主題，將自家牛仔褲定位在比現代美國牛仔褲更正統的地位。他們的牛仔褲訴說著一個故事——那就是卓越的日本工匠努力製作美國人自己再也做不出來的產品。一九九〇年代晚期的媒體一再報導，山根英彥買下 Levi's 在盲目追求效率與利潤之下丟棄的舊款「Levi's 梭織機」。這個故事在許多方面都是錯的：Levi's 從未擁有過梭織機，康恩米爾斯的老舊 Draper 梭織機確實被當成破銅爛鐵賣掉，但不是賣給日本人，而日本的丹寧工廠早就擁有高品質的豐田布邊梭織機。不過，上述說法之所以得以流傳，是因為對一家會不惜工本重現復古細節的日本公司來說，這個故事聽起來確實合情合理。

　　EVISU、45rpm 以及 Kapital 建立了日本丹寧卓越不凡的固定形象後，下一波的牛仔褲品牌自然會從日本歷史中汲取靈感。大阪的 Samurai 以藝伎、大和（日本最早的民族）以及零式（第二次世界大戰戰鬥機）為其牛仔褲款命名。岡山出現一個品牌叫桃太郎牛仔褲，以一個男孩乘著大桃子在河上漂流的神話為名。兒島市體認到日本丹寧越來越令人引以為傲，便邀請一些小品牌在市內的拱廊商店街設店，再將之重新命名為更響亮的「牛仔褲街」。遊客甚至能在此買到「丹寧色」的藍色冰淇淋。

　　日本丹寧在海外自成一個特殊的產品類別。二〇〇六年底，美國開了兩家日本丹寧專賣店：紐約的 Blue in Green 與舊金山的 Self Edge。早在一九九〇年代中期，Self Edge 的基亞‧巴布札尼（Kiya Babzani）到香港旅遊時偶然間逛到 EVISU 的山根沙龍，他在現場發現自己身為鄉村搖滾樂迷一直嚮往的五〇年代風格牛仔褲。他回想時說道：「日本人在復刻古著時尚，而且品質之高甚至超越原初的服裝，讓我佩服得五體投地。」可是，當他邀請那些品牌到美國販售，卻多遭到拒絕：「他們會告訴我：『你們有 Levi's 了，為何還要我們的品牌？』」巴布札尼最後將日本各個小眾品牌匯集在 Self Edge 店內—— IRON HEART、THE FLAT HEAD、The Strike Gold、Dry Bones，以及 SUGER CANE，這些品

牌大多都沒考慮過在海外設立零售據點。

　　長野的 THE FLAT HEAD 足以象徵日本第三波復刻廠商在講究復古細節上所追求的極限。品牌創辦人小林昌良在長野鄉下經營一家二手服飾兼修改店；他在那裡學習已失傳、但可供現代生產使用的製作技術。THE FLAT HEAD 要求紡織廠採用特殊的撚紗方式，並以二十淺浸染來染靛藍色，而不採用一般的十二深浸染。這個品牌分別在兒島不同的專門工廠製作牛仔褲的褲管、後口袋、腰帶環等各個部位。小林甚至開發出一種比標準款式還要長的專利鉚釘。如此專注投入，最後成品的價格要從三百美元起跳也就不足為奇了。

　　儘管進口價格高得離譜，Self Edge 還是在越來越多潛伏於網路時尚論壇和 Superfuture 網站上的時尚迷當中，為 THE FLAT HEAD 和具有類似精神的丹寧品牌找到現成的消費者。但在對日本復刻牛仔褲一無所知的顧客之間，業績也有穩定成長：「一大部分的顧客是為了品質而買，美學倒是次要因素。所以我們才會販售那麼多基本款。以復古為靈感的整體觀念現在已經不重要了。」

　　高級日本牛仔褲進軍美國，也讓美國人開始以一種新的紀律與嚴肅性看待服裝。丹寧迷開始在網路上交換照片與祕訣，分享如何在褲子上弄出「有鬍鬚」的褪色效果，以及在膝蓋後製造「蜂巢」的褪色效果。在他們的敘述中，貼文者還會厚臉皮地打出「tateochi」（即「縱落ち」）這類日本專有名詞。想尋找完美褪色效果的發言者則會討論浸泡海水、冷凍處理、浸泡醋，或者完全不洗等方法的優點。

　　FULLCOUNT 的辻田幹晴不懂美國人如何理解這些事情：「大家對褪色這件事太熱衷，這不是好事。重點其實在於牛仔褲應該好穿、耐穿，不會變舊。」巴布札尼也認同：「如果你問日本品牌如何照顧牛仔褲，他們應該會以奇怪的眼神看著你說：我們就拿去洗……放進洗衣機洗。」這些強調如何清洗丹寧的想法，顯

示出一種特殊的歷史翻轉：現在的美國人已經變得跟六〇年代的日本人對於西方服裝的態度一樣，對穿牛仔褲這件事感到焦慮。

除了零售據點擴大及未洗牛仔褲流行之外，日本的復刻丹寧品牌在二〇〇七年一月受到全球市場敬重的程度達到了新高點。Levi's Strauss 公司發現有必要控告 Studio D'Artisan、IRON HEART、SUGAR CANE、鬼（ONI）以及 Samurai 等品牌侵害其商標權。Levi's 重申自己擁有拱形縫線、後口袋上的垂直標籤，以及腰標印有動物或物品互相拉扯牛仔褲圖案的所有權。面對這樣的法律攻擊，這些日本品牌的處理方式是不再於出口款式上納入這些細節。此舉可說並未造成重大損失；這些日本丹寧品牌提供的價值遠遠超過褲子臀部上那道完全一樣的拱形。這件事透露出最主要的意義是，日本品牌再也不需要受限於重製 Levi's 501 的陰影。

然而，復刻品牌在日本面臨到的問題卻比訴訟更嚴重——那就是高級丹寧市場萎縮。九〇年代的年輕人在 EVISU、FULLCOUNT、HOLLYWOOD RANCH MARKET 及 45rpm 之間挑選，但對九〇年代泡沫經濟或文化熱潮一無所知的下一個世代，卻滿足於在 UNIQLO 等大型零售商以極低廉價格買到的牛仔褲。二〇〇九年，UNIQLO 的副牌 GU 以一件售價僅九百九十日圓的牛仔褲登上新聞頭條。三、四十歲的古著迷依舊是復刻服飾的核心消費者，但各廠商已無法指望能增加新的日本年輕客群。幸好，出口到西方、大中華地區及東南亞的產品數量增加，讓各品牌找到得救的希望。日本無疑激發了全世界對於復古丹寧和工作服的興趣，如今日本品牌得滿足全球市場的需求，好維持自己的業績。

在復古美式風格的復興上，有一個清楚的證據能顯示日本的角色多麼重要，那就是布邊再度興起，成為高級丹寧的象徵。讓這個特徵起死回生的，無疑是日本丹寧品牌和工廠。一如 Self Edge 的巴布札尼所言：「如果不是日本人，我不知道還有誰會對設立生產舊型牛仔褲布料的紡織廠這麼執著。」在二十一世紀的第一

個十年，男裝愛好者對任何褲管反摺處沒有布邊的丹寧都會嗤之以鼻。不過，這項特徵的地位正迅速滑落：UNIQLO 生產了帶有貝原丹寧那種獨特白色褶邊的牛仔褲，而且要價僅僅四十九點九美元。一般商店品牌則以取巧方式，在生產過程後段在低品質丹寧上縫上布邊。

　　一九七〇年，日本丹寧先驅大石哲夫告訴《朝日週刊》：「牛仔褲源自美國，但我想讓日本達到稱霸市場的境界。」四十五年後，日本丹寧或許沒能在世界上呼風喚雨，但這個國家確實樹立了豪華布料、高品質縫紉、創新生產技術，以及新穎處理方法的全球標準。日本在失去消費電子產品、半導體，甚至電玩搖桿的優勢之後，丹寧賦予了這個國家一個值得舉國驕傲的新領域。許多品牌試圖喚起一個想像中的過往，一如八世紀的日本工匠以藍染斜紋布製作堅固耐穿的褲子；但這個國家古時的工匠絕對也會對後代子孫的工藝刮目相看。

IO | 輸出美式傳統風格

Exporting Ametora

　　二〇〇五年五月二十四日，VAN Jacket 創辦人石津謙介辭世，享壽九十三。他去世那時，上千萬名日本男性，包括學生、勞工、企業主管及退休人士，無不遵循石津謙介的常春藤原則為基本穿衣風格。石津謙介教導一九六〇年代世代如何穿著打扮，這些人也將這些服裝知識傳授給自己的孩子。

　　石津謙介不只開啟了日本的男裝文化，也協助創造了現代男裝產業。他的前員工貞末良雄解釋：「在一九七八年破產後，有一千至一千五百名受過扎實訓練的 VAN 員工轉往其他服裝公司任職。那些公司原本對時尚不是特別瞭解，但突然有了 VAN Jacket 的員工加入，便將這些人視為神人一般對待。」貞末良雄就是其中一個最成功的案例。他在一九九三年成立自己的品牌鎌倉襯衫，以合理價位提供製作精良的正式襯衫。由於他體內流著常春藤風格的血液，該公司有四成都是鈕領襯衫，占比較競爭同業高出許多。

　　無論從任何標準來看，出自 VAN Jacket 家族的品牌中，最成功的當屬市值高達三百六十億美元的全球服飾大廠「迅銷集團」。截自二〇一五年，它旗下的超大連鎖品牌 UNIQLO 在全球十八個國家共開設了一千五百多家門市，年營收逼近一百五十億美元。創辦人柳井正常被封為日本第一富豪。他的父親曾在山口縣的工業城宇部市經營一家小型的 VAN 經銷門市「小郡商事」，當年石津謙介為了吸引更年輕的消費者，還將它改名為「Men's Shop OS」。貞末良雄還記得：「柳井正非常瞭解 VAN 和常春藤風格。當VAN破產後，他知道自己無法讓Men's Shop OS維持往日風光。」

貞末良雄在離開 VAN 之後，於一九九三年成立自己的品牌鎌倉襯衫，
該品牌以高品質襯衫風靡全球至今。照片為貞末夫婦在鎌倉襯衫紐約店的合影。
（©Shukan NY Seikatsu/ New York Seikatsu Press, Inc.）

一九八五年五月，柳井正在廣島開設了一家大型的基本款休閒服飾店「獨一無二的服裝倉庫」（Unique Clothing Warehouse）——簡稱 UNIQLO（台灣又譯「優衣庫」）。多年來，UNIQLO 許多最暢銷的服裝不見得是常春藤風格商品——最值得一提的包括色彩鮮豔的羽絨夾克、fleece 刷毛系列，以及 Heattech 吸濕發熱衣——但柳井正致力以合理價格販售男女皆可穿的基本款商品，以呼應 VAN Jacket 最初的使命。石津謙介在人生尾聲時曾造訪一家 UNIQLO 門市，他告訴兒子石津祥介：「這就是我想做的！」

即使柳井正並未明顯遵循石津謙介的路線，但美式傳統造型卻是 UNIQLO 設計的核心。在一九八〇年代晚期，柳井正打電話與 Gap 執行長米基・德雷克斯勒（Mickey Drexler）進行早餐會議時，告訴他：「你是我的教授。我效法你所做的每件事。」此外，UNIQLO 全球研究與設計資深副總裁勝田幸宏的品味與堅固耐用風格淵源頗深，經常提及他在年輕時對 L.L. Bean 十分著迷。

如今，UNIQLO 在曼哈頓的第五大道上有一家門市，鎌倉襯衫也在麥迪遜大道設有店面。石津謙介和六〇年代的日本人進口美國東岸風格，如今他的門徒卻反向將他們修正過的版本對外輸出。持平而論，UNIQLO 的消費者大多不會特別希望自己能重現傳統的常春藤風格。但當大批年輕美國男性在二〇〇〇年代末對六〇年代的常春藤聯盟風格產生新興趣時，他們便直接以日本為指引方向。

• • •

日本經濟在二〇〇〇年代中期擺脫了衰退困境，但利益大多都落於富人手中。「格差社會」是當時最具代表性的流行語，曾奉行平等主義的日本社會分裂成「贏家」與「輸家」。有錢人過著教人聯想到八〇年代泡沫經濟時期的那種奢華生活，而兼差勞工卻得靠自己工作的甜甜圈店內滯銷的商品果腹。女性雜誌提供

建議，告訴讀者穿著何種服裝有助於找到醫師、投資銀行家和企業家等身分的未來夫婿。歐洲奢侈品在這個強調炫耀性消費與資本累積的社會氛圍中稱霸了時尚界。

　　但這些全都在二〇〇七至〇八年的金融危機中瓦解。隨著大眾不再對粗魯炫富感興趣，時尚編輯便需要實用且經典的素材。就像穗積和夫所說：「如果沒有人知道當下流行什麼，他們總是會回頭尋找常春藤和Trad風格。」二〇〇七年，日本男裝雜誌與複合品牌店發現，在美國，受傳統啟發的品牌之間——也就是Thom Browne、Band of Outsiders以及Michael Bastian——正醞釀著一場運動。這引發了「第五次常春藤熱潮」，《POPEYE》與《MEN'S NON-NO》開始教導新一代年輕人認識板球毛衣、條紋鈕領牛津襯衫、斜紋領帶、泡泡紗與毛絨西裝、帆布腰帶，以及馬臀皮牛津鞋。

　　然而，業界這次不只進口最新的美國風格商品，美國的「新傳統」（neo-trad）當中也注入了日本精神。紐約設計師湯姆・布朗（Thom Browne）個人以短髮與灰色羊毛西裝九分褲造型，在日本媒體上體現新一波的美國風格。儘管他是新面孔，日本讀者卻覺得非常熟悉。他幾乎就像一期舊的《Men's Club》，提供顧客如何穿上他的服裝的嚴格規定：「外套袖口最後一顆鈕釦不該扣上」、「牛津襯衫洗後勿熨燙」。詭異的是，他露出腳踝的九分褲與御幸族縮短的長褲相當類似。第一次見到布朗時，Engineered Garments 的鈴木大器記得當時自己心想：「我從沒見過哪個美國人的穿著風格具有這麼濃厚的日本味。」布朗否認自己的穿衣靈感來自日本，但他的事業始終與日本有著緊密連結。當布朗在二〇〇九年瀕臨破產時，是位於岡山的 Cross Company 伸出援手，買下了百分之六十七的股權。

　　布朗的西裝輪廓驚世駭俗，外套極短，又露腳踝，部分用意是希望嚇嚇自滿的美國男性，讓他們擺脫邋遢的打扮。時任《POPEYE》雜誌總編輯木下孝浩曾表示：「我認為湯姆的偉大成

就正是再度展現男人穿上西裝能顯得多酷。」一九九〇年代，美國拿下一個不甚光采的頭銜，成為第一世界穿著最「休閒」的國家。對許多男人來說，不善打扮變成一種榮耀的象徵。他們的西裝外套鬆垮垮地垂掛肩上，褲管則在鞋子上皺成一團，而常春藤聯盟學生上課時穿的是髒運動褲和夾腳拖鞋。

二〇〇〇年代的科技熱潮讓不修邊幅更顯理直氣壯：宅男億萬富翁將領帶視為一種「絞刑繩索」。Google 在它的創立宣言中就指出：「無需西裝革履，也可認真執著。」你可以說，美國從建國之初就排斥炫耀華麗的服裝——美國傳統歌曲〈洋基歌〉（Yankee Doodle）中的洋基傻小子在自己的破帽子插上一根羽毛，以為那樣就搖身成了時髦的花花公子——但二十一世紀初的風格實在是前所未見地不得體。

為了回應這些衣冠不整的菁英分子，網路上掀起一陣時尚反擊。Superfuture 與 Hypebeast 這兩個網站提供了街頭服裝迷第一個數位根據地。有意重新學習失落的裝扮藝術的男士，在 Ask Andy 和 Styleforum 網路論壇上靠鄉民的力量瞭解褶邊長度、外套鈕釦及領帶結等知識。接著，史考特・舒曼（Scott Schuman）的攝影部落格「The Sartorialist」出現，提供大眾一窺街頭時尚男女的風采。面臨這種知識真空狀態，線上男裝媒體的早期提倡者開始轉向，以教學取代藝術探索。Valet、Put This On，甚至是 GQ.com 等網站，都透過編上號碼的清單與具體的步驟，說明經典服裝組合的內容，教育時尚新手。

在這股男裝復興風潮中，二〇〇八年的美國竟然神似一九六四年的日本。在這兩個歷史性的時刻，都有一小批自學的先鋒，對抗社會對於男性熱衷於服裝的種種禁忌。為了讓其他人共襄盛舉，VAN Jacket 和美國男裝部落格均說明基本原則，強調傳統服裝而非設計師潮流，並呈現真實生活中的街頭風格案例。Valet 對於如何照料服飾和挑選合身西裝的認真指導，與黑須敏之在《Men's Club》上寫的文章幾乎如出一轍。從某個角度看來，「The

Sartorialist」就是現代版的「街頭的常春藤聯盟生」專欄。當然，這些美國人在開始他們的媒體事業之前，並沒有看過一九六〇年代日本的那些原始素材，但他們懷抱著向普羅大眾宣揚時尚的使命感，促使他們採取了相同的方法。

由於目標一致，英文部落格領域注定會發現日本早在四十年前就已經開始的美式風格研究。二〇〇八年五月十九日或許是那件事發生的確切日期——麥可・威廉斯（Michael Williams）當天在個人網站「A Continuous Lean」上貼出幾張《Take Ivy》的掃描圖。當時，諸多男性時尚部落格正積極尋找經典美國大學風格與服飾的檔案照，而《Take Ivy》讓他們的夢想成真，見到貨真價實的美國大學生在輝煌時期如何打扮的紀錄證據。那些學生的合身長褲、粗花呢外套、細長領帶及圓領毛衣，與現代部落格上的造型風格完美契合。幾個月後，男裝部落格「The Trad」放上了整本《Take Ivy》的掃描圖。一瞬間，全世界都能在網路上看到這本一度沒沒無名的日本書。

可惜，有意購買《Take Ivy》的美國粉絲運氣不佳。在日本，就連一九七〇年代的重印本都要價三百美元。在美國，有人在eBay上以離譜的一千四百美元價格出售。設計師麥可・巴斯提安（Michael Bastian）告訴《紐約時報》，美國發展出崇拜這本日文書的流派：它「成了無人能取得的神話或聖杯，因而更具影響力」。設計師馬克・麥克尼爾瑞（Mark McNairy）向《紐約時報》承認他有一本：「我剛到 J.Press 工作時去了日本，那裡有一本原版書，我興奮極了。我請他們將整本影印給我，還用了好幾年。」

因為這本書炙手可熱，布魯克林的出版社 Powerhouse 於是取得版權，將之譯成英文。二〇一〇年春季發行時，這個原本沒沒無名的 VAN Jacket 企畫案突然隨處可見，總銷量超過五萬本。它的影響力遠遠超出書籍賣出的數量。Ralph Lauren 與 J. Crew 的門市在店內書架上展示《Take Ivy》。曾經擔任 Gap 設計師的蕾貝卡・貝（Rebekka Bay）驕傲地把她的書秀給《ELLE》雜誌看，說明她

二〇〇八年，《Take Ivy》在網路上再次掀起熱議，英文版更於二〇一〇年出版上市，足見其對男裝時尚的長遠影響。照片為《Take Ivy》作者在二〇一〇年的合影，左起為林田昭慶、黑須敏之、石津祥介、長谷川元。◎照片提供：石津家

所受的影響。《Take Ivy》甚至讓常春藤聯盟的學生重新思考自己的服裝：達特茅斯學院和普林斯頓大學有兩名學生創立一個品牌Hillflint，希望重現書上所見的那些繡上畢業年度的運動衫。

　　《Take Ivy》讓世人明白，日本人對於美式服裝的濃厚興趣讓這些知識得以留存，而美國這幾十年來卻揚棄自己的服飾傳統。一九六〇年代罕有美國人想拍攝大學生的照片，他們寧可拍攝漢堡、公路或橡樹。另一方面，日本人在檢視常春藤聯盟風格這種外來文化時，需要參考素材和照片證據。多年後，當 Gap、J. Crew 和 Ralph Lauren 等時尚品牌在搜尋可靠的歷史紀錄時，他們發現，日本留存的檔案竟是 Trad 黃金年代學生服裝照片的最佳來源。

　　除了《Take Ivy》之外，日本對於美國文化的整理紀錄也扮演著重要角色，有助美國品牌追尋自己的根源。日本 Levi's 比美國總部更早重新推出 501，也是全球最早生產復刻商品的分公司。倉敷紡績與貝原的布邊丹寧產品同樣促使康恩米爾斯再度讓自己的舊梭織機派上用場。

　　美國品牌也仰賴日本零售商來維持良好業績。服飾公司 J. Peterman 發跡的故事就是它的騎士防塵外套在全美只賣出幾件，卻有某個日本的「神祕男士」訂購了兩千件。美國僅存的製鞋品牌不多，但 Alden 能持續在麻州生產高品質的樂福皮鞋、半筒皮靴以及靴子，部分要感謝來自 BEAMS、UNITED ARROWS、SHIPS，以及 TOMORROWLAND 等複合品牌店的大批訂單。Ralph Lauren 為了表現對日本市場的重視，在表參道租下一棟面積兩萬四千平方英尺、有白色圓柱的豪宅，而該處地價高達三億美元。Stüssy 前創意總監保羅・米特曼表示：「少了日本，Stüssy 應該會關門大吉。當業績悽慘之際，大家都在等來自日本的那張訂單，然後說，好，我們開始做衣服吧。」

　　在二十一世紀，「日本人製造的美國風格比美國人還出色」已是各界共識。二〇〇九年，在一趟東京之旅過後，A Continuous Lean 網站的麥可・威廉斯向他的讀者群宣稱：「我依然堅信，

日本男裝大幅超越我們美國的水準。」他的同事雅各 · 蓋勒格（Jake Gallagher）就讚揚鎌倉襯衫：「鈕領牛津襯衫一個多世紀來都是美式風格的代表，因此目前市面上最好的牛津襯衫來自日本才合情合理。」Gap 的蕾貝卡 · 貝告訴《ELLE》：「日本的男性雜誌比美國人更瞭解何謂真正的正統美式風格。」更廣泛來說，《Monocle》的泰勒 · 布雷（Tyler Brûlé）說日本保留了其他國家失去的東西：「日本不僅維護日本傳統，也維護了戰後時期發生的一切……你依然感覺到自己彷彿走在一個舞台布景中。一切都做得精緻而完美。」

同樣地，美國時尚媒體也讚揚它們的日本同儕。The Sartorialist 上的照片就封日本時尚界的領袖為國際風格大師，像是《POPEYE》總編輯木下孝浩（二〇一八年離職）、時尚評論家平川武治、SHIPS 的主管鈴木晴生，以及 UNITED ARROWS 的栗野宏文、鴨志田康人，還有小木基史。

此外，凱文 · 貝羅斯（Kevin Burrows）與勞倫斯 · 施洛斯曼（Lawrence Schlossman）則在他們的諷刺作品《就是男裝》（*Fuck Yeah Menswear*）中的一個部分特別模仿一本日本雜誌叫「開心點！小馬男孩」（Cheer Up! Pony Boy），並搭配假的穗積和夫插畫和愚蠢又蹩腳的英文標題。施洛斯曼在接受《Esquire》訪問時大笑說道：「超級男裝迷將日本雜誌奉為圭臬，實在非常好笑。不過大致上根本沒有人看懂上面寫什麼東西。」

《Free & Easy》曾一度是最受美國男裝愛好者歡迎的日本刊物，一本專為熟男報導「粗獷」傳統美式服裝的「老爹風格」雜誌。相較於類似的刊物，《Free & Easy》不只放眼於那不勒斯或洛杉磯等海外地區，也直接自日本的美國時尚史中取材。該雜誌針對 VAN Jacket 和堅固耐用風格熱潮做了數期報導，聘請穗積和夫及小林泰彥繪製封面，並邀請 VAN 的長谷川元和石津祥介回憶昔日時光。長谷川元認為，儘管這本雜誌有將往日時光過度偶像化之嫌，但是「時尚就是美化，他們做的正是我們當初在 VAN 所做的滑稽

在《就是男裝》一書中，作者凱文·貝羅斯與勞倫斯·施洛斯曼用
「開心點！小馬男孩」來模仿日本雜誌，諷刺男裝迷對日本雜誌的迷戀。

（Illustration by Ben Lamb）

事」。只是，這次他們美化的是自己的歷史。

　　到了二〇一〇年代初，新傳統美國設計師與日本傳承相互混合、交纏，融合的程度已經高到分不清是誰在追隨誰。A BATHING APE 的 NIGO® 從頭到腳穿著湯姆・布朗設計的 Brooks Brothers Black Fleece 系列。BEAMS 在網站上刊載《Monocle》的泰勒・布雷的訪問，談他與日本品牌 PORTER 的合作。舊金山的 Unionmade 精品店因為銷售日本品牌 Kapital、SHIPS 和 BEAMS PLUS 而在美國打響名號，但如今日本的複合品牌店則向它取經，汲取靈感。

　　一九五九年第一次與其他傳統常春藤聯盟生出現在《Men's Club》雜誌上時，黑須敏之當時曾提出一個頗具先見之明的說法：「美國像《Esquire》那樣的雜誌應該報導我們：『看看日本出現了什麼。』然後他們會寄旅費來，說你們務必前來拜訪。」雖然這前後花了五十年時間，但黑須敏之那個讓美國雜誌迷上日本風格的夢想，終究還是成真了。

• • •

　　牛仔褲、休閒西裝外套和運動鞋雖然訴說著一個獨特的美國故事，但在七十年後的日本，日本人已經在這各式服裝裡增添了自己的社會意義。如 Engineered Garments 的鈴木大器所說：「誰說傳統美式風格屬於美國？日本人根本已經將它變成自己的。」日本版的常春藤如今已是一套豐富、充滿活力的風格，與五〇年代的常春藤聯盟校園時尚有別。黑須敏之解釋：「常春藤和炸豬排非常像。這原本是德國菜，現在卻成為日本料理的一部分，上桌時還附上米飯與味噌湯，用筷子吃。我想，常春藤就逐漸跟炸豬排一樣，雖然六十年前源自美國，但在日本發展了六十年後，它已經變得更適合我們了。」日本人最初將「美式傳統」縮寫成 Ametora，但如今一整套的 Ametora 已自成一格，形成一項獨立的

傳統。

那麼，Ametora 與原版的差異是什麼？日本與外國的觀察家一致指出一組獨有的特色：遵守規則、經過細心研究、符合兩性規範，以及高品質。許多人認為這些特質是日本民族性格的延伸，但這些奇特之處大多都能回溯到美式風格進入日本時的那個特殊歷史脈絡。

比方說，日本人為何對時尚這麼感興趣，甚至可說遠遠超過其他文化領域？日本青少年在建立自己的年輕文化時，總是將時尚擺在首位，超越音樂、汽車、家具及美食。山崎真行的車庫天堂是一家失敗的家具店，但作為服飾店卻是生意興隆，而穿得像衝浪手的假衝浪手總是比真正的衝浪手來得多。歸咎原因，城市消費者不需要優質的家用品，因為沒有人會在自己狹小的公寓裡款待客人。除了缺乏休閒場所和幾乎沒有閒暇時間之外，運動也不是成年人生活的重要部分。相形之下，時尚反而相當適合忙碌且擁擠的東京生活方式。UNITED ARROWS 創辦人及榮譽董事長重松理解釋：「服裝始終能帶來最高的投資回報，因為它與其他類型的文化不同，能被別人看見，而日本人剛好特別在乎這一點。服裝能展現個人身分，也可作為溝通工具。」

此外，日本時尚對於「規則」的強調，直接來自輸入日本的整個新服裝系統。一九六〇年代的美國大學生，無論是走常春藤風格的兄弟會會員或激進的嬉皮，都會在同儕身上尋找線索，挑選「對」的服裝來穿。沒有人需要將規則表述出來。就像時尚評論家出石尚三所說：「美國沒有『Trad 辭典』，因為你們有哥哥、父親和祖父。」

但是為了幫助日本年輕人從頭開始變得時髦，VAN Jacket 和《Men's Club》需要將這些沒明說的規則變成明確的指令。石津謙介在八〇年代就承認：「當常春藤引介到日本時，我們得硬把規則灌輸到大眾腦袋裡，因為大家對時尚一竅不通。常春藤變成以『你非這樣不可』的方式來傳授，我得負起部分責任。」然而，

石津謙介的學生不見得都認知到常春藤文化的這種改變；他們到頭來只是相信，那些規則早已融入這種時尚體驗中。

接著，嚴格規則導向的時尚鼓勵追隨者建立全面性的知識。UNITED ARROWS 的栗野宏文說：「如果它是你自己的文化，你往往會半途而廢，停止學習。但我們持續研究，直到吸滿知識為止。」栗野宏文解釋，美國人看著釦領時會想：「我必須裝上這些鈕釦。」但六〇年代的日本人想的卻是：「這個領子為什麼有鈕釦？」五十多年來，問題一個接著一個，結果造就日本集體對美式時尚的瞭解達到前所未見的至高點。

在 VAN Jacket 之前，日本的沙文主義傳統將男性時尚貶損為女性化（不必要的虛榮）以及好色（企圖勾引女人）。但是《Men's Club》以注重細節的傳統思維介紹如何穿著，並未觸及這兩種禁忌。西方服飾的愛好者更像是專注的火車模型迷，而不是社會反叛者。到了八〇年代的物質主義全盛期，社會已經不會瞧不起注重打扮的男性。美國男裝復興也透過類似的方式進行著，注重細節、規則、傳統及收藏家精神，因而徹底改變了外界偏見。設計師麥可・巴斯提安告訴《GQ》：「有一些二十幾歲的異性戀男子對服飾非常著迷，我覺得很好，因為我從來不知道有這群男性存在，他們對設計師和服裝死忠的程度就像許多男人迷棒球一樣。那樣絲毫無損他們的男性氣概。」

最後還有日本對於工藝技術和高品質的尊重。日本在時尚生產上如此出色，始自戰後政府對紡織業的支持，因為此舉能以低科技的方式迅速促進出口。此舉創造了廣泛的基礎建設，包括紡織廠、縫紉廠，以及處理廠。adidas Originals 的保羅・米特曼提醒我們：「大家低估了日本握有生產的基礎。那是歐洲沒有的。你在日本會發現某人擁有兩百碼的卡其斜紋布，以及一家能將布料做成褲子的工廠，而且會做得十分完美。」日本品牌之所以能生產高品質服飾，是因為過去七十年來都有能製作出這些高品質服飾的工匠。

而消費者也願意買單。THE FLAT HEAD 可以要求牛仔褲的後口袋與腰帶環交由不同工廠的職人來做，因為有人願意為了這些細節支付三百美元。美式時尚在日本一向極其昂貴——從四〇年代晚期阿美橫町的第一件牛仔褲、六〇年代 VAN Jacket 的釦領襯衫，到二〇一〇年要價五千美元的湯姆‧布朗襯衫皆是如此。在經濟奇蹟期間，日本的頂級品牌可設計出最高品質的商品，又不必妥協，是因為消費者要不是負擔得起，就是為了只要能買到商品、犧牲生活品質也在所不惜。

但這一點已成過往。日本人的收入從一九九八年開始停滯，時尚消費市場也隨之受到影響。然而，全球化從兩個方面提供了助力。UNIQLO（以及數量多到令人意外的高級連鎖店）在海外生產，因而能提供日本高品質卻相對低價的服飾。此外，大中華區富裕的消費者增加，使得許多日本精品能維持高價，進而繼續在國內由頂級工匠製作服裝。

這些經濟與歷史因素造就了今天的日本時尚，但我們也不能忽視某些人物在美式風格與概念引進日本服裝市場時所扮演的角色。如果沒有石津謙介，訂製商務西裝極有可能在戰後仍能維持優勢地位。如果 BIG JOHN 沒有下定決心生產正統牛仔褲，或是倉敷紡績和貝原沒有以古老的布邊丹寧進行實驗，能將創作出口到世界各地的日本品牌恐怕不多。日本時尚要特別感謝這些品牌和叛逆者，他們反抗傳統思維與主流市場勢力，改變了大眾打扮的方式。

許多日本「傳統的」文化規範當然也塑造了時尚風貌，這些表現最明顯的地方或許是在日本人的消費行為上。日本的美式時尚史顯示，世世代代的年輕人總是唯媒體權威馬首是瞻，藉此學習如何穿出新風格。青少年之所以喜歡常春藤風格的規則，是因為它們提供了如何「適當」穿著的簡單方法。二〇〇一年，高橋盾告訴《紐約客》：「日本人奉雜誌為聖經，看到雜誌內的圖片就非擁有那些東西不可，而且不計任何代價。日本人一般無法靠

自己打定主意，必須有範例遵循才行。」《POPEYE》宛如目錄般的形式因此成為雜誌業界標準，因為它每期都可光明正大地刊載更多商品。這種有系統模仿的趨勢甚至可見於不良少年的次文化中：暴走族開始模仿卡蘿樂團的矢澤永吉，到了九〇年初，所有人都穿一模一樣、以右翼分子的服裝為靈感來源的特攻服。

從最廣的角度來看，日本時尚當然顯示了文化行為並不是永恆的民族特質以毫無間斷的直線方式代代相傳的一種表現。美式時尚來到日本，乃是透過渴望改變，以及事業成功、卻與社會格格不入的那些人之手。接著，它混合了地方習俗和慣例。這個生態系統隨時都在變化、移動與適應──鑑往知來，我們應該預期同樣的情況還會發生。美式傳統風格不會靜止不動，而會繼續隨著時間不斷發生變化。

• • •

大致上，本書敘述的美式傳統風格開路先驅都瞭解，他們畢生的努力是在一個美國的「複製品」上精益求精。這呼應了一個對於日本電子產業的普遍說法：當年索尼懇求貝爾實驗室（Bell Labs）授權他們使用電晶體來生產收音機，接著就將這項技術推向前所未見的方向。黑須敏之以類似的方式表達自己的工作：「在一九五〇和六〇年代，我們就是完全模仿常春藤風格。我們試圖亦步亦趨仿效美國模式。但我認為常春藤風格已隨著時代演變，早已不是六十年前的那個模式。」

傳統日本藝術的教育當中，已有「模仿以求創新」這個概念的先例。在花道與武術中，學生藉由模仿單一權威的「型」來學習基本技巧。學生首先必須保護「型」，但在研習多年後，他們會脫離傳統，接著分別去創造自己的「型」──這個系統稱為「守破離」。

這個模式正好符合二次世界大戰後日本時尚的發展過程。

VAN 的石津謙介和黑須敏之拼湊出美式風格的適當穿法。《Men's Club》等時尚雜誌以空手道大師般的嚴格態度教導讀者這種「型」——提出嚴謹的長串清單，告訴大家什麼可做、什麼不可做。於是青少年一絲不苟地遵守指示，其中著迷最深的那些人就成了細節大師。這些年輕時尚迷有不少在長大後創立了自己的品牌，而這種專注細節的態度也促使他們去追求更好的品質、更「正統」的美式風格。他們想更接近那個「型」。

然而，這種追求型的心態本質上是保守的——只在源頭，而不是在新構想當中尋找正統性。例如，時尚評論家出石尚三依然不相信在美國之外能做出「真牛仔褲」。同樣地，木下孝浩承認：「大家想從美國傳統品牌得到的，是它們在美國製造這一點。」在當今歡樂、膚淺的後現代文化中，這些對於正統性的堅定信念可能略顯古怪。但更重要的是，他們忽略了美式風格最明顯的型如今也許存在於日本，而非美國。

日本的美式風格服飾傳統目前在許多方面都超越了美國。比起美國，日本對於如何「穿著適當」的集體知識更深、更廣，前者只在一小群著迷的男性身上才具備這種知識。為了學習如何適當打扮，美國人不能只是當個模仿父親的乖兒子，而是得認真研究過往世代的穿著。今天透過《Take Ivy》學習如何打扮的哈佛大學生，甚至比一九六五年的日本男人離主要學習來源更遙遠。

此外，日本已經讓相當多的外國人深信，日製的美式服裝比任何美製的都來得正統。美國品牌 Prps 就宣稱其牛仔褲獨家採用日本布邊丹寧布料，並以「正統」為號召。過去，嫉妒的美國人大肆批評「日式完美」，說那是缺乏靈魂的膚淺模仿。不過，即使這樣的說法也已成了過時的誹謗。Self Edge 的基亞・巴布札尼說：「我販售的品牌當中都有大量的靈魂。你一拿起來，就能感受到拿起所有其他服飾沒有的那種手感。即便是對服飾毫無所知的人，當他們進來觸摸一件襯衫，也會知道那件襯衫與眾不同。那是有生命的。」

然而，日本設計師想像的主要卻是作品是在狹小的日本國內市場銷售——購買者是生活型態與「正統」美國生活方式相去甚遠的青少年。出石尚三指出：「很可悲，不過文化與時尚在日本彼此沒有關聯。時尚漂浮在其他事物之上，相互缺乏連結。它應該來自生活方式才對，但大多數日本人無意去瞭解這一點。」小林泰彥曾將日本時尚比喻為「紙娃娃」——是為了好玩，以可預期的方式拼湊在一起的服飾系統，能在沒有任何深層意義的情況下穿脫。

　　儘管這些批評往往正確，但這種膚淺性也讓人想起這些風格仍是「進口」的。由於這些服裝源自國外，因此穿上衣服的消費者必須採行相符的生活方式，而不是反過來根據生活方式挑選服裝。因此，時尚在日本演變成了一種趣味的表達形式。社會允許青少年沉迷於次文化造型，只要他們日後在工作面談時清理乾淨即可。與文化連結的深度時尚在日本社會中或許太顛覆了，始終流行不起來。

　　更何況，美國時尚永遠的外來地位，不過是讓時尚迷更想擁有與創造「正品」。日本在服飾上的創意長期以來都透露出對於正統性的焦慮——這個東西夠真嗎？

　　然而，這或許只是二十世紀的現象。日本設計師最新的成果是向美式時尚學習，但並未受限於它的傳統的壓力。在美國製造的品牌 Engineered Garments 的鈴木大器承認，歷史是一個「理想、實用的參考來源」，但他總是以他的原創設計和大膽圖案顛覆眾人期望。鈴木大器豐富的知識就呈現在作品上，但他對複製品完全沒興趣。他曾經聲稱：「我並不認同日本人對於美式風格的觀點。」

　　Comme des Garçons Homme 的渡邊淳彌經常與 Brooks Brothers 及 Levi's 等傳統品牌合作，不過他是受聘去顛覆品牌的經典商品。比方說，他在二〇〇九年就做了一件可反穿的 Brooks Brothers 休閒西裝外套，內襯採用紅色格紋。他告訴《Interview》雜誌：「西

方服飾在日本是我們的日常穿著。我想無論是日本人、美國人或歐洲人，差別都已經不大了。」當然，差別在於日本版本在市場上已被定位成奢侈品。渡邊淳彌將美國田納西州工裝品牌 Pointer Brand 一件一百美元的丹寧夾克稍加修改，然後定價八百美元。

中村世紀的高級街頭服飾系列Visvim不參考常春藤與美式丹寧，改而深入探索古老民俗。中村世紀在青年時期迷上堅固耐用風格商品，他在遷居阿拉斯加之後十分震驚：「我從頭到腳都穿美國傳統品牌——Levi's一九五五年的二戰款式，還有市面上最稀有的Red Wing靴。結果根本沒人在乎！」在伯頓滑雪板（Burton Snowboards）工作了一段時間，與藤原浩成為朋友之後，他在二〇〇二年創立一個鞋履系列，將高科技的美國運動鞋與美洲原住民的鹿皮軟鞋結合。他將Visvim擴大為完整的服裝系列，變成服飾界的印第安納‧瓊斯（Indiana Jones），重新發掘西藏厚重的羊毛外套、挪威薩米人的馴鹿皮靴、瓜地馬拉村莊色彩鮮豔的民間藝術、美國納瓦霍保留區的手染毯，以及非洲的扭角羚。他不只為了視覺設計而整合這些元素，同時也研究古老的工藝技巧，作為增強功能性的線索。

Visvim 的顧客付出高價購買的除了頂級材料，還有縫進每樣產品的「故事」。由於中村世紀採用罕見材料，並學習傳統民藝手法，他幾乎能紡出每一件系列商品的美麗紗線。因為重視產品創造的過程，中村世紀於是成為二十一世紀「製法信仰」的教主——顧客想知道自己購買的產品到底是在哪裡、如何生產出來的。中村世紀相信這是未來趨勢：「日本市場更為成熟，消費者的年齡層越來越大。大家不需要那麼多產品，他們要的是有意義、能長久使用的東西。他們知道，光是實質的物品無法帶來快樂。我們試圖少生產一點，少賣一些。」

鈴木大器、渡邊淳彌及中村世紀將傳統概念帶入新境界，但許多更年輕的設計師則想徹底掙脫歷史的束縛。曾經在 Johnbull 擔任企畫人員的原田浩介現在經營出自岡山研究園區育成中心

（Okayama Research Park Incubation Center）的男褲品牌 TUKI。除了將少量的褲子交由複合品牌店銷售之外，原田浩介也和妻子深入研究古老布料以及服裝生產的歷史。儘管對服裝史充滿興趣，原田浩介卻對男裝過於強調「說故事」這一點卻感到厭倦：「我不喜歡過度強調服裝的『故事』。大家起床後想穿上我的褲子，應該就是因為他們感覺很棒。」

為了「對照」日本過度激增的丹寧複製現象，TUKI 設計了一款超極簡牛仔褲，以無布邊丹寧布料製作、深藏青色內縫線、無記號的鉻黃色鉚釘與鈕釦，背後還有一塊純藏青色的皮標。這款設計拿掉了其他品牌持續盲目模仿 Levi's 501 的所有殘跡。原田浩介刻意拒絕傳統，或許是對當前潮流的一種極端反應。不過，既然日本設計師學到了所有服裝史的祕密，為了進步而不斷回顧過往的價值或許也降低了。原田浩介不想保留傳統的「型」，也不想對它做出前衛的回應；他只想抽離，創造出新的東西。

• • •

日本時尚史的片段依然散見於當代的流行文化風景中。即使在死後，石津謙介仍保有他天神般的地位，過去的 VAN 員工依然在談話中尊稱他為「老師」。BIG JOHN 與 EDWIN 在過去十年遭逢財務危機，但岡山和福山仍舊聚集了許多紡織廠、處理廠，以及世界級的丹寧工廠。在常出現於街拍部落格 The Sartorialist 版上的木下孝浩帶領下，《POPEYE》後來也比以往更強大。

搖滾大師山崎真行在二〇一三年辭世，但是粉紅之龍的霓虹燈每晚依然在原宿閃爍。在某些星期日，東京鄉村搖滾俱樂部會在代代木公園聚會，圍著一台手提音響扭動身體——即使最年輕的成員如今也已超過五十歲。洋基文化在二〇〇八年又受到主流媒體關注，因為它判斷錯誤，模仿美國軍人，更進一步與這種次文化的根源脫離。截自二〇一五年，BEAMS 在全日本有七十四家

岡山品牌 TUKI 推出的極簡主義牛仔褲，可說是新一代日本人對美式風格的另類回應。

門市，UNITED ARROWS 則超過兩百家。Brooks Brothers 在青山旗艦店外的日本與美國國旗依然飄揚——直到二〇二〇年，其所在大樓因重建工程而拆除，青山店暫時關閉。資深復古 Levi's 收藏家的大坪洋介後來曾負責管理日本的 Levi's 復古服裝部門長達數年。A BATHING APE 的 NIGO® 如今則擔任 UNIQLO 的 T 恤「UT」系列創意總監。

　　日本品牌已經展現了自己生產與改善美式時尚的能力，但下一個十年將是真正的考驗。向美國借用風格創意七十年之後，日本人已經從美國歷史當中汲取了所有可能的構想。美式傳統風格的「型」雖然始於美國，但如今已經安穩地落腳日本。放眼將來，世人的模仿對象很可能是活生生的日本範例，而非垂死的原始美式風格。當了這麼多年的學生，日本如今終於有機會當上老師。

　　日本必須仰賴自己的傳統來發展新的時尚創意，所幸它擁有世界上最豐富、最多樣化的當代時尚產業。在日本向全球提供其版本的美式傳統風格之餘，當其他國家也開始輸出它們自己版本的 Ametora 到日本之際，我們必須等著看日本如何反應。

致謝

ACKNOWLEDGMENTS

　　二〇一〇年九月，當我在東京的「擦鞋吧」Brift H 裡看著我那雙老舊的馬臀皮牛津鞋被人擦得亮晶晶時，一位中年男子走進來，拿出一本一九六五年原版的《Take Ivy》。我靠過去，提到我剛寫了一篇關於 VAN Jacket 的石津謙介的文章。他表明自己是 VAN 的前員工大柴一二三，想安排我和石津謙介的兒子石津祥介見面。隔週，我正式拜訪石津辦公室，VAN 創辦人的兒子祥介與孫子壘一直在那裡讓他的成就傳承下去。大柴先生接著介紹了更多 VAN 的員工給我認識，我才明白這背後存有一個不為人知且令人驚奇的故事，將 VAN 在一九六〇年代進口美式時尚，以及我在大學對 A BATHING APE 進行的研究串連了起來。

　　隨後幾年，我忙著訪問將美式時尚帶進日本的關鍵人物。鎌倉襯衫的好心人士安排我與創辦人貞末良雄以及黑須敏之見面。時任《POPEYE》雜誌總編輯的木下孝浩協助我聯繫小林泰彥，而 TUKI 的原田浩介則向我介紹 Kapital 與貝原。有時我動作太慢：我希望訪問《Take Ivy》攝影師林田昭慶時，他因病住院，幾個月之後便與世長辭。這本書也成為一個好理由，讓我得以訪問多年來對我寫作有重大影響的人：社會評論家速水健朗、次文化學者難波功士，以及時尚史學家出石尚三。

　　本書的完成有賴許多人鼎力襄助，在此我想表達謝意。感謝我的經紀人 Mollie Glick 和編輯 Alex Littlefield 讓這一切成真，也要感謝出版公司老闆 Lara Heimert、編輯 Katy O'Donnell 與 Leah Stecher，以及基本出版社（Basic Books）的每一個人，讓這本書變得更好看。尤其感謝 Wes Del Val 幫助我發展最初的構想。

我要感謝寫作過程中提供引介，以及給予我指導的所有人，包括石津家族、大柴一二三、木下孝浩、中野香織、Souris Hong、Scott Mackenzie、玉置美智子、Kevin Burrows、川野憲志、河野あや子、Craig Mod、Gideon Lewis-Kraus、Audrey Fondecave、坂本純子，以及 Philomena Keet，還有在本書諸多部分提供我深度知識的那些人，包括我妻亮、Bruce Boyer、Matthew Penney、Paul Trynka，以及 Toby Feltwell。Jian DeLeon、Derek Guy、John C. Jay 則在後記部分提供了極關鍵的指引。

透過 Google 文件的威力，我有一組宛如超級巨星的讀者和校對者：感謝 Matt Alt、Emily Balistrieri、Matt Treyvaud、Robin Moroney、Cassandra Lord、Connor Shepherd、Josh Lambert，以及我父親 Morris Marx。

大大感謝 Néojaponisme 網站共同創辦人 Ian Lynam 協助美術與設計（包括使用掃描器的特權）。感謝 Sara Jew-Lim 撥冗在普林斯頓檔案館搜尋至今依然神祕的海軍中尉歐布萊恩的相關資料，可惜功敗垂成。我始終感謝 Benjamin Novak、Chess Stetson、Trevor Sias、Patrick Macias，以及 Ryan Erik Williams 多年來的支持。還有 Sean Boyland，我沒忘記我還欠你一盤圍棋。

二〇二三年新版後記

AFTERWORD

　　我曾一度擔心《洋風和魂》的英文副書名「How Japan Saved American Style」（日本如何拯救美國時尚風格）會惹惱、甚至激怒美國人，但即使在二〇一五年該書上市時，也沒有引發很大的爭議。打扮時尚的美國人已經知道，日本品牌生產了世界上最好的美式服飾，從經典合身且車了布邊的牛仔褲、以慢速吊織機製成的運動衫，以及牛津釦領襯衫，皆是如此。現在，在該書出版七年後，日本男裝占世界主導地位，已經成為人們普遍接受的看法。《洋風和魂》中提到的特定品牌，曾經在日本以外很難買到，現在都已經可以更廣泛地在網路商店或透過代理服務購買。若想閱讀《POPEYE》雜誌，人們只要追蹤該雜誌的 Instagram 帳號即可，不再需要特地跑一趟位於紐約曼哈頓的紀伊國屋書店。《Take Ivy》在二〇一〇年又一次引發熱議並非偶然：這本日本的攝影書現在被公認為理解常春藤聯盟時尚造型的經典，而且或許也是理解「美式」風格的根本稜鏡。二〇二〇年，InsideHook 網站宣布，「美國男裝的下一個偉大運動」，將由一群被稱為「Take Ivy 2.0」的高級運動服飾品牌所發起。

　　「為什麼一家日本公司會在一九六五年跑去美國東岸創作《Take Ivy》，以及日本年輕人隨後對傳統美式風格的著迷，又是如何滾雪球般地發展成全球在整個二十一世紀對日本男裝的崇敬？」我之所以寫作《洋風和魂》這本書，最初目標正是在於解釋以上因果背後的故事。然而，所有對於當代文化的歷史的書寫，都有可能在敘事中使未來的發展有所變形。作家湯瑪斯・伍爾夫（Tom Wolfe）稱此為媒體帶來的「反彈」（media ricochet）：對

任何文化運動的流行報導，都會導致其中的領導人物在特定框架內理解他們自身的下一步行動。我寫作《洋風和魂》，是為了向日本以外的讀者解釋晦澀的日本時尚史，但這本書的日文譯本（現在的出版刷次已經來到第七刷）開啟了一個迴圈。在《POPEYE》發行四十週年之際，我被要求撰寫一篇關於該雜誌的重大貢獻的文章——而且就刊登在《POPEYE》的頁面上。

也就是說，即使沒有專門討論 Ametora 的這本書，具備 Ametora 風格的品牌們肯定也會繼續勢如破竹地向前邁進。如果這本書確實有其貢獻的話，主要正是為這一趨勢命了名。社會學家羅夫・梅爾森（Rolf Meyerson）和伊萊休・卡茲（Elihu Katz）曾經指出：「任何潮流或時尚都會成為標籤。」而 Ametora 一詞之所以開始流行起來，正是因為《紐約時報》在沒有明確提及我的書的情況下，將其定義為「一個日本俚語，廣義指稱被模仿、收藏且改良而成的美式傳統風格」。二○二○年，知名電商平台 MR PORTER 將自家的男裝品牌「Mr P.」定調為「我們對學院風的認可，那造型定義了日本的 Ametora」。在加拿大諾瓦斯科西亞省，一家古著商店以「Ametora Supply」為名開業，而在二○二二年，美國服飾品牌 Rowing Blazers 將其基本款 T 恤衫命名為「Ametora T」和「Ametora 圓領運動衫」。Ametora 這個詞並不是唯一進入英語世界的日文詞語。雜誌《新消費者》（*The New Consumer*）的丹・弗洛莫（Dan Frommer）曾在推特上指出，小林泰彥提出的「堅固耐用常春藤」概念，最終為他自身的穿衣風格——在牛津襯衫外套上一件防水外套——提供了「分類學上的名稱」。

日本時尚文化的擴張可說是旗開得勝，更進一步地開啟了 Ametora 的新篇章。美國前第一夫人蜜雪兒・歐巴馬（Michelle Obama）穿著日本設計師品牌 Sacai 的服飾，歌手怪奇比莉（Billie Eilish）也曾穿著日本品牌 Kapital 的服飾出現在紅毯上。日本服飾已經不再是小眾族群的古怪選擇，而是成了昭然若揭的上乘選項。「任何來自日本的東西，」作家兼 Nordstrom 百貨男裝與編輯部主

任健 · 德雷翁（Jian DeLeon）說，「在本質上都隱含了更多的文化價值。」時尚作家德雷克 · 蓋伊（Derek Guy）也補充：「如果全球消費者是因為日本品牌的新穎而喜歡它們，那麼這種新穎性早就消失了。日本品牌之所以受歡迎，是因為它們為市場提供了一些特別的事物。」就數量或收益而言，日本出口的服飾可能無法主導整個服裝產業，但在時尚菁英眼中，日本服飾為品質、創意程度與正統性方面設立了標準——無論是傳統風格、前衛設計，還是大眾服飾，皆須遵守。

日本品牌持續向世人提供最受推崇的「傳統風格」服飾——即東岸的學院風服飾和西岸的粗獷休閒風格。日本岡山縣的兒島仍然是世界上最著名的布邊丹寧褲的生產地。儘管 COVID-19 疫情導致零售業的不景氣，已經迫使鎌倉襯衫關閉了品牌在曼哈頓的兩間實體店面，但《GQ》仍然稱讚該品牌製造了「最好的美式典型（透過日本的詮釋）白襯衫」。德雷克 · 蓋伊指出：「如果你想以最忠實的方式製作一件六〇年代風格的美式西裝，你不會去找美國裁縫師。你反而會去找日本的『Tailor CAID』。」Tailor CAID 背後的關鍵人物名叫山本祐平，他非常喜愛一九六〇年代早期如《神仙家庭》（*Bewitched*）等電視節目中，美國男人「乾淨俐落」的打扮。由於無法在東京買到類似的西裝，他開始在傳奇服飾店 Boston Tailor ——該店曾為橫田空軍基地的美國軍官提供服裝——工作，並當了十二年的學徒。山本現在為日本的美式傳統風格一批死忠愛好者，以及創作歌手尼克 · 沃特豪斯（Nick Waterhouse）等外國信徒提供服裝。除了 CAID 出品的橄欖綠泡泡紗西裝和雙排釦的防水夾克之外，山本的訂製襯衫為幾乎已經有些陳舊的常春藤細節注入了新的活力，包括更寬的箱式褶、後領釦，以及領子完美的彎曲弧度。CAID 經常在曼哈頓翠貝卡區（Tribeca）的男裝精品店 The Armoury 舉辦「提箱秀」（trunk show，譯按：在新品尚未發布前，專門開放給 VIP 客戶的非公開服裝秀），這使得山本能夠像過去的紐約人一樣，打扮年輕的紐約客。

除了保留美式風格，日本公司還拯救了一些曾經遭人遺忘的美國品牌。35Summers——這家位於東京的公司曾成功地把巴黎男裝店 Anatomica 引入日本——將一九六〇年代懷俄明州牛仔風格的羽絨背心品牌 Rocky Mountain Featherbed 重新帶回世人眼前（該品牌現於 MR PORTER 網站上以高價銷售）。加州托倫斯（Torrance）有一家由日本人經營的公司 Topwin，讓辛辛那提已停業的老字號運動品牌 Velva Sheen 重回市場，生產其基本款 T 恤系列。

然而，全球男裝市場已經開始逐步擺脫照本宣科地複製「經典」風格，例如復甦的常春藤風格服飾、保守的英式西裝，以及粗獷的「傳統」造型。這些風格在大蕭條之後首次出現，正是因為其本質上固有的保守感。對於那些迄今為止對服裝不感興趣的美國男人來說，牛津襯衫、仿復古牛仔褲和 Red Wing 工作靴是開始學習穿衣打扮時最容易入手的單品，而且擁有這些又不會顯得對「時尚」過於感興趣。這一策略使得美國男人的時尚意識明顯增強。小說家崔瑪麗（Mary H.K. Choi）曾在二〇一〇年提出了一個引發熱議的問題：「是我在胡說八道，還是紐約有一大堆人突然學會了如何穿衣打扮？」但是，這些經典風格不可避免地會過度泛濫，因而迎來了抵制熱潮。在二〇一〇年代中期，時尚先驅有意識地遠離了那些一看就知道是「傳統」風格的打扮。經歷了十年的微縮西裝（shrunken suits）和修身襯衫風潮之後，《POPEYE》在二〇一六年開始推廣一九九〇年代青少年運動裝特有的「寬大的輪廓線」；與此同時，美國時尚媒體則對演員喬納・希爾（Jonah Hill）和饒舌歌手造物主泰勒（Tyler, the Creator）衣櫃裡的鮮豔色彩和混亂圖案大為讚賞。

延續同樣的路線，過去對「常春藤」的呆板解釋也有了變形——受色彩鮮艷的運動服飾與從容的嘻哈美學影響，「新常春藤」於焉誕生。美國品牌 Rowing Blazers 的崛起也許最好地體現了這種變化。該品牌的主理人傑克・卡森（Jack Carlson）畢業於牛津大學，是一名考古學家和前賽艇成員，他在二〇一七年創立 Rowing

Blazers，販售受英國賽艇隊員穿著的彩色運動夾克啟發的休閒服飾。他謹慎推出的第一個服裝系列，在推出後立刻獲得了日本選品店 BEAMS 和 UNITED ARROWS 的支持。不過，Rowing Blazers 透過將風格設定在一九八〇年代學院風最為率性的樣貌，例如推出色彩迷幻的拼接橄欖球衫和黛安娜王妃曾穿過的毛衣的復刻版，成功吸引了更多的受眾，包括小賈斯汀（Justin Bieber）和提摩西・夏勒梅（Timothée Chalamet）。

日本品牌也經歷了類似的過渡時期：從遵循教科書式的傳統風格，到用心鑽研年輕的街頭服飾。流行時裝品牌 BEAMS 的美式風格支線 BEAMS PLUS，現在是世界上最受推崇的美式傳統風格品牌之一，尤其因為西方消費者可以在電商平台 MR PORTER 和 SSENSE 購買該品牌的產品。二〇二二年，J.Crew 與 BEAMS PLUS 聯名合作（後者經常被看作前者的日本分身）；對此，《GQ》主張 BEAMS PLUS 是「J.Crew 提出的日系回應」。J.Crew x BEAMS PLUS 聯名系列中的單品全都不是所謂的「基本款」，其中有大膽的格子圖案的工裝褲、紅條紋卡其束腰夾克，以及上頭有好幾種不同綠色色調的燈芯絨拼接工裝外套。帶領 J.Crew 重新崛起的設計師布蘭登・巴本奇恩（Brendon Babenzien）向《Esquire》解釋了聯名計畫的起源，他說：「當我們列出有可能合作的品牌名單時，BEAMS PLUS 是名單上的首選。」J.Crew 曾經為日本品牌帶來啟發，但現在情況則反了過來。巴本奇恩主導的 J.Crew 在二〇二二年以「寬版合身卡其長褲」（Giant Fit Chinos）引發了最大的一次文化轟動，他們終於讓美國人穿上了寬大的廓形褲，而這種設計似乎是六年前在日本首次出現的。類似的事情也曾發生過——小林泰彥發明了「堅固耐用」（heavy-duty）一詞，將 L.L.Bean 的產品描述為時尚單品；設計師陶德・斯奈德（Todd Snyder）在他二〇二二年與 L.L.Bean 的聯名合作中，就指出小林泰彥的《Heavy Duty Book》為其靈感來源。

在服裝產業的金字塔最上層，Visvim、Kapital 和服飾品牌集團

Nepenthes 旗下的 Engineered Garments 和 Needles，將他們對美式風格的深刻崇敬融入一系列高單價的單品類別中。由於與名人的密切關係，這些品牌的服裝已經成為了地位的象徵，成為健・德雷翁所說的「零售市場上令人垂涎的男裝經典作品」。二〇一九年，饒舌歌手 ASAP Rocky 的經紀公司 AWGE 和以重構復古風格為名的品牌 Needles 合作，限量推出該品牌經典款的運動褲。歌手約翰・梅爾（John Mayer）曾因「穿著罕見的 Nike 球鞋、工裝褲和 V 領 T 恤，就像個長不大的少年」而聞名，但在他有意識地擁抱 Visvim 和 Kapital 的服飾後，他迅速榮升為男裝之神。梅爾公開地從日本獲得風格指導。在賣掉他稀有的球鞋收藏時，他只保留了「藤原浩的品牌 Fragment Design 的所有東西，也就是所有具備原宿氣息的單品」。梅爾第一次接觸到 Visvim，是在二〇〇五年的一次日本行中，從那時起，他的日常穿搭開始融入設計師中村世紀對古董藏袍和日本傳統農作服「野良著」（のらぎ）的現代演繹。二〇一三年，中村為梅爾的專輯《天堂之谷》（*Paradise Valley*）的封面照，設計了具有 Visvim 品牌特色的造型——他讓梅爾穿上一件野戰夾克，底下是一件褪了色的藍底白星星襯衫，外頭則罩著一條超大的拼接毯，看起來像是博物館的江戶時代收藏品。

對於日本品牌來說，設計師和其名人粉絲之間的合作引發的效應，對於將品牌推往新的顛峰非常重要——這點對已故的加納裔美籍設計師維吉爾・阿布拉赫（Virgil Abloh）和A BATHING APE創始人與前創意總監NIGO®來說尤其如此。在職業生涯早期，阿布拉赫從原宿的街頭服飾獲得靈感——他稱之為「文化相關性與奢侈品交織的縮影」。當阿布拉赫從率領自身創立的休閒品牌Off-White，到接手Louis Vuitton的男裝藝術總監時，他很快地打了通電話給NIGO®——他的精神導師——尋求合作。在賣掉A BATHING APE的股份之後，NIGO®長期擔任adidas Originals和UNIQLO的T恤「UT」系列的創意總監，建立了受歡迎的品牌HUMAN MADE，並且也引人注目地協助推動了休閒品牌Girls

Don't Cry的新興設計師Verdy的事業。阿布拉赫首先邀請NIGO®合作路易威登的聯名膠囊系列，這促使NIGO®首次理解到自己不僅僅是一名創意總監，也是一個時裝「設計師」。

　　下一步並不令人意外：LVMH集團（全名為「酩悅·軒尼詩－路易·威登集團」〔Moët Hennessy-Louis Vuitton，LVMH Group〕）任命NIGO®領導KENZO——由日本先驅設計師高田賢三創立的同名品牌。NIGO®不負眾望，為KENZO設計的第一個系列捨棄了街頭服飾的主打單品，如印花T恤、超大帽T和聯名商品。反而，他大加利用自己挖掘檔案庫的手法，從高田賢三過去的設計中找出花卉圖案。這個新系列讓時尚評論家留下了深刻的印象，名人八卦網站也對KENZO時裝秀眾星雲集的場面表示驚嘆。歌手兼製作人菲瑞·威廉斯（Pharrell Williams）、饒舌歌手Pusha T和造物主泰勒，甚至改名為「Ye」的歌手肯伊·威斯特（Kanye West）和女演員茱莉亞·佛斯（Julia Fox）都在他們短暫而高調的熱戀期期間一起出席。

　　隨著阿布拉赫在路易威登，NIGO®在KENZO，以及Vetements的共同創辦人德姆納·格瓦薩利亞（Demna Gvasalia）在巴黎世家（Balenciaga），歐洲奢侈品牌正明顯地從推出優雅的正裝轉向高價的街頭服飾。一九九〇年代，裏原宿的品牌就已透過混合滑板和嘻哈服飾的文化潮流，佐以設計師品牌推出限量商品的特色，開啟了這一進程。國際知名的運動品牌和奢侈品品牌也很快開始採用這種「空投式」行銷策略（drop marketing），而到了二〇二〇年代，裏原宿模式也影響了奢侈品被賣給下一代消費者的方式。這個時代的奢侈品品牌服飾——例如笨重的運動鞋和印有商標圖案的連身褲——只有在被理解為原宿街頭風格的華麗且極致的版本時，才有意義。

　　但是，究竟為什麼這些富有傳奇色彩的歐洲奢侈品品牌，會開始費盡心思將「奢侈品」重新定義為高級的休閒服飾呢？作為上市公司，LVMH、曆峯集團（Richemont）和開雲集團（Kering）

有責任使股東的利益最大化，這意味著奢侈品品牌不能再局限於銷售非洲探險風的行李箱和真皮馬鞍了。向新市場擴張需要新產品，而世上有一個國家對奢侈品銷售的增長貢獻最大——那就是中國。根據貝恩策略顧問公司（Bain and Co.）估計，到了二〇二五年，中國市場將取得百分之四十的增長，並且占全球奢侈品銷售市場的百分之四十五。然而，中國人購買奢侈品並不是為了參加舞會、晚宴和雞尾酒會。對於上海和北京的年輕消費者來說，「時尚」的概念是在他們與街頭服飾，即 Supreme、A BATHING APE 和其他原宿品牌的接觸中形成的。（自一九九九年在香港開設第一家分店以來，A BATHING APE 在大中華地區一直發展得很成功，而這意味該品牌在此區的流行時間遠遠超過了其在日本的流行時間）。歐洲的奢侈品品牌似乎正在迎合中國年輕人的喜好：推出以產量稀少且設計上著重於商標圖案的街頭服飾，而不是俐落的羊毛西裝和晚宴禮服。

在許多方面，今天的中國很像一九七〇年代的日本——一個充滿活力的消費市場，但尚未為其自身的品味創造和文化生產贏得尊重。儘管中國的購物者買下了全世界的前瞻設計，但沒有任何中國設計師享有與日本設計師相同的認可度。但有跡象表明，中國將以極快的速度融入全球時尚界，首先是受 Ametora ——日本的美式傳統風格啟發的服裝。《洋風和魂》的正文結束在這麼樣的一句話：「在日本向全球提供其版本的美式傳統風格之餘，當其他國家也開始輸出它們自己版本的 Ametora 到日本之際，我們必須等著看日本如何反應。」很有可能會提供首樁案例的，正是大中華地區。本書的簡體中文版書名改名為《原宿牛仔》，賣出了近三萬冊。此外，有一位頗具潛力的美式傳統風格大使已經出現——那就是中國插畫師王飛（Fei Wang），以「Mr. Slowboy」之名更為人熟知。在倫敦生活期間，王飛愛上了經典男裝，而他所繪製的經典男裝插畫後來也出現在《Monocle》等雜誌，以及服飾品牌 Barbour、Mackintosh、dunhill 和 Drake 的廣告案中。王飛

非常仰慕常春藤插畫先驅穗積和夫（現年九十二歲），曾請他為自己的第一本書撰寫序言。日本雜誌《POPEYE》也經常委託王飛繪製插畫，而《2nd》於二〇二二年五月發行的以 Ametora 為主題的雜誌封面上，也有一幅出自 Mr. Slowboy 的插畫。僅僅是「Mr. Slowboy」的存在，就為我在《洋風和魂》書末處點出的問題提供了解答——當面對非日本人改造的 Ametora，日本的菁英們已經搶先擁抱了它們。有了這麼多志同道合的國際創作者、倡導者和消費者，Mr. Slowboy 預示著 Ametora 運動將邁入真正的全球時代。

然而，日本一如既往，仍然是最善於產出 Ametora 的地方。二〇一六年，美國人誠二・麥卡錫（Seiji McCarthy）結束了在 NBA 擔任商業顧問的職業生涯之後，在東京開展了著名的訂製皮鞋事業。麥卡錫解釋道：「與其他地方相比，東京的特別之處就在於單人／小規模訂製鞋工坊的可行性——一個由供應商、製造商和客戶組成的生態系統，支持三十至五十個訂製鞋製造商，其中包括一些全世界最受歡迎的品牌。」另一方面，日本仍然是全球重要的丹寧布生產中心。廣島縣的丹寧布廠貝原持續為 UNIQLO、A.P.C，以及 Levi Strauss 的前衛工藝支線 LEVI'S® Made & Crafted Made in Japan 提供車有布邊的丹寧布。貝原在日本有四個最先進的紡紗、染色和織布工廠，此外在泰國也有一座工廠。相比之下，Levi's 最具傳奇色彩的布料供應商康恩米爾斯，曾經獨家供應赤耳丹寧布料給 Levi's 製作經典的 501 牛仔褲，卻在二〇一七年關閉了位於北卡羅萊納州的白橡樹工廠（White Oak），從而為美國大規模生產丹寧布的時代劃下句點。實際上，「日本製造」的力量可能有其神話般的品質，畢竟日本品牌仍然能夠在他們自己的地盤上生產高品質的商品，而這正是大多數西方品牌無法做到的。

不過，前述這些例子只能說明日本品牌是如何引領時尚產業的金字塔頂端。Ametora 面臨的最後一個挑戰是進入全球大眾市場，為此，最佳候選人仍然是 UNIQLO。該品牌在過去七年中經歷了大規模的擴張：商店數量增加了百分之四十，在二十五個國

家有兩千三百九十四間實體店。但 UNIQLO 還沒有贏得城市以外的美國人的青睞。UNIQLO 在亞洲有一千間分店，相較之下，在美國仍然只有四十八間。但即便只踏出了一定的腳步，UNIQLO 已經確實地融入了美國東西岸菁英的生活之中。在健・德雷翁看來，UNIQLO 清楚地找到了自己的品牌價值：「一個大眾風格的全球代表」。在《華爾街日報》上，專欄作家班・科恩（Ben Cohen）承認，在大學畢業後，「我做了似乎是唯一一個明智的選擇：我把我的穿衣風格外包給了日本人——以我自己來說，就是 UNIQLO。在過去的十年裡，這家店已經成為像我這樣初入職場的年輕人的薪水黑洞。」該品牌與 Marni、Jil Sander、Engineered Garments、UNDERCOVER 和 Christophe Lemaire 等高端品牌聯名合作的街頭風格系列服飾很快就銷售一空，並且在二手市場也有很高的價值。

UNIQLO 的故事最早可追溯自創始人柳井正的父親在山口縣經營一家 VAN Jacket 的經銷門市，不過該品牌的願景遠遠不只是對經典美式服裝的再現。正如 UNIQLO 母公司迅銷集團的全球創意總裁約翰・C・傑伊（John C. Jay）告訴我的那樣，他說：「我們的存在源自美國的運動服飾。我們沒有發明它，但我們超級想改良它，重新打造它。」為了做到這一點，UNIQLO 專注於日本的技術專長和烏托邦式的普世倫理；其 Lifewear 系列的口號是「簡約，更顯不凡」（simple made better），而這點都反映在冬季鎖住體溫的 HeatTech 和夏季協助降溫的 AIRism 布料等紡織品的創新之上。UNIQLO 利用日本的超級力量，將各種文化習俗從其原本的環境脈絡中抽離出來，並在這過程中找到最多人能接受的形式。其他品牌可能會把一件特定的毛衣看作一連串的文化符號，喚起一個特定的時間和地點，而傑伊解釋道：「我們有能力把一件服裝『物件化』。我們看著一件毛衣，它就是一件毛衣，僅此而已。這讓我們能夠不斷地改良它。」透過去除明顯的文化標記，這種減法策略促使 UNIQLO 的基本款服飾對世界各地的每一個人都有

潛在的吸引力。如果 UNIQLO 成功實現拓展至全球的野心,這將是 Ametora 故事中一個非常重要的時刻。在「守破離」的框架下,UNIQLO 已經獨立成長為一個新的日本休閒服飾流派。

當各種價位等級的日本品牌在海外的受眾越來越多,日本國內的故事則更為複雜。二十一世紀可說是日本國內消費大幅下降的開始,在一個白髮蒼蒼的社會中,年輕人的數量不斷減少。VAN Jacket 和 BEAMS 的繁榮只是因為日本青少年將他們的零用錢投入到美式服裝中。J. Press 和 Brooks Brothers 在日本爆炸性成長,因為上班族想透過購買時尚的西裝和領帶並穿來上班,藉此顯得比同事更勝一籌。與其他國家相比,這種對服裝的狂熱可能仍然強烈,但與一九九〇年代相比卻減弱了不少。每到週末,原宿都擠滿了人,但往往是觀光客而非當地人。青木正一在二〇一七年宣布其傳奇街拍雜誌《FRUiTS》的停刊消息,因為「現在值得一拍的年輕人越來越少了」。隨著非正式就業、遠距工作,以及「清涼商務」(Cool Biz,譯按:日本於二〇〇五年夏天開始,為了減少能源消耗,決定調高室內空調溫度為二十八度,並由環境省同時推動夏季衣著的簡化)環保運動的發起,商務休閒服飾已經導致正式西裝逐步式微。另一方面,對於那些對穿搭感興趣的年輕日本男性來說,他們會從社交媒體而非從雜誌上尋找穿衣指南,這也往往導致他們模仿光彩奪目的韓國街頭風格,而不是去深入研究美式傳統風格的歷史。一個全球化的世界也意味著日本已經失去了對美國古著銷售的壟斷。馬來西亞和泰國正逐漸成為新一代的古著服飾中心,而且由於他們開設了網路商店,也因此能夠直接將商品直接寄給西方的消費者。

一九八〇年代的前衛設計師,譬如山本耀司、川久保玲和三宅一生,首先確立了日本時裝在設計師圈子裡的重要地位,但二十一世紀嶄新的 Ametora 可說是確立了對市場更持久的主導地位。如果沒有日本品牌、消費者和媒體的作用,男裝的復興就不會發生。但日本對時尚的影響甚至更深遠。我們思考服裝的方式

遵循了日本的後現代理念——任何人都可以混合和搭配任何時代的任何東西，所謂「原汁原味」是透過敬重舊有的生產方式，而不是看原生產地在哪裡來證明的。正是在日本，消費者首次將服裝理解為流動的符號——在那裡，「傳統」、「奢華」、「運動服飾」和「街頭服飾」之間的嚴格壁壘，都坍塌成虛無。這種新的時尚規範使日本品牌能夠為當代全球服裝市場的發展設定步伐，再加上日本品牌在這種模式下有如此多的設計經驗，他們將持續勝出。就像《Take Ivy》，日本時尚不是短暫的風潮。Ametora 將繼續流行下去。

W・大衛・馬克思
寫於二〇二三年一月

注釋與出處

Notes and Sources

本書當中通篇論及日本青少年文化的歷史，馬渕（1989）的著作爲最關鍵的素材來源。談及戰後時尙文化的補述附注見於木村（1993）、Across Editorial desk（1995），佐藤（1997）。

一對一訪談：Kiya Babzani、Toby Feltwell、Eric Kvatek、Paul Mittleman、Andrew Olah、Richard Press、石津祥介、大柴一二三、大坪洋介、大淵毅、貝原良治、木下孝浩、日下部耕司、小林昌良、小林泰彥、貞末良雄、重松理、末永雄一、辻田幹晴、難波攻士、長谷川元、林田昭慶、速水健朗、原田浩介、平川武治、平田俊清、平田和宏、福田和嘉、穗稽和夫、森永博志、山根英彥。

透過電子郵件訪談：Alexander Julian、Paul Trynka、鈴木大器。

參照過去的訪談內容：栗野宏文、高橋盾、中村世紀、NIGO。

前言

關於御幸族的資料，引用自《朝日新聞》的報導文章（「銀座『みゆき族』に補導の網」、「百人余りを補導—銀座の『コウモリ族』狩り」）。關於PARCO的諷刺則來自Gibson（2003）。

第一章 時尚沙漠之國

本章論及日本戰前時尙的資料，來自戶板（1972）及Slade（2009）。搜捕「摩登男孩」的行動出自Ambaras（2005），天津解放出自Shaw（1960）。「吊しんぼ」的輕蔑說法來自Gordon（2012）。大江健三郎的發言見於Duus / Hasegawa（2011）。Dower（1999）一書是占領時期文化的重要素材來源，Tanaka（2002）提供了更多有關「潘潘女」的注釋。「噢，錯誤！」事件見於Dower、馬渕以及岩間（1995）。

所有石津謙介的經歷細節見於石津自傳（1983），石津的證言見於田島（1996），Ishizu.jp線上博物館，以及佐山（2012）和宇田川（2006）。

第二章 常春藤狂熱

くろす（2001）提供了日本戰後服裝文化及VAN早期發展的詳盡細節及重要資訊。VAN的早期故事見於馬場（1980）、花房（2007），以及そして永遠のアイビー展（1995）。黒須敏之和穗積在Men's Club雜誌對談中不斷回憶起個人的經歷。VAN的品牌成功細節見於「きみはVAN党かJUN党か」（1964）。銷售數字亦見馬場及うらべ（1982）。《平凡PUNCH》的雜誌歷史，見「平凡パンチの時代」（1996）、難波（2007）、赤木（2004）。

第三章 引介常春藤

年輕人對常春藤風格混淆的情況見於石津（「アイビー族」，1965），安岡的誤解見於安岡（1975）。奧運外套的的故事出自安城（2019）。Take Ivy的幕後故事出自石津祥介（1965）以及「The Trad」訪問。常春藤族的發言引自《朝日新聞》「百人余りを補導—銀座の『コウモリ族』狩り」一文，警方發言引自「アイビーと日本の若者」。石津的公開演講出自石津（「アイビー族」，1965）以及佐山。反對石津謙介的文章出自《週刊現代》「亡国のデザイナー・石津謙介氏の評判」一文。貞末的故事出自「団塊パンチ」。

第四章 牛仔褲革命

日本丹寧的基本歷史，資料出自佐伯（2006）、小山（2011）、Book of Denim（1991）、崛（1974）、北本（1974）以及くろす（1973）。兒島的報導見於杉山（2009）以及豬木（2013）。關於棉花的細節資料出自Sugihara（1999）。白洲次郎的故事取自出石（2009）、出石（1999），以及"Jeans: This Chic Fashion"（1970）。阿美橫町的背景見於眞日（1960）、塩滿（1982）。小林的牛仔褲資料出自小林（1966）、小林（1996）。反體制文化資料來自馬渕和Across Editorial Desk。「非政治」的VAN見於佐山（1997）。黒須敏之反美的發言見於佐藤（1997），Pehda教授的發言引自「Gaijin Teaches Young Jpnz. Good Manners.」一文。

第五章 美國目錄

「圖片報導」資料見小林（2004）、くろす（1990）。與小林、石川、木滑、寺崎、内坂，以及其他《POPEYE》編輯者的訪問，見於赤田（2002）。民調數字見 NHK

（1982）。馬渕、Across Editorial Desk和うらべ（1982）概括了本章中的社會史資料。更多關於《Made in U.S.A.》的注釋可見於難波（『創刊の社会史』2009。《POPEYE》雜誌的歷史參考赤田及椎根（2010）堅固耐用「系統」的概念來自小林（1978）和小林（2013）。うらべ（1982）談及堅固耐用風格的市場。サーフィンの初期の歴史は西野（1971）和鈴木（1981）書中談到日本衝浪活動的初期歷史。VAN破産狀況可見於宇田川、佐山、馬場（1980）、「永遠のアイビー展」以及都竹（1980）。

第六章 不良洋基

　　山崎眞行人生經歷的細節出自森永（2004）與山崎（2009）。山崎的引言來自奶油蘇達的刊物『ロックンロール・コネクション』（1977）。山崎（1980）、『TEDDY BOY ロックンロール・バイブル』（1980）。「愚連隊」資料出自大貫（1999）、Dower。「橫須賀外套」見於『スカジャンスタイルブック』（2005）。「コロニアル・シック」見於小林（1973）より。「暴走族」見於Satō（1991）。「洋基文化」見於難波（『ヤンキー進化論』2009）、『ヤンキー文化論序說』（2009）および『ヤンキー大集合』（2009）より。「搖搖族」見「ハートはTEDDY」（2003）。街頭兩位少女的發言引自『アンアン』1978年2月5日号「原宿'78」。
　　原宿週日的描述出自「若い広場：原宿24時間」。貝瑞引言自Barry（1993）。

第七章 新富階級

　　BEAMS早期發展與重松理的故事見於川島（2004）、山口（2006）、「『ビームスでいちばんスゴかったのは何かなあ』を語る。」、《繊研新聞》當中設楽洋的連載。高級衣料市場的資料出自うらべ（1982）。北山的發言見於赤田。美國品牌與預科生風潮，見於馬場（1980）、馬場（1984）以及「石津謙介ニューアイビーブック」（1983）。Brooks Brothers資料見於中牟田（1981）和「永遠のアイビー展」。《Hot Dog Press》的幕後故事見赤田、難波（『創刊の社会史』2009）、花房。「水晶世代」引用自田中（1980）。金錢作爲一種社會更成要素，見於Fujitake（1977）。年輕人的消費統計見於佐野（1986）。川久保玲品牌的銷售額參見千村（2001）和Roy（1983）。海外資產的數字見於岩田（1987）當中引自Juppie雜誌「ファッションビジネス2020年への挑戦」一文，。《時代》雜誌引自Hillenbrand（1989）。「澀休」出自難波（2005）、千村及小池（2004）。「隊員」資料出自中野（1997）。澀谷的水貨店情況出自小池。澀休風格的細節參見「"渋カジ"、そのファッションから生態まで、徹底研究マニュアル」一文。

第八章 從原宿到世界各地

藤原、大鍛治及其公司資料見於川勝（2009）。NIGO和高橋盾的細節，出自Nylon for Guys 當中的訪談。NIGO較不為人所知的資料則來「14個の断片からなるNIGOの素顔」一文。《Hot Dog Press》讀者票選出自1997年9月25日、和11月10日兩期。1年後の人気投票では、「裏原宿系」獲選最受歡迎風格則出自一年後的讀者投票。AFFA T恤價格和年輕人引言出自「雑誌、タレントに踊らされる『没』個性派の古着ブーム」。NIGO和藤原浩的納稅額（先前為公開資訊）參見小笠原（2001）。菲瑞的發言見於Blagrove（2013）。營業數字及破產細節詳見Wetherille（2011）。

第九章 古著與復刻

海外採購古著的資料，來自與大坪、Kvatek、日下部、大淵との私人訪問。業界概況出自石川（1994）、「倍々ゲームを続ける輸入」（1996）、以及「リサイクルの文化論」（1997）。牛仔褲歷史及日本Levi's的資料同樣見於佐伯。「Boon」及消費者需求參見小池及中野。品質下降的說法見於「The Jeans」（1988）。威瑟的說法參見《Bunn》（2002）。拉丁裔工人和原宿VOICE引用自「雑誌、タレントに踊らされる『没』個性派の古着ブーム」。法利企業的故事來自「Fads:The Nike Railroad.」（1997）、Bunn（2002）、Frisch（1997）、Uhlman（1997）。日本復刻丹寧的成長，見『にっぽんのジーンズ』（1998）。「ムラ糸」見佐伯。山根的發言引用，參見山根（2008）。EVISU的品牌海外成長狀況參見Tredre（1999）。神戶品牌Real McCoy的狀況見於小池。Kapital資料參見杉山。Levi's的法律訴訟事件，參照Barbaro andCreswell（2007）。大石的發言引自「Gパンこの粋なファッション」一文。

第十章 輸出美式傳統風格

石津謙介之死與遺產資料出自宇田川、「永遠のアイビー展」、花房、小林（1996）、以及貞末的訪問。Pressler（2010）論及柳井正與德雷克斯勒的談話、Burkitt（2012）則論及勝田。Colman（2009）當中詳細記載鈴木大器對於湯姆‧布朗的看法。『TAKE IVY』受歡迎的程度可見於Trebay（2010）。該書五萬本的銷售數字來自Jacobs（2010）。蕾貝卡‧貝的說法引自Swanson（2014）。布朗否認靈感直接來自日本，這個說法見於Kohl（2013）「A Continuous Lean」引自Williams（2009）以及Gallagher（2013）。泰勒‧布雷的說法參見Bartlett（2013）。美國男裝部落格興起和設計師巴斯

提昂的發言，出自Greenwald（2011）。施洛斯曼的發言引自Evans（2012）。鈴木大器否定「日本的觀點」之言見Dugan（2013）。渡邊淳彌的發言出自"Sentimental Journey"、他改造衣服重新上市的細節，可參照Horyn（2013）。PRPS的資料來自Keet（2011）。石津謙介的發言引自「New Ivy Text‘82」。拉夫・羅倫在表參道店店面的價格見於Fujita（2014）。

參考書目
Bibliography

日文書目

「14個の断片からなるNIGOの素顔」『アサヤン』Vol. 85. 2001.1：19.

『Be 50's Book around the Rock'n Roll 写眞集 ハートはTEDDY PART2』第三書館, 1982.

『Book of Denim──デニム&ジーンズグラフティ』アーバン・コミュニケーションズ, 1991.

「Gパン この粋なファッション」『週刊朝日』1970.2.27: 36-39.

「HEAVY-DUTY IVY ヘビアイ党宣言」『メンズクラブ』Vol. 183. 1976.9：151-155.

『Made in U.S.A.』読売新聞社, 1975.

「New Ivy Text'82」『ホットドッグプレス』1982.1.25.

NHK放送世論調査所『図説 戦後世論史』日本放送出版協会, 1982.

『OLD BOY. SPECIAL:永遠のVAN』エイ出版社, 1999.

『REVIVAL版 ハートはTEDDY──写眞集・日本ロックンローラーズ』第三書館, 2003.

『SKI LIFE』読売新聞社, 1974.

『TEDDY BOY ロックンロール・バイブル』八曜社, 1980.

『The Jeans』婦人画報社, 1988.

「VAN王国衰退にあえぐ石津一家の浪費」『週刊新潮』1969.1.4: 42-44.

「アイビー・リーガース大いに語る」『メンズクラブ』Vol. 14. 1959.4：88-93.

「アイビー・リーガーの昨日・今日・明日」『メンズクラブ』Vol. 43. 1965.6：42-46.

「アイビーと日本の若者」『メンズクラブ』Vol. 43. 1965.6：216-223.

「アイビーのディテール」『メンズクラブ』Vol. 43. 1965.6：82-83.

赤木 洋一『平凡パンチ1964』平凡社, 2004.

赤田 祐一『証言構成「ポパイ」の時代—ある雑誌の奇妙な航海』太田出版, 2002.

アクロス編集室『ストリートファッション 1945-1995』PARCO出版, 1995.

『アンアン』1978.2.5: 43-57.

安城 寿子『1964東京五輪ユニフォームの謎—消された歴史と太陽の赤』光文社新書, 2019.

五十嵐 太郎『ヤンキー文化論序説』河出書房新社, 2009.

石川 清「『未熟な欲望』を商う現代の闇商人」『潮』. 1994.7: 268-277.

石津 謙介「アイビー族は是か非か？」『メンズクラブ』Vol. 47. 1965.11：25-28.

石津 謙介「あなたもGパンぼくもGパン」『平凡』1961.9: 134-136.

石津 謙介『石津謙介オール・カタログ』講談社, 1983.

石津 謙介『いつ・どこで・なにを着る？』婦人画報社, 1965.

石津 祥介、くろす としゆき、長谷川 元「アイビー・ツアーから帰って＜その1＞」
　　　『メンズクラブ』Vol. 45. 1965.9：11-15.

石津 祥介、くろす としゆき、長谷川 元「アイビー・ツアーから帰って＜その2＞」
　　　『メンズクラブ』Vol. 46. 1965.10：11-14.

石津 謙介「これが本場のアイビー」『メンズクラブ』Vol. 18. 1960.4：62-65.

『石津謙介大百科』http://ishizu.jp.

「石津謙介のニューアイビーブック」講談社, 1983.

石津 謙介「私のおしゃれ人生」『メンズクラブ』Vol. 31. 1963.4：115-117.

出石 尚三『完本ブルージーンズ』新潮社, 1999.

出石 尚三『ブルージーンズの文化史』エヌティティ出版, 2009.

猪木 正実『繊維王国おかやま今昔—綿花・学生服そしてジーンズ』日本文教出版岡山, 2013.

岩田 龍子『ジャッピー—きみは大人になれるか』婦人画報社, 1987.

岩間 夏樹『戦後若者文化の光芒—団塊・新人類・団塊ジュニアの軌跡』日本経済新聞社, 1995.

宇田川 悟『VANストーリーズ—石津謙介とアイビーの時代』集英社, 2006.

うらべ まこと『流行うらがえ史—モンペからカラス族まで』文化服装学院出版局, 1965.

うらべ まこと『続・流行うらがえ史—ミニ・スカートからツッパリ族まで』文化服装学院出版局, 1982.

『永遠のIVY展』日本経済新聞社, 1995.

「映画『Take Ivy』について語ろう。」『Oily Boy: The Ivy Book』2011.11: 66-67.

江藤 淳、蓮實 重彦『オールド・ファッション—普通の会話』中央公論社, 1988.

大貫 説夫「我ら、新宿愚連隊」『愚連隊伝説』洋泉社, 1999.

オカヂマカオリと小笠原 格「NIGOという病」『サイゾー』2001.8: 95-97.

「男の二つの流行を語るアイヴィー・リーグかVスタイルか ？」『メンズクラブ』Vol. 6. 1956.10：121-125.

川勝 正幸『丘の上のパンク -時代をエディットする男、藤原ヒロシ半生記』小学館, 2009.

川島 蓉子『ビームス戦略—時代の変化を常に先取りするマーケティングとは』PHP研究所, 2004.

北本 正孟『JEANSの本　世界を占領した青の制服』サンケイ新聞出版局, 1974.

「きみはＶＡＮ党かＪＵＮ党か?」『平凡パンチ』Vol.6 1964.6.15: 7-14.

木村 春生『服装流行の文化史—1945-1988』現代創造社, 1993.

「銀座"みゆき族"に補導の網」『朝日新聞』1964.9.13.

「狂った"街頭レース"」『朝日新聞』1972.6.19

くろす としゆき「IVY Q&A」『メンズクラブ』Vol. 43. 1965.6：142-145.

くろす としゆき「あいびぃあらかると」『メンズクラブ』Vol. 45. 1965.9：18.

くろす としゆき「あいびぃあらかると」『メンズクラブ』Vol. 46. 1965.10：15.

くろす としゆき『アイビーの時代』河出書房新社, 2001.

くろす としゆき『トラッド歳時記』婦人画報社, 1973.

小池 りうも『大ヒット雑誌GET指令』新風舎, 2004.

小林 泰彦「HDはトラッドにはじまる」『メンズクラブ』Vol. 213. 1978.12：188-191.

小林 泰彦『イラスト・ルポの時代』文藝春秋, 2004.

小林 泰彦『永遠のトラッド派』ネスコ, 1996.

小林 泰彦『ヘビーデューティーの本』山と渓谷社, 2013.

小林 泰彦「ヨコスカ・マンボ」『平凡パンチ デラックス』Vol. 213. 1966.11.

小林 泰彦『若者の街—イラスト・ルポ』晶文社 , 1973.

小山 有子「『ジーパン』は誰のものか：世代とジェンダーからみる日本のジーンズ受容試論」　　　パブリック・ヒストリ 2011.8: 14-33.

佐伯 晃「わが国のジーンズ産業発展略史」日本繊維新聞社『ヒストリー日本のジーンズ』日本繊維新聞社, 2006.

設楽 洋「アメリカの生活売る店開く」『繊研新聞』2013.2.15: 7

設楽 洋「流れ読みビジネスが拡大」『繊研新聞』2013.2.22: 11

「雑誌、タレントに踊らされる『没』個性派の古着ブーム」『アエラ』1997.9.22: 30.

佐藤 郁哉「暴走族のエスノグラフィー—モードの叛乱と文化の呪縛」新曜社, 1984.

佐藤 嘉昭『若者文化史—Postwar,60's,70's and Recent Years of FASHION』源流社, 1997

佐野　眞一「暖衣飽食時代の古着ブーム」『中央公論』1986.11: 254-267.

佐山　一郎『VANから遠く離れて──評伝石津謙介』岩波書店, 2012.

「三人寄れば MC表紙寸評会」『メンズクラブ』Vol. 280. 1984.6：22-37.

椎根　和『popeye物語──若者を変えた伝説の雑誌』新潮社, 2010.

塩満　一『アメ横三十五年の激史』東京稿房出版, 1982.

『シティボーイ・グラフィティ』婦人画報社、1990

「"渋カジ"そのファッションから生態まで、徹底研究マニュアル」『ホットドッグプレス』
1989.4.10

『スカジャンスタイルブック』エイ出版社, 2005.

杉山　愼策『日本ジーンズ物語』吉備人出版、2009.

鈴木　正『サーフィン』講談社, 1981.

「スポーツとアーティスト第5回くろすとしゆき」日本オリンピック委員会（JOC）2007.7.26
2014.11.19.にアクセス, http://www.joc.or.jp/column/sportsandart/20070726.html.

田島　由利子『20世紀日本のファッション──トップ68人の証言でつづる』源流社、1996.

田中　康夫『なんとなく、クリスタル』河出書房新社, 1981.

千村　典生『戦後ファッションストーリー1945-2000』平凡社, 2001.

戸井　十月『止められるか、俺たちを──暴走族写眞集』第三書館, 1979.

戸板　康二『元禄小袖からミニ・スカートまで──日本のファッション・300年絵巻』サンケイ新
聞社出版局, 1972.

都竹　千穂「僕は三度も無一文になってますよ　石津謙介」『STUDIO VOICE』1980.12

「トラッド回帰とプレッピー」『メンズクラブ』Vol. 225. 1979.12：139-143.

中野　充浩「ティーンエイジ・シンフォニー」『バブル80'Sという時代──1983-1994TOKYO』ア
スペクト, 1997.

中部　博『暴走族100人の疾走』第三書館, 1979.

中牟田　久敬『トラディショナルファッション』婦人画報社, 1981.

難波　功士「渋カジ考」関西学院大学社会学部研究ノート. 2005.10: 233-245.

難波　功士『創刊の社会史』ちくま新書, 2009.

難波　功士『ヤンキー進化論』光文社, 2009.

難波　功士『族の系譜学──ユース・サブカルチャーズの戦後史』青弓社, 2007.

西野　光夫『たのしいサーフィン』成美堂出版, 1971

『にっぽんのジーンズ』ワールドフォトプレス, 1998.

『日本のレトロ・スタイルブック──1920-1970』織部企画, 1990.

「倍々ゲームを続ける輸入古着」『東洋経済』1996.8.24：40.

花房 孝典『アイビーは、永遠に眠らない―石津謙介の知られざる功績』三五館, 2007.

馬場 啓一『アイビーグッズグラフィティ―for the young and the you』立風書房, 1982.

馬場 啓一『VANグラフィティ』立風書房, 1980.

林田 昭慶、くろす としゆき『TAKE IVY』Powerhouse, 2010.

原 宏之『バブル文化論』慶應義塾大学出版会, 2006.

「『ビームスでいちばんスゴかったのは何かなあ』を語る（北村勝彦×星野一郎）」『relax: BEAMS mania』1998.4: 46-47, 68-69.

『ヒストリー 日本のジーンズ』日本繊維新聞社, 2006.

「百人余りを補導　銀座の"コウモリ族"狩り」『朝日新聞』1965.4.25.

『ファッションと風俗の70年』婦人画報社, 1975.

「ファッションビジネス2020年への挑戦」『ファッション販売』2014.5.

『プロトタイプなジーンズ200』祥伝社, 1995.

『平凡パンチの時代―失なわれた60年代を求めて』マガジンハウス, 1996.

ホイチョイ・プロダクション『見栄講座―ミーハーのための その戦略と展開』小学館, 1983.

「"亡国のデザイナー"石津謙介氏の評判」『週刊現代』1966.10.13: 128-132.

堀 洋一『ジーンズ終わりのない流行−ジーンズのすべて』婦人画報社、1974.

松山 猛「原宿'78」『アンアン』1978.2.5: 43-57.

眞鍋 博「都会のキリギリス」『朝日新聞』1965.9.20.

眞日 眞里「掘出しもの手帳」『メンズクラブ』Vol. 20. 1960.10：84-87.

馬渕 公介『「族」たちの戦後史』三省堂, 1989

「"みゆき族"百人補導」『朝日新聞』1964.9.19.

本橋 信宏「VANの神話第二話：『鎌倉シャツ』に見るVANの遺伝子」『団塊パンチ』2006.7: 96-112.

森 柊二「みゆき族の掟」『週刊大衆』1964.10.15

森永 博志『原宿ゴールドラッシュ青雲篇』CDC, 2004.

安岡 章太郎「のし歩く＜アイビー族＞に物申す」『安岡章太郎エッセイ全集Vol.8』読売新聞社, 1975.

山口 淳『ビームスの奇跡』世界文化社, 2006.

山崎 眞行『クリーム・ソーダ物語』JICC出版局, 1980.

山崎 眞行『宝はいつも足元に』飛鳥新社, 2009.

山根 英彦『EVISU THE PHOTO BOOK TATEOTI』エイ出版社, 2008.

ヤンキー文化研究会『ヤンキー大集合』イースト・プレス, 2009.

「リサイクルの文化論第7回：アメリカのごみ」『月刊廃棄物』1997.10: 88-95.

「流行に追いぬかれるアセリのVAN教祖石津謙介」『週刊文春』1969.1.13: 138-140.

『ロックンロール・コネクション』白川書院, 1977.

「若い広場—原宿24時間」NHK, 1980.

英文書目

Ambaras, David R. Bad Youth. Berkeley: University of California Press, 2005.

Asada, Akira. "A Left Within a Place of Nothingness." New Left Review. No. 5. September-October 2000.

Barbaro, Michael, and Julie Creswell. "Levi's Turns to Suing Its Rivals." New York Times. January 29, 2007.

Barry, Dave. Dave Barry Does Japan. New York: Ballantine Books, 1993. （デイヴ・バリー『デイヴ・バリーの日本を笑う』東江一紀訳、集英社、1994）

Bartlett, Myke. "Tyler Brûlé makes Monocle." Dumbo Feather. Second Quarter 2013. http://www.dumbofeather.com/conversation/tyler-brule-makes-monocle/.

"'Bathing Ape' T-shirts land duo in hot water." Daily Yomiuri（Tokyo）16 October 1998: 2. English

Birnbach, Lisa, ed. The Official Preppy Handbook. New York: Workman Publishing Company, 1980. （リサ・バーンバック『オフィシャル・プレッピー・ハンドブック』宮原憲治訳、講談社、1981）

Blagrove, Kadia et. al. "The Oral History of Billionaire Boys Club and Icecream." Complex. December 3, 2013. http://www.complex.com/style/2013/12/oral-history-bbc-icecream.

Bunn, Austin. "Not Fade Away." New York Times. December 1, 2002.

Burkitt, Laurie. "The Man Behind the Puffy Purple Coat." Wall Street Journal. March 16, 2012.

Chang, Ryan. "Take Ivy 2.0 Is the Next Great Movement in American Menswear." Inside Hook. February 19, 2020. https://www.insidehook.com/article/menswear/defining-take-ivy-2-0-next-menswear-movement.

Chaplin, Julia. "Scarcity Makes the Heart Grow Fonder." New York Times. September 5, 1999.

Chapman, William. Inventing Japan. New York: Prentice Hall Press, 1991.

Choi, Mary H.K. "All Dudes Learned How to Dress and It Sucks." The Hairpin. October 25, 2010. https://www.thehairpin.com/2010/10/all-dudes-learned-how-to-dress-and-it-sucks/.

Cohen, Ben. "Prep Yourself." Wall Street Journal. January 15, 2016. https://www.wsj.com/articles/prep-yourself-1452890984.

Colman, David. "The All-American Back From Japan." New York Times. June 17, 2009.

Conversations with Tom Wolfe. Ed. Dorothy M. Scura. Jackson: University Press of Mississippi, 1990.

Cooke, Fraser. "Hiroshi Fujiwara." Interview. 2010.

De Mente, Boye, and Fred Thomas Perry. The Japanese as Consumers. Tokyo: John Weatherhill Inc., 1968.

Dower, John. Embracing Defeat. New York: W.W.Norton & Company, 1999. （ジョン・ダワー『敗北を抱きしめて』三浦陽一、高杉忠明訳、岩波書店、2001）

Dugan, John. "Daiki Suzuki." Nothing Major. June 19, 2013. http://nothingmajor.com/features/60-daiki-suzuki/.

Duus, Peter, and Kenji Hasegawa. Rediscovering America Japanese Perspectives on the American Century. Berkeley: University of California, 2011.

The Editors of GQ. "The Best White Dress Shirts Are the Foundation of Any Stylish Guy's Wardrobe" GQ. August 23, 2022

English, Bonnie. Japanese Fashion Designers: The Work and Influence of Issey Miyake, Yohji Yamamoto and Rei Kawakubo. Oxford: Berg, 2011.

Evans, Jonathan. "Q&A: The Guys Behind the Fk Yeah Menswear Book." Esquire: The Style Blog. November 7, 2012. http://www.esquire.com/blogs/mens-fashion/kevin-burrows-lawrence-schlossman-fuck-yeahmenswear-110712.

Evans, Jonathan. "J.Crew's Brendon Babenzien on Why the New Beams Plus Collab 'Makes Perfect Sense.'" Esquire. October 18, 2022. https://www.esquire.com/style/mens-fashion/

a41656401/j-crew-brendan-babenzien-beams-plus/.

"Fads: The Nike Railroad." New York Times. October 5, 1997.

Frisch, Suzy. "Growing Yen For Old Things American." Chicago Tribune. December 05, 1997.

Fujita, Junko. "Mitsubishi Corp in final talks to buy Tokyo Ralph Lauren building for $342 million: sources." Reuters. Jan 30, 2014.

Fujitake, Akira. "Hordes of Teenagers 'Massing.'" Japan Echo 4.3（1977）109-117.

Gallagher, Jake. "Classic Ivy Oxfords Straight From Japan." A Continuous Lean. December 3, 2013. http://www.acontinuouslean.com/2013/12/03/classic-ivy-oxfords-straight-japan/

Gibson, William. Pattern Recognition. New York: G: Putnam's Son, 2003. （ウィリアム・ギブスン『パターン・レコグニション』浅倉久志訳、角川書店、2004）

Gordon, Andrew. Fabricating Consumers: The Sewing Machine in Modern Japan. Berkeley: University of California, 2012. （アンドルー・ゴードン『ミシンと日本の近代：消費者の創出』大島かおり訳、みすず書房、2013）

Greenwald, David. "Reblog This: The Oral History of Menswear Blogging." GQ. December 13, 2011. http://www.gq.com/style/profiles/201112/menswear-street-style-oral-history.

Hillenbrand, Barry. "American Casual Seizes Japan." Time. November 13, 1989: 106-107.

Horyn, Cathy. "A Tennessee Clothing Factory Keeps Up the Old Ways." New York Times. August 14, 2013.

"Interview with Teruyoshi Hayashida. I of III" The Trad. October 6, 2010. Accessed November 19, 2014. http://thetrad.blogspot.com/2010/10/interview-with-teruyoshi-hayashida-i-of.html.

"Hayashida & Take Ivy on 16mm - Part II of III" The Trad. October 7, 2010. Accessed November 19, 2014. http://thetrad.blogspot.com/2010/10/hayashida-take-ivy-on-16mm-part-ii-of.html.

"Hayashida & 'Nioi' Part III" The Trad. October 8, 2010. Accessed November 19, 2014. http://thetrad.blogspot.jp/2010/10/hayashida-nioi-part-iiii.html.

Hyland, Véronique. "Emergency Cool-Kid Shortage Threatening the Globe." The Cut. February 6, 2017.

Jacobs, Sam. "Take Ivy, The Reissue Interview." The Choosy Beggar. August 19, 2010. http://www.thechoosybeggar.com/2010/08/take-ivy-the-reissue-interview/.

Kawai, Kazuo. Japan's American Interlude. Chicago: University Of Chicago Press, 1979.

Keet, Philomena. "Making New Vintage Jeans in Japan: Relocating Authenticity." Textile 9:1

（2011）: 44–61.

Kohl, Jeff. "An Interview With Thom Browne." The Agency Daily. May 2013. http://www.theagencyre.com/2013/05/thom-browne-interview-tokyo-flagship/.

Krash Japan. "Kojima: Holy Land of Jeans." Accessed on August 14, 2013. http://www.krashjapan.com/v1/jeans/index_e.html.

Lee, John, and Jeff Staple. "Hiroshi Fujiwara: International Man of Mystery." Theme: Issue 1, Spring 2005. http://www.thememagazine.com/stories/hiroshi-fujiwara/.

Marcus, Ezra. "How Malaysia Got in on the Secondhand Clothing Boom." The New York Times. Feb. 3, 2022. https://www.nytimes.com/2022/02/03/style/malaysia-secondhand-clothing-grailed-etsy-ebay.html.

Marx, W. David. "Nigo: Gorillas in Our Midst." Nylon Guys. Spring 2006.

Marx, W. David. "Jun Takahashi." Nylon Guys. Fall 2006.

Marx, W. David. "Future Folk: Hiroki Nakamura." Nylon Guys. Fall 2008.

Marx, W. David. "Selective Shopper: An interview with fashion guru Hirofumi Kurino." Made of Japan. September 2009.

Mead, Rebecca. "Shopping Rebellion." The New Yorker. March 18, 2002; 104-111.

Meyersohn, Rolf and Elihu Katz. "Notes on a Natural History of Fads." American Journal of Sociology, 62 (6), 594-601. 1957.

Mystery Train. Film. Directed by Jim Jarmusch. Original Release Year: 1989. Mystery Train Inc. （『ミステリー・トレイン』（映画）、ジム・ジャームッシュ監督、1989）

"Gaijin Teaches Young Jpnz. Good Manners." The New Canadian. July 1, 1977.

Olah, Andrew. "What is a Premium Jean?" Apparel Insiders. November 2010. http://www.apparelinsiders.com/2010/11/1619018243/.

Packard, George R. "They Were Born When the Bomb Dropped." New York Times, August 29, 1969.

Pressler, Jessica. "Invasion of the $10 Wardrobe." GQ. December 2011.

Roy, Susan. "Japan's 'New Wave' Breaks on U.S. Shores." Advertising Age. September 5, 1983.

Satō, Ikuya. Kamikaze Biker: Parody and Anomy in Affluent Japan. Chicago: University of Chicago Press, 1991.

Seidensticker, Edward. Tokyo: from Edo to Showa 1867-1989. Tokyo: Tuttle Publishing, 2010.

"Sentimental Journey" （Junya Watanabe）. Interview. 2009. （エドワード・サイデンステ

ッカー『東京 下町山の手 1867-1923』安藤徹雄訳、TBSブリタニカ／『立ちあがる東京—廃
墟、復興、そして喧騒の都市へ』安藤徹雄訳、早川書房、1992)

Seward, Mahoro. "Exclusive: Virgil Abloh and Nigo share the thought process behind LV²"
i-D. June 26, 2020. https://i-d.vice.com/en/article/z3e3me/louis-vuitton-virgil-abloh-nigo-
collaboration-interview.

Shaw, Henry I. Jr. The U.S. Marines in North China, 1945-1949. Historical Branch,
Headquarters, USMC, 1960.

Shuck, David. "Who Killed The Cone Mills White Oak Plant?" Heddels. February 1, 2018.
https://www.heddels.com/2018/02/killed-cone-mills-white-oak-plant/.

Slade, Toby. Japanese Fashion: A Cultural History. Oxford: Berg, 2009.

Stock, Kyle. "Why Ralph Lauren Is Worried About a Weakened Yen." Businessweek. June
05, 2013.

Sugihara, Kaoru. "International Circumstances surrounding the Postwar Japanese Cotton
Textile Industry." Graduate School of Economics and Osaka School of International Public Policy
(OSIPP), Osaka University, May 1999.

Swanson, Carl. "The New Generation Gap." Elle. January 15, 2014.

Tanaka, Toshiyuki. Japan's Comfort Women: Sexual Slavery and Prostitution during World
War II and the US Occupation. London: Routledge, 2002.

Thomas, Lauren. "Global luxury sales are on track for a record decline in 2020, but business
is booming in China." CNBC. November 18, 2020. https://www.cnbc.com/2020/11/18/china-
to-become-the-worlds-biggest-luxury-market-by-2025-bain-says.html.

Trebay, Guy. "Prep, Forward and Back." New York Times. July 23, 2010.

Trebay, Guy. "More Than a Cult Designer: Hiroki Nakamura Goes Big." The New York
Times. July 8, 2016. https://www.nytimes.com/2016/07/08/fashion/mens-style/hiroki-nakamura-
visvim-waza-menswear.html.

Trebay, Guy. "American Chic on the Runways of Paris." The New York Times. June 27,
2017 https://www.nytimes.com/2017/06/27/fashion/mens-style/men-spring-2018-paris-louis-
vuitton-valentino.html.

Tredre, Roger. "Jeans Makers Get the Blues as Sales Sag." New York Times. January 13,
1999.

Trufelman, Avery, host. "American Ivy" Articles of Interest (podcast). October 26, 2022.
https://articlesofinterest.substack.com/p/american-ivy-chapter-1.

Trumbull, Robert. "Japanese Hippies Take Over a Park in Tokyo." New York Times. August

26, 1967.

Twardzik, Eric. "'Heavy Duty Ivy,' Winter's Leading Menswear Look, Explained." Robb Report. January 12, 2022. https://robbreport.com/style/fashion/heavy-duty-ivy-style-1234657840/.

Uhlman, Marian. "There May Be Money In Your Air Jordans. Japanese Buyers Pay Big For Old Sneakers." The Philadelphia Inquirer. July 21, 1997.

Welch, Will. "John Mayer Defends His Crazy Tibetan Robe Collection." GQ. June 22, 2015. https://www.gq.com/story/john-mayer-robes-style-interview.

Wetherille, Kelly. "Nigo Opens Up About Bape." Women's Wear Daily. February 7, 2011.

Williams, Michael. "That Autumn Look | Turning Japanese." A Continuous Lean. September 21, 2009. http://www.acontinuouslean.com/2009/09/21/that-autumn-look-turning-japanese/.

Woolf, Jake. "Why Aren't You Wearing More Beams Plus?" GQ. August 24, 2022. https://www.gq.com/story/buy-more-beams-plus.

洋風和魂

美式流行╳日本改造，戰後日本的時尚文化史

作者｜W・大衛・馬克思（W. David Marx）

翻譯｜吳緯疆
主編｜洪源鴻
責任編輯｜柯雅云
行銷企劃總監｜蔡慧華
行銷企劃專員｜張意婷
封面設計｜陳恩安
內頁排版｜虎稿・薛偉成
社長｜郭重興
發行人｜曾大福
出版發行｜二十張出版／遠足文化事業股份有限公司
地址｜新北市新店區民權路 108-2 號 9 樓
電話｜02-2218-1417
傳真｜02-8667-1065
客服專線｜0800-221-029
信箱｜akker2022@gmail.com
臉書｜facebook.com/akkerpublishing.tw
法律顧問｜華洋法律事務所／蘇文生律師
印刷｜前進彩藝有限公司
定價｜五〇〇元整
出版｜二〇二三年二月（初版一刷）

ISBN ｜ 978-626-96456-6-4（平裝）　978-626-96456-7-1（ePub）　978-626-96456-8-8（PDF）

Ametora: How Japan Saved American Style
Copyright © 2015 by W. David Marx
Complex Chinese Translation Copyright © 2023 by Akker Publishing, an Imprint of Walkers Cultural Enterprise Ltd.
Published by arrangement with Basic Books, an imprint of Perseus Books, LLC, a subsidiary of Hachette Book Group, Inc., New York, NY, USA,
through Bardon-Chinese Media Agency.
ALL RIGHTS RESERVED.

國家圖書館出版品預行編目（CIP）資料

洋風和魂：美式流行╳日本改造，戰後日本的時尚文化史
W・大衛・馬克思（W. David Marx）著／吳緯疆譯
初版／新北市／二十張出版／遠足文化事業股份有限公司／ 2023.02
譯自：Ametora: How Japan Saved American Style
ISBN：978-626-96456-6-4（平裝）
1. 男裝 2. 時尚 3. 歷史 4. 日本
423.0931　　　　　　　　　111021204